数学分析简明讲义

（上）

常建明 编著

南京大学出版社

图书在版编目(CIP)数据

数学分析简明讲义. 上 / 常建明编著. -- 南京 : 南京大学出版社，2023.8

ISBN 978-7-305-27028-4

Ⅰ. ①数… Ⅱ. ①常… Ⅲ. ①数学分析 Ⅳ. ①O17

中国国家版本馆 CIP 数据核字(2023)第 095933 号

出版发行 南京大学出版社
社　　址 南京市汉口路 22 号　　邮　编 210093
出 版 人 金鑫荣

书　　名 数学分析简明讲义(上)
编　　著 常建明
责任编辑 吕家慧　　编辑热线 025-83597482

照　　排 南京南琳图文制作有限公司
印　　刷 南京人文印务有限公司
开　　本 787 mm×1092 mm 1/16 印张 11.5 字数 280 千
版　　次 2023 年 8 月第 1 版 2023 年 8 月第 1 次印刷
ISBN 978-7-305-27028-4
定　　价 32.80 元

网址：http://www.njupco.com
官方微博：http://weibo.com/njupco
官方微信号：njuyuexue
销售咨询热线：(025) 83594756

前言

党的二十大上习近平总书记的报告,深刻阐释了新时代坚持和发展中国特色社会主义的一系列重大理论和实践问题,首次把教育、科技、人才进行“三位一体”统筹安排、系统部署,明确提出教育、科技、人才是全面建设社会主义现代化国家的基础性、战略性支撑,导向鲜明、意义深远.普通本科院校涉及基层的教育,为跟紧时代,就需要对一些课程,尤其是基础课程,进行教育改革.

众所周知,《数学分析》是本科阶段数学专业最重要的基础课程之一.该课程对学生来讲,除了学到新的知识之外,更重要的是学习数学的思维方法.目前,关于数学分析的教材已经非常多,大多是由重点大学的专家老师编写的,内容可能更适合重点大学的学生.作者长期在普通本科院校教学数学分析,经常思考如何展开数学分析的教学,使得教学内容能够较容易被学生接受和理解,同时还能对学生的数学思维方式的培养有所帮助,提升学生自主学习的能力,为将来的工作打下较好的基础.

数学分析是连接中学数学与大学数学的桥梁.不少学生在跨过这座桥梁的过程中会感到不适应.究其原因主要有二.首先在内容上,由中学具体演算为主的数学提升为有着很多新概念,注重一般性结论并且需要严格证明的数学;其次是大学老师与中学老师的教学方式和教学理念有着较大的不同.编写本书的目的,希望能够在减轻学生学习数学分析压力的同时,仍然能够使大多数学生得到数学分析的抽象化和逻辑严密性锻炼,从而提高数学修养和数学能力.为此,本教材在内容编排上,尽量按直观所示逐步展开数学思想,顺势而为地引入数学概念和考虑数学问题.例如,对函数性质的讨论,我们根据函数的图像,逐步从函数的有界无界性、连续光滑性、递增递减性、凹凸弯曲性,直至弯曲的程度展开.

本书共二十章,分上下两册.上册共九章,下册共十一章.

本书编写过程中,得到了常熟理工学院数学与统计学院的大力支持,特别是在教学交流中得到了徐能教授、戴培良教授、季春燕教授等提出的宝贵意见,在此表示衷心感谢.另外还要感谢汪文彬同学为本书作了所有的图形.南京大学出版社的编辑也为本书的出版做了很多工作,在此一并表示衷心的感谢.

因水平有限,书中难免有误和诸多不足之处,恳请读者在阅读过程中提出宝贵意见.

编　者

目　录

第一章　函数概念与基本性质…… 1

§1.1　实数与实数集 …… 1

§1.2　函数概念与运算 …… 3

§1.3　函数的某些特性 …… 9

第二章　数列极限 …… 18

§2.1　数列极限的定义…… 18

§2.2　数列极限的基本性质…… 21

§2.3　数列极限存在之单调有界准则…… 25

§2.4　确界定理与单调有界定理的证明…… 27

§2.5　一般数列的收敛准则…… 29

§2.6*　实数的完备性 …… 32

第三章　函数的极限 …… 34

§3.1　函数极限定义…… 34

§3.2　函数极限的性质…… 39

§3.3　函数极限的存在性…… 45

§3.4　无穷小量与无穷大量…… 48

第四章　连续函数 …… 51

§4.1　连续函数定义…… 51

§4.2　连续函数的局部性质…… 55

§4.3　连续函数的整体性质——闭区间上连续函数性质…… 56

第五章　可导函数 …… 61

§5.1　导数定义…… 61

§5.2　求导运算法则…… 65

§5.3　平面参数曲线的切线…… 70

§5.4　高阶导数…… 73

§5.5　可微函数…… 77

第六章　导数的应用 …… 80
§6.1　函数的极值点 …… 80
§6.2　拉格朗日中值定理 …… 81
§6.3　函数单调性判别和极值点的判别 …… 84
§6.4　函数凹凸性判别和极值点的判别 …… 86
§6.5　函数在定义域端点处的极限和性态——洛必达法则及其应用 …… 90
§6.6*　曲线弯曲度 …… 96
§6.7　函数图像 …… 99
第七章　不定积分 …… 101
§7.1　原函数与不定积分的定义 …… 101
§7.2　基本积分表与不定积分线性运算法则 …… 103
§7.3　分部积分法与换元积分法 …… 105
§7.4　有理函数不定积分 …… 111
第八章　定积分 …… 120
§8.1　定积分概念 …… 120
§8.2　牛顿-莱布尼兹公式 …… 124
§8.3　函数可积的条件 …… 128
§8.4　定积分性质 …… 132
§8.5　微积分学基本定理 …… 139
§8.6　定积分的计算 …… 142
§8.7　定积分的应用——微元法 …… 147
第九章　反常积分 …… 156
§9.1　反常积分定义 …… 156
§9.2　无限区间上反常积分的性质与收敛判别 …… 161
§9.3　瑕积分的性质与收敛判别 …… 166
索　引 …… 172
参考文献 …… 176

微信扫码获取答案

第一章　函数概念与基本性质

在实际生活或自然现象中，反映事物存在和发展的规模、程度、速度等量通常随着时间的增加而有所变化. 这种随时间变化而变化的依赖关系用数学的语言来说就是函数关系. 数学分析就是以函数作为研究对象的课程.

§1.1　实数与实数集

数学分析的研究对象是定义在实数集上并且取值于实数集的函数，因此我们需要了解实数的构成和诸多性质. 实数由有理数和无理数组成. 每个有理数可表示为两个整数的商，也可表示为有限小数或无限循环小数；而无理数，即不是有理数的实数，就只能用无限不循环小数表示. 历史上人类认识到的第一个无理数是$\sqrt{2}$，正是该无理数的出现引起了第一次数学危机.

例 1.1　证明$\sqrt{2}$是无理数.

证　假设$\sqrt{2}$是有理数，则可表示为两个正整数的商：

$$\sqrt{2}=\frac{q}{p},$$

其中，正整数 p,q 互质，即没有大于 1 的公因数. 由于$(\sqrt{2})^2=2$，

$$q^2=2p^2.$$

上式表明 q 为偶数，故可设 $q=2q_1$，其中 q_1 是正整数. 代入上式则可得

$$2(q_1)^2=p^2.$$

由此可知 p 也为偶数，从而整数 p,q 有公因数 2. 这与两数互质矛盾. □

全体实数形成的集合常记为 **R** 或$\mathbb{R}$. 本书中，我们承认实数集具有如下重要性质. 这些性质的证明需要对实数做详尽的分析，我们将之略去.

(1) 实数集 **R** 关于四则运算封闭：任何两实数 a 和 b 的和 $a+b$、差 $a-b$、积 $a\cdot b$、商 $a\div b$(除数 $b\neq0$)都是实数.

(2) 实数集 **R** 有序：任何两实数 a 和 b 必然满足并且只能满足如下三关系之一：$a<b$、$a=b$、$a>b$.

(3) 实数集 **R** 具有阿基米德(Archimedes)性质：对任何正实数 a 和 b，若 $a<b$，则存在正整数 n 使得 $na>b$.

(4) 实数集 **R** 具有稠密性：任何两相异实数 a 和 b 之间必有另外的实数(有理数、无理数).

(5) 实数集 **R** 可用数轴表示:所谓**数轴**,就是一条具有原点、正方向和单位长度的直线,常画成正方向向右的水平直线. 如图 1.1 所示. 由于实数集 **R** 中的数与数轴上的点之间具有一一对应的关系,常将"数 a"和"点 a"看成是等同的.

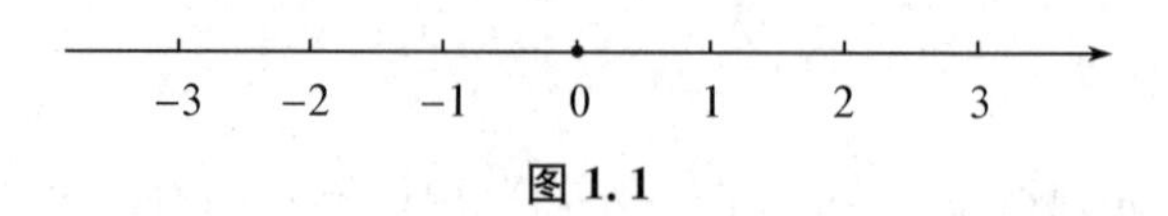

图 1.1

例 1.2 证明伯努利(Bernoulli)不等式:对任何数 $x>-1$ 和正整数 n,都有

$$(1+x)^n \geqslant 1+nx.$$

证 用数学归纳法. 当 $n=1$ 时不等式显然成立.

现在设 $n=k$ 时不等式成立,即对任何数 $x>-1$ 有 $(1+x)^k \geqslant 1+kx$. 于是,利用归纳假设并注意到 $1+x>0$,我们就有

$$\begin{aligned}(1+x)^{k+1} &= (1+x)^k(1+x) \\ &\geqslant (1+kx)(1+x) = 1+(k+1)x+kx^2 \\ &\geqslant 1+(k+1)x.\end{aligned}$$

即不等式当 $n=k+1$ 时也成立. 由数学归纳原理,命题对任何正整数 n 成立. □

例 1.3 设实数 a 满足对任何正数 ε 都有 $a<\varepsilon$. 试证明 $a\leqslant 0$.

证 假设结论 $a\leqslant 0$ 不成立,则根据实数集 **R** 的有序性,我们就有 $a>0$,即数 a 是一个正数. 于是,按照条件,对正数 $\varepsilon=a$,我们可有 $a<a$. 这与实数集 **R** 的有序性矛盾. □

本书中,实数集,简称数集,是以部分或所有实数为元素的集合. 最常用的一类实数集是区间. 设 a,b 是两实数并且 $a<b$,则数集

$$\{x \mid a<x<b\} \text{和} \{x \mid a\leqslant x\leqslant b\}$$

分别称为以 a,b 为端点的**开区间**和**闭区间**,并记作 (a,b) 和 $[a,b]$;类似地,可定义半开半闭区间 $(a,b]$ 和 $[a,b)$. 这四种区间统称为**有限区间**. 数 $b-a$ 定义为这些区间的**长度**.

为定义无限区间,引入记号 $+\infty$ 和 $-\infty$,分别读作"正无穷"和"负无穷". 这样,对有限数 a,我们就可定义如下的无限区间:

$$(a,+\infty)=\{x \mid x>a\},[a,+\infty)=\{x \mid x\geqslant a\},$$

$$(-\infty,a)=\{x \mid x<a\},(-\infty,a]=\{x \mid x\leqslant a\}.$$

实数集 **R** 也可用区间 $(-\infty,+\infty)$ 表示. 这五种区间称为**无限区间**. 无限和有限区间统称**区间**. 特别地,称区间 (a,b)、$(a,+\infty)$、$(-\infty,a)$、$(-\infty,+\infty)$ 为开区间.

习题 1.1

1. 设 r 是有理数,μ 是无理数. 证明:

(1) $r+\mu$,$r-\mu$ 都是无理数;(2) 若 $r\neq 0$,则 $r\cdot\mu$,r/μ 都是无理数.

2. 设实数 a,b 满足对任何正数 ε 都有 $a<b+\varepsilon$. 试证明 $a\leqslant b$.

3. 用区间表示下列不等式的解：

(1) $8x-4x^2<3$，　(2) $\left|x+\dfrac{1}{x}\right|\leqslant 6$，　(3) $x(x-1)(x-2)(x-3)<0$.

§1.2　函数概念与运算

1.2.1　函数定义

在实际生活中，经常可以看到某些现象，就是某种量的变化跟随着另外某种量的变化. 例如，吹气球时随着球的增大吹入的气体也增多，或者说球体的体积(气体量)随着球体直径或半径的变化而变化. 将这种依赖关系抽象成数学语言，就是所谓的函数关系.

定义 1.1　给定一个实数集 D，若有对应法则 f 使得对 D 内每个数 x，都有唯一的实数 y 与 x 相对应，就称对应法则 f 为定义在数集 D 上的**函数**：

$$f:D\to\mathbf{R}$$

$$x\mapsto y.$$

这里，数集 D 称为函数 f 的**定义域**，与 x 相对应的数 y 称为函数 f 在 x 处的**函数值**，记作$f(x)$：

$$x\mapsto y=f(x),x\in D. \tag{1.1}$$

全体函数值形成的集合

$$f(D)=\{y\mid y=f(x),x\in D\} \tag{1.2}$$

称为函数 f 的**值域**. 由于函数值 $y=f(x)$随着 $x\in D$ 的变化而变化，称 x 为**自变量**，y 为**因变量**. □

根据定义，函数 f 就像一台照相机，将数集 D 中的数 x，转换成数 $y=f(x)$. 因此，函数 f 常称为**映射**，其在 x 处的函数值 $y=f(x)$也称为 x 在映射 f 下的**像**；同时，也称 x 为 $y=f(x)$在映射 f 下的**原像**.

由于 $y=f(x)$表示函数 f 在自变量 $x\in D$ 处的函数值，为方便起见，也常用 $y=f(x)$，$x\in D$ 或省略 y 而直接用 $f(x)$，$x\in D$ 来表示函数 $f:D\to\mathbf{R}$. 例如用 $y=x^2$，$x\in\mathbf{R}$ 或 $f(x)=x^2$，$x\in\mathbf{R}$ 表示函数：

$$f:\mathbf{R}\to\mathbf{R}$$

$$x\mapsto x^2.$$

需要注意的是，确定函数的是对应法则和定义域以及值域，与用来表示自变量、因变量以及对应法则等的字母无关. 例如，函数 $f:x\mapsto x^2$，$x\in\mathbf{R}$ 和函数 $g:t\mapsto t^2$，$t\in\mathbf{R}$ 相同，都表示将实数对应到该实数的平方. 因此，我们说两个函数**相等**，当且仅当它们的定义域和对应法则都相同；如果其中之一不同，两函数就不同. 例如函数 $f(x)=x^2$，$x\in\mathbf{R}$ 与 $g(x)=x^2$，$x\in(0,+\infty)$是不等的，原因是它们的定义域不同. 这里要注意，同一个对应法则的表示形式可能不同. 例如函数 $f(x)=|x|$，$x\in(-\infty,+\infty)$和 $g(x)=\sqrt{x^2}$，$x\in(-\infty,+\infty)$尽管

表示形式不同,但两者实际上是相等的.

在具体的数学问题中,函数通常是用数学运算式来表示.此时,如果定义域没有特别指明,我们约定其定义域,称为该函数的**存在域**,是使得该算式有意义的自变量所能取的所有实数形成的数集.因此,在表达具体函数时通常省掉定义域而简单地只用函数 $y=f(x)$ 或函数 $f(x)$ 来表示.例如函数 $y=\sqrt{1-x^2}$ 和函数 $y=\dfrac{1}{\sqrt{1-x^2}}$,前者的定义域(存在域)为闭区间 $[-1,1]$,而后者的定义域(存在域)为开区间 $(-1,1)$.

1.2.2 函数的表示法

函数的表示方式在中学课程中已有介绍,主要有如下几种:解析法(公式法)、表格法、图像法和语言描述法.这些表示法各有一些优缺点.最常用的解析法或公式法,就是用数学表达式将自变量与因变量之间的依赖关系清晰地表示出来.例如,二次函数 $y=x^2+2x+3$ 或省略因变量 y 而记为 x^2+2x+3 等就是用解析法表示函数.解析法的好处是,函数关系清晰,容易由自变量之值求出因变量之值,方便用分析方法讨论函数性质,所以,数学分析主要讨论的就是这类解析法表示的函数.当然,解析法表示函数也有不太直观,有时计算较复杂等缺点.表格法表示函数的实际例子也很多,如高铁运行时刻表、学习成绩表、各种 excel 表等.表格法的优点是对应关系一目了然,但缺点是因列表而有限,也不容易看到函数变化规律.图像法是通过图像来表示函数.实际生活中图像法表示的函数有股票 K 线图或者体检心电图等.图像法表示的函数尽管不能进行数学运算,但其有一个很大的优点,就是直观.借助于图像,我们能够直观地认识到函数的各种性质.正因如此,在研究函数的具体性质时,经常结合函数的图像来进行.函数 $y=f(x),x\in D$ 的**图像**是有序数对集合 $\{(x,y)\mid y=f(x),x\in D\}$ 在坐标平面 $\mathbf{R}^2$ 上的呈现.例如函数 $y=x^2$ 的图像是一条抛物线,函数 $y=\sqrt{1-x^2}$ 的图像是上半单位圆周.但要注意的是,函数的图像并不总是由一条或几条曲线组成,如下面例 1.6 的狄利克雷(Dirichlet)函数和例 1.7 的黎曼(Riemann)函数.另外,按照函数定义 1.1,函数 $y=f(x),x\in D$ 的图像与每条平行于 y 轴的直线 $x=x_0\in D$ 有而且只有一个交点.至于语言描述法,则通常用于上述各法都较难表示的函数,如例 1.5 的高斯(Gauss)取整函数.

这里,再介绍几个以后常用的函数.

例 1.4 符号函数

$$\operatorname{sgn} x=\begin{cases}1, & x>0;\\ 0, & x=0;\\ -1, & x<0.\end{cases}$$

其定义域为 $(-\infty,+\infty)$,值域为 $\{-1,0,1\}$.图像如图 1.2 所示. □

利用符号函数,可将**绝对值函数**

$$|x|=\begin{cases}x, & x\geqslant 0;\\ -x, & x<0,\end{cases}$$

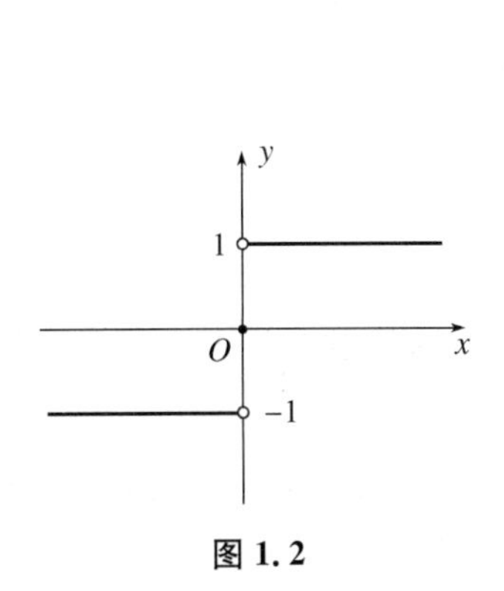

图 1.2

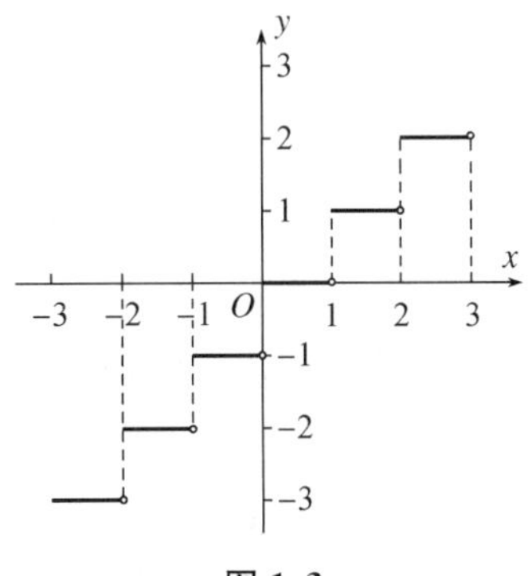

图 1.3

表示为$|x|=x\operatorname{sgn} x$. 由此可给出关于绝对值的**三角形不等式**：

$$|a+b|\leqslant|a|+|b|\ (a,b\text{ 为实数}).$$

一个简单证明：由于对任何实数 x,y 有 $x\cdot\operatorname{sgn} y\leqslant|x|$，就有

$$|a+b|=(a+b)\operatorname{sgn}(a+b)=a\cdot\operatorname{sgn}(a+b)+b\cdot\operatorname{sgn}(a+b)\leqslant|a|+|b|.$$

像符号函数和绝对值函数这种定义域由多个区间组成，各个区间上表达式不同的函数通常称为**分段函数**.

例 1.5　高斯取整函数$[x]$表示不超过 x 的最大整数，定义域为$(-\infty,+\infty)$，值域为整数集 **Z**. 例如$\left[\dfrac{3}{5}\right]=0$，$[\sqrt{2}]=1$，$[-0.1]=-1$，$[-\sqrt{2}]=-2$. 如图 1.3 所示. □

例 1.6　狄利克雷函数

$$D(x)=\begin{cases}1, & x\text{ 为有理数},\\ 0, & x\text{ 为无理数}.\end{cases}$$

这个函数以后经常作为反例出现，其图形如图 1.4 所示. □

例 1.7　黎曼函数　当 $x\in[0,1]$时

$$R(x)=\begin{cases}\dfrac{1}{q}, & \text{当 } x \text{ 为有理数} \dfrac{p}{q} \text{ 时}(p,q\text{ 为互质正整数});\\ 0, & \text{当 } x \text{ 为}(0,1)\text{间无理数或 } x=0,1 \text{ 时}.\end{cases}$$

黎曼函数的图像如图 1.5 所示. □

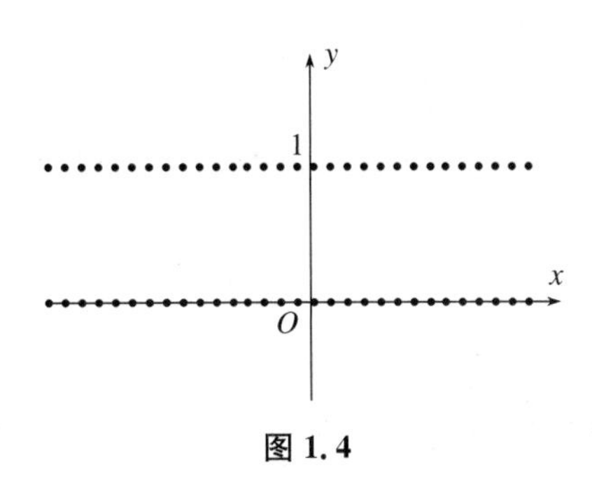

图 1.4

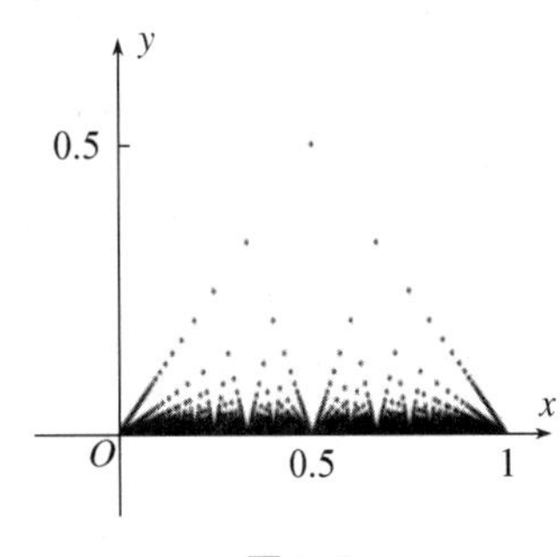

图 1.5

例 1.8 定义域为正整数集合 **N**(或其子集)的函数 $f:n\mapsto y=f(n),n\in\mathbf{N}$,可列表表示为

$$\begin{matrix}1 & 2 & & n & \\ \downarrow & \downarrow & \cdots & \downarrow & \cdots. \\ f(1) & f(2) & & f(n) & \end{matrix}$$

如果记 $f(n)=a_n$,则这个函数相当于将值域中的数按次序逐个排出而成一列数:

$$a_1,a_2,\cdots,a_n,\cdots.$$

这种按次序逐个排列而成的一列数叫作**数列**,简记为$\{a_n\}$,其中第 n 项 a_n 通常叫作**通项**,因此每个数列都可以看成是定义域为正整数集合 **N**(或其子集)的一个函数. □

1.2.3 函数的四则运算

给定两个函数 $f(x),x\in D_1$ 和 $g(x),x\in D_2$,当它们的定义域 D_1 和 D_2 的交集 $D=D_1\cap D_2$ 非空时,可分别定义这两个函数的**和**、**差**及**积**运算如下:

$$f+g:x\mapsto f(x)+g(x),x\in D;$$

$$f-g:x\mapsto f(x)-g(x),x\in D;$$

$$f\cdot g:x\mapsto f(x)\cdot g(x),x\in D.$$

如果将 D 中使函数 g 取值为 0 的点去掉后所得集合 $D^*=\{x\in D\,|\,g(x)\neq 0\}$仍然非空,则还可定义除法运算如下:

$$\frac{f}{g}:x\mapsto\frac{f(x)}{g(x)},x\in D^*.$$

简而言之,函数的四则运算是通过函数值的四则运算来定义的.

1.2.4 函数的复合运算

我们先看函数:

$$y=\sqrt{1-x^2}$$

的运算过程:给一个实数 x,先计算出 $u=1-x^2$. 如果 $u\geqslant 0$,则再计算$\sqrt{u}$,所得到的值就是数 x 的对应数 y. 这个过程中涉及两个函数:

$$u=1-x^2,x\in(-\infty,+\infty)\text{和 }y=\sqrt{u},u\in[0,+\infty).$$

函数 $y=\sqrt{1-x^2}$ 的运算是通过先计算第一个函数,再计算第二个函数来完成的. 我们把这种函数就叫作复合函数.

一般地,给出两个函数:

$$u=f(x),x\in D\text{ 和 }y=g(u),u\in W.$$

如果第一个函数的值域 $f(D)$和第二个函数的定义域 W 的交集非空,则可定义这两个函数的复合运算:

$$g\circ f:x\mapsto g(f(x)).\tag{1.3}$$

所得函数称为函数 g 和 f 的**复合函数**，先运算的 f 叫作**内函数**，后运算的 g 叫作**外函数**. 注意，复合函数的定义域一般而言不是内函数 f 的定义域，而是它的一个子集. 例如在上述例中，内函数 $u=f(x)=1-x^2$ 的定义域是 $D=(-\infty,+\infty)$，而其与第二个外函数复合后所得函数 $y=\sqrt{1-x^2}$ 的定义域为闭区间 $[-1,1]$，这是内函数定义域 $D=(-\infty,+\infty)$ 的子集. 事实上，一般复合函数(1.3)的定义域为

$$E=\{x\in D\,|\,f(x)\in W\}\subseteq D. \tag{1.4}$$

我们也可对有限多个函数，定义复合运算. 例如，函数 $y=\sqrt{1-x^2}$ 也可看成是由三个函数 $u=f(x)=x^2,x\in(-\infty,+\infty)$；$v=h(u)=1-u,u\in(-\infty,+\infty)$ 和 $y=g(v)=\sqrt{v},v\in[0,+\infty)$ 依次复合而成：

$$y=(g\circ h\circ f)(x)=(g\circ(h\circ f))(x)=g(h(f(x))).$$

此时，常把介于最外和最内之间的函数 h 叫作**中间函数**.

1.2.5　反函数

函数 $y=f(x),x\in D$ 反映了当自变量 x 在定义域 D 内变化时，因变量 y 随之唯一确定的变化规律. 我们会发现对有些函数，不同的 x 可以得到相同的函数值 y；但也有些函数，不同的 x 只能得到不同的函数值 y. 例如对函数 $y=x^2$ 而言，相反的数 $x=a$ 和 $x=-a$ 得到相同的函数值 a^2；但对函数 $y=x^2,x\in[0,+\infty)$，不同的 x 只能得到不同的函数值 y. 换句话说，给了一个非负值 y，只能有一个非负值 x 使得 y 与 x 相对应. 也就是说，x 随 y 的确定而唯一确定. 这种 x 与 y 反转的关系自然也确定了一种函数关系. 我们把这种反转关系确定的函数叫作原来函数的反函数.

定义 1.2　若函数 $y=f(x),x\in D$ 满足对每个 $y\in f(D)$，存在唯一的 $x\in D$ 使得 $f(x)=y$，则这种对应关系 $y\mapsto x$ 确定了一个以函数 f 的值域 $f(D)$ 作为定义域、以函数 f 的定义域 D 作为值域的函数. 这个函数叫作函数 $y=f(x),x\in D$ 的**反函数**，记作

$$x=f^{-1}(y),y\in f(D)\text{或简记为 }x=f^{-1}(y). \tag{1.5}$$

这里，y 为自变量而 x 为因变量.　□

由于习惯上常用字母 x 表示自变量，字母 y 表示因变量，故也常将反函数写成

$$y=f^{-1}(x),x\in f(D)\text{或简记为 }y=f^{-1}(x). \tag{1.6}$$

按照定义，函数 f 与其反函数 f^{-1} 满足：

$$f\circ f^{-1}(x)=x,x\in f(D);f^{-1}\circ f(x)=x,x\in D. \tag{1.7}$$

注意，在同一个坐标平面内，函数 $y=f(x)$ 和反函数 $x=f^{-1}(y)$ 的图像完全相同而重合，但函数 $y=f(x)$ 和反函数 $y=f^{-1}(x)$ 的图像一般不同，通常是关于直线 $y=x$ 对称的两条曲线. 例如，如图 1.6 所示，函数 $y=x^2,x\in[0,+\infty)$ 的图像和它反函数 $x=\sqrt{y},y\in[0,+\infty)$ 的图像在同一个坐标平面内表现为相同的曲线. 但是如果将反函数写成 $y=\sqrt{x},x\in[0,+\infty)$，则该反函数和函数 $y=x^2,x\in[0,+\infty)$ 的图像在同一个坐标

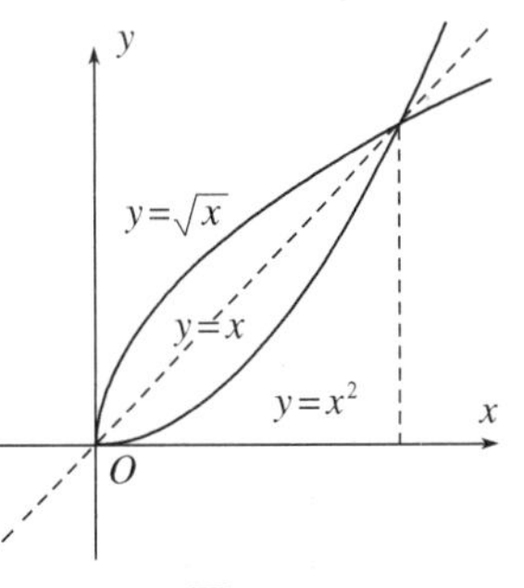

图 1.6

平面内表现为不同的曲线,关于直线 $y=x$ 对称.

1.2.6 初等函数

如下六种函数为**基本初等函数**:

(1) **常值函数** $y=c$,这里 c 为给定实数;

(2) **幂函数** $y=x^{\mu}$,这里 $\mu\neq 0$ 为给定实数;

(3) **指数函数** $y=a^{x}$,这里 a 为给定正数并且 $a\neq 1$;

(4) **对数函数** $y=\log_{a}x$,这里 a 为给定正数并且 $a\neq 1$;

(5) **三角函数** $y=\sin x, y=\cos x, y=\tan x, y=\cot x$;

(6) **反三角函数** $y=\arcsin x, y=\arccos x, y=\arctan x, y=\operatorname{arccot} x$.

注 幂函数和指数函数涉及幂运算. 在中学数学中已经有幂指数是整数或有理数时的幂运算. 关于幂指数是一般实数时的幂运算,这里先给予承认,在下一章§2.4中给出定义.

定义 1.3 由基本初等函数经过有限次四则运算和复合运算后所得的函数统称为**初等函数**.

□

例如,函数 $y=\sqrt{x^{3}+x}+\sin x$ 是初等函数;$|x|=\sqrt{x^{2}}$ 是初等函数. 然而,要判定一个具体的函数是否是初等函数,很多时候是一件相当困难的事情.

习题 1.2

1. 确定下列函数的存在域:

(1) $y=\sqrt{1-x^{2}}$, (2) $y=\dfrac{1}{1+x^{2}}$, (3) $y=\dfrac{x^{2}}{x}$,

(4) $y=\sqrt{\sin x}$, (5) $y=\arccos\dfrac{x-2}{5-x}$.

2. 试问函数 $f(x)=\sqrt{x}\cdot\sqrt{x-2}$ 与函数 $g(x)=\sqrt{x(x-2)}$ 是否相等? 为什么?

3. 从一块边长为1米的正方形铁皮的四个角各裁去一个边长相同的小正方形,再将四边凸出部分折起来可得一敞口方盒. 试确定方盒容积和裁去小正方形边长之间的函数关系.

4. 设函数 $f(x)=\dfrac{x}{\sqrt{1+x^{2}}}$,求 $f\circ f, f\circ f\circ f, \underbrace{f\circ f\circ\cdots\circ f}_{n个}$.

5. 设 a,b,c,d 是常数,确定函数 $y=f(x)=\dfrac{ax+b}{cx+d}$ 具有反函数的条件,以及反函数 $y=f^{-1}(x)$ 与函数 $y=f(x)$ 相等的条件.

6. 证明函数 $y=f(x)$ 和反函数 $y=f^{-1}(x)$ 的图像关于直线 $y=x$ 对称.

§1.3　函数的某些特性

数学分析研究的对象是函数，研究的内容是函数的各种性质. 这些性质可由函数图像直观地反映出来，表现为图像的范围：有界或无界、图像的形状：是否是连续或光滑曲线、图像曲线的走向：向上走或向下走、图像曲线弯曲情况：向上弯或向下弯，更可考虑弯曲的程度如何. 另外，我们还应该看看曲线的对称性以及周期性等. 现在，我们依次对这些性质，除了连续性、光滑性和弯曲程度外，给出数学上的定义.

1.3.1　有界函数

定义 1.3　设函数 f 于 D 满足：

(1) 存在某数 M 使得对任何 $x\in D$ 有 $f(x)\leqslant M$，则称函数 f 于 D **有上界**；

(2) 存在某数 L 使得对任何 $x\in D$ 有 $f(x)\geqslant L$，则称函数 f 于 D **有下界**.

若函数 f 于 D 既有上界又有下界，则称函数 f 于 D **有界**. 不是有(上、下)界的函数就叫作**无(上、下)界**函数. □

易见，函数 f 于 D 有界当且仅当存在正数 M 使得对任何 $x\in D$ 有 $|f(x)|\leqslant M$. 例如函数 $y=\sin x$ 和 $y=\cos x$ 都是有界的：对任何 $x\in(-\infty,+\infty)$ 有 $|\sin x|\leqslant 1$ 和 $|\cos x|\leqslant 1$. 例如函数 $y=\dfrac{1}{x}$ 于 $(0,+\infty)$ 有下界：对任何 $x\in(0,+\infty)$ 有 $\dfrac{1}{x}>0$.

例 1.9　证明函数 $f(x)=\dfrac{2x}{1+x^2}$ 于整个实轴 $(-\infty,+\infty)$ 有界.

证　由于对任何实数 x 都有 $|f(x)|=\dfrac{2|x|}{1+x^2}\leqslant 1$，函数 f 有界. □

例 1.10　证明：函数 $\dfrac{1}{x}$ 于 $(0,1)$ 无界，但对给定正数 $a<1$，于 $(a,1)$ 有界.

证　先证明容易的后一部分. 由于当 $x>a(>0)$ 时 $\left|\dfrac{1}{x}\right|=\dfrac{1}{x}\leqslant\dfrac{1}{a}$，从而函数 $\dfrac{1}{x}$ 于 $(a,1)$ 有界.

再证前一部分. 假设函数 $\dfrac{1}{x}$ 于 $(0,1)$ 有界，则存在正数 M 使得对任何 $x\in(0,1)$ 都有 $\left|\dfrac{1}{x}\right|\leqslant M$. 由于 $M>0$，数 $\dfrac{1}{M+1}\in(0,1)$，从而有 $\left|\dfrac{1}{\frac{1}{M+1}}\right|\leqslant M$，即 $M+1\leqslant M$. 这显然不可能. 于是假设不成立，从而函数 $\dfrac{1}{x}$ 于 $(0,1)$ 无界. □

数列作为定义在正整数集合 $\mathbf{N}$ 上的函数，自然也有有界和无界之分.

例 1.11　证明数列 $\left\{\dfrac{n+(-1)^{n-1}}{n}\right\}$ 有界.

证　由于 $\left|\dfrac{n+(-1)^{n-1}}{n}\right|\leqslant\dfrac{n+1}{n}=1+\dfrac{1}{n}\leqslant 2$，即数列 $\left\{\dfrac{n+(-1)^{n-1}}{n}\right\}$ 有界.

例 1.12 证明数列$\left\{\left(1+\frac{1}{n}\right)^n\right\}$有界.

证 利用牛顿二项展开公式,有

$$a_n=\left(1+\frac{1}{n}\right)^n=1+C_n^1\cdot\frac{1}{n}+C_n^2\cdot\left(\frac{1}{n}\right)^2+\cdots+C_n^n\cdot\left(\frac{1}{n}\right)^n.$$

显然,$C_n^1\cdot\frac{1}{n}=1$,而当 $2\leqslant i\leqslant n$ 时有

$$\begin{aligned}C_n^i\cdot\left(\frac{1}{n}\right)^i&=\frac{n(n-1)(n-2)\cdots[n-(i-1)]}{i!}\cdot\frac{1}{n^i}\\&=\frac{1}{i!}\left(1-\frac{1}{n}\right)\left(1-\frac{2}{n}\right)\cdots\left(1-\frac{i-1}{n}\right)\\&<\frac{1}{i!}=\frac{1}{1\cdot2\cdot3\cdot\cdots\cdot i}\leqslant\frac{1}{(i-1)i}=\frac{1}{i-1}-\frac{1}{i}.\end{aligned}$$

于是得

$$0<a_n\leqslant1+1+\left(\frac{1}{1}-\frac{1}{2}\right)+\left(\frac{1}{2}-\frac{1}{3}\right)+\cdots+\left(\frac{1}{n-1}-\frac{1}{n}\right)=3-\frac{1}{n}<3.$$

这就证明了数列$\left\{\left(1+\frac{1}{n}\right)^n\right\}$的有界性. □

1.3.2 单调函数

描述函数图像曲线走向的是函数的单调性.

定义 1.4 设函数 f 于 D 满足:

(1) 对任何 $x_1,x_2\in D$,当 $x_1<x_2$ 时总有 $f(x_1)\leqslant f(x_2)$,则称函数 f 于 D **递增**;

(2) 对任何 $x_1,x_2\in D$,当 $x_1<x_2$ 时总有 $f(x_1)<f(x_2)$,则称函数 f 于 D **严格递增**;

(3) 对任何 $x_1,x_2\in D$,当 $x_1<x_2$ 时总有 $f(x_1)\geqslant f(x_2)$,则称函数 f 于 D **递减**;

(4) 对任何 $x_1,x_2\in D$,当 $x_1<x_2$ 时总有 $f(x_1)>f(x_2)$,则称函数 f 于 D **严格递减**.

递增与递减函数统称**单调函数**;严格递增与严格递减函数统称**严格单调函数**. □

显然,如果函数 f 于 D(严格)递增(减),则函数 $-f$ 于 D(严格)递减(增);如果函数 f 于 D(严格)递增(减),则对任何子集 $\Omega\subset D$,函数 f 于 Ω 也(严格)递增(减).

例 1.13 证明:函数 $f(x)=x^2$ 于区间$[0,+\infty)$严格递增,于区间$(-\infty,0]$严格递减,但于整个实轴$(-\infty,+\infty)$却不是单调的.

证 先证明函数于区间$[0,+\infty)$严格递增. 对任何 $x_1,x_2\in[0,+\infty)$,当 $x_1<x_2$ 时,我们总有 $f(x_2)-f(x_1)=x_2^2-x_1^2=(x_2-x_1)(x_2+x_1)>0$,即 $f(x_1)<f(x_2)$. 按定义就知函数 x^2 于区间$[0,+\infty)$严格递增.

类似可证函数 x^2 于区间$(-\infty,0]$严格递减.

现在证明函数 x^2 于整个实轴$(-\infty,+\infty)$不单调. 假设单调,设为递增,则按定义,对任何 $x_1,x_2\in(-\infty,+\infty)$,当 $x_1<x_2$ 时总有 $x_1^2\leqslant x_2^2$. 然而数$-1<0$,但$(-1)^2>0^2$,因此假设不成立,从而函数 x^2 于整个实轴$(-\infty,+\infty)$不单调. □

例 1.14 证明:高斯取整函数$[x]$于整个实轴$(-\infty,+\infty)$递增,但不严格递增.

证　任取 $x_1,x_2\in(-\infty,+\infty)$满足 $x_1<x_2$. 下证必有$[x_1]\leqslant[x_2]$. 事实上,若记$\{x\}=x-[x]$,则 $0\leqslant\{x\}<1$. 于是由 $x_1<x_2$ 可知

$$[x_1]-[x_2]=x_1-\{x_1\}-(x_2-\{x_2\})=x_1-x_2-\{x_1\}+\{x_2\}<\{x_2\}<1.$$

由于上式左端是一个整数,我们有$[x_1]-[x_2]\leqslant 0$,从而得$[x_1]\leqslant[x_2]$.

至于函数$[x]$不是严格递增,由$[0]=[0.1]$即可看出. 参见图 1.3. □

例 1.14 实际上揭示了在区间上单调但不严格单调的函数的一种特征:在这个区间的某个子区间上,这个函数常值. 图像上的特征则表现为有水平线段.

现在,我们观察一下严格单调函数的图像,例如函数 $y=x^2,x\in[0,+\infty)$. 可以看到任何一条平行于 x 轴的直线 $y=y_0(\geqslant 0)$与函数 $y=x^2,x\in[0,+\infty)$的图像只有一个交点,也就是说对每个 $y_0\in[0,+\infty)$,有唯一的 $x_0\in[0,+\infty)$与之相对应. 这种特性实际上保证了反函数的存在性.

定理 1.1　若函数 f 于 D 严格递增(递减),则其必有反函数 $f^{-1}:f(D)\to D$,而且也严格递增(递减).

证　设函数 f 于 D 严格递增,则按照值域 $f(D)$的定义,对任何 $y\in f(D)$,存在 $x\in D$ 使得 $f(x)=y$. 现在进一步证明如此的 x 只有一个. 假设 D 中有另外一个 $x_1\neq x$ 满足 $f(x_1)=y$,则有 $f(x)=f(x_1)$. 但由于函数 f 于 D 严格递增,根据 $f(x)=f(x_1)$和实数的有序性必可得到 $x_1=x$ 而得矛盾. 于是对任何 $y\in f(D)$,存在唯一得 $x\in D$ 使得 $f(x)=y$,从而函数 $f:D\to f(D)$有反函数 $f^{-1}:f(D)\to D$.

再证反函数 $y=f^{-1}(x),x\in f(D)$严格递增. 按定义,需要证明对任何 $x_1,x_2\in f(D)$,当 $x_1<x_2$ 时必有 $f^{-1}(x_1)<f^{-1}(x_2)$. 假设不成立,则有某两个 $x_1,x_2\in f(D)$满足 $x_1<x_2$ 和 $f^{-1}(x_1)\geqslant f^{-1}(x_2)$. 由于函数 f 于 D 严格递增,有 $f(f^{-1}(x_1))\geqslant f(f^{-1}(x_2))$,即 $x_1\geqslant x_2$. 这与 $x_1<x_2$ 矛盾. □

例 1.15　正弦函数 $y=\sin x$ 于闭区间$\left[-\frac{\pi}{2},\frac{\pi}{2}\right]$严格递增,并且值域为$[-1,1]$,因此有反函数:**反正弦**函数,记作 $y=\arcsin x,x\in[-1,1]$,其值域为$\left[-\frac{\pi}{2},\frac{\pi}{2}\right]$. 于是

$$\sin(\arcsin x)=x,x\in[-1,1]\text{以及}\arcsin(\sin x)=x,x\in\left[-\frac{\pi}{2},\frac{\pi}{2}\right].$$

类似地,余弦函数 $y=\cos x$ 于闭区间$[0,\pi]$严格递减,并且值域为$[-1,1]$,因此有反函数:**反余弦**函数,记作 $y=\arccos x,x\in[-1,1]$,其值域为$[0,\pi]$.

正切函数 $y=\tan x$ 于开区间$\left(-\frac{\pi}{2},\frac{\pi}{2}\right)$严格递增,其值域为$(-\infty,+\infty)$,因此有反函数:**反正切**函数,记作 $y=\arctan x,x\in(-\infty,+\infty)$,其值域为$\left(-\frac{\pi}{2},\frac{\pi}{2}\right)$. □

反正弦函数,反余弦函数,反正切函数等三角函数的反函数统称为**反三角**函数.

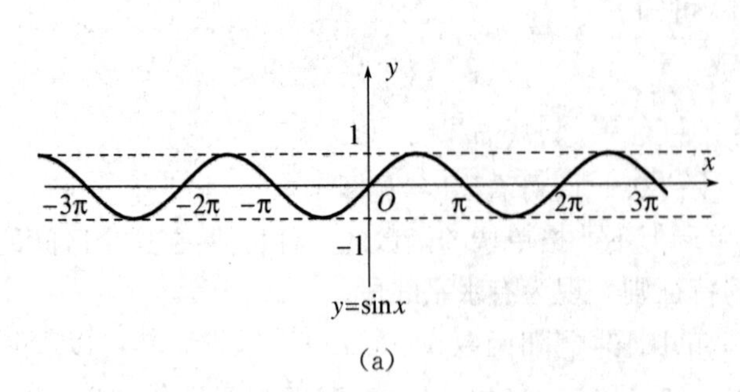

(a)

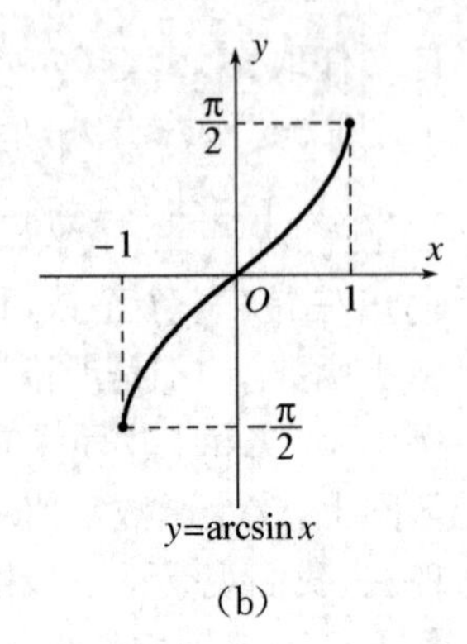

(b)

图 1.7

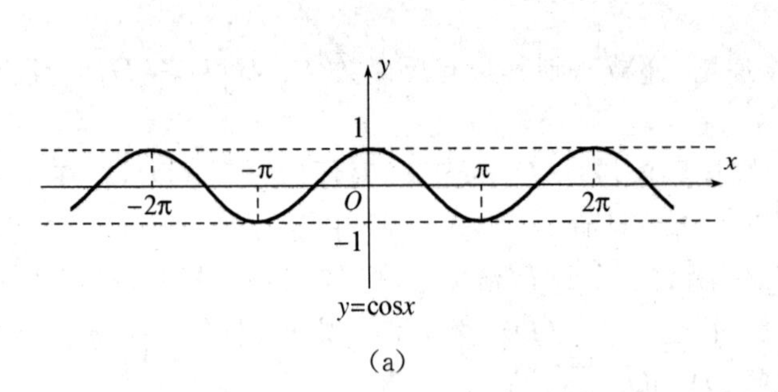

(a)

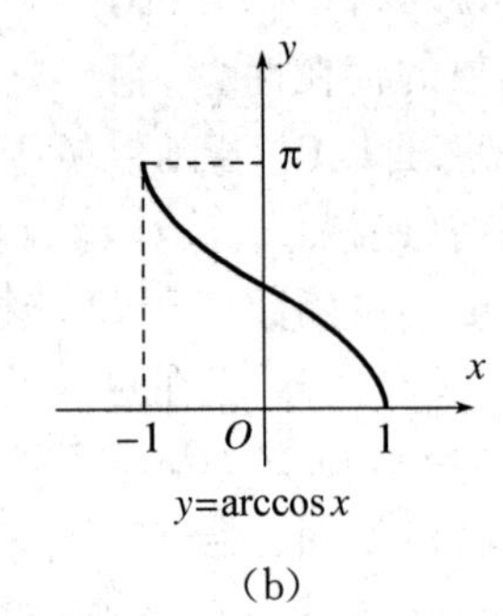

(b)

图 1.8

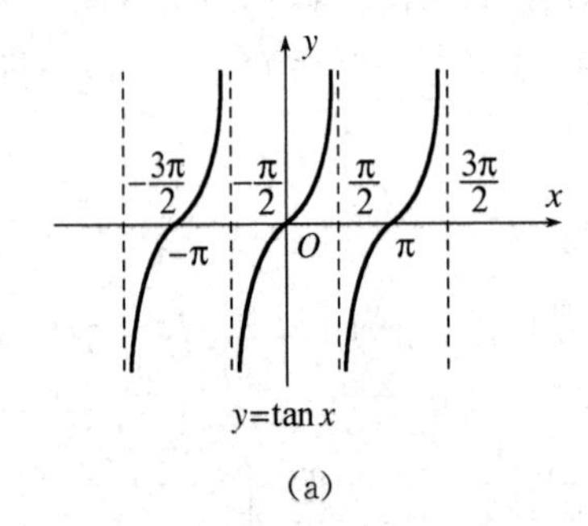

(a)

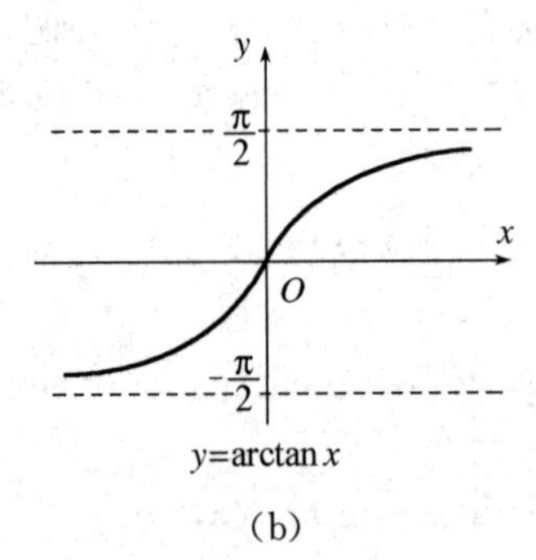

(b)

图 1.9

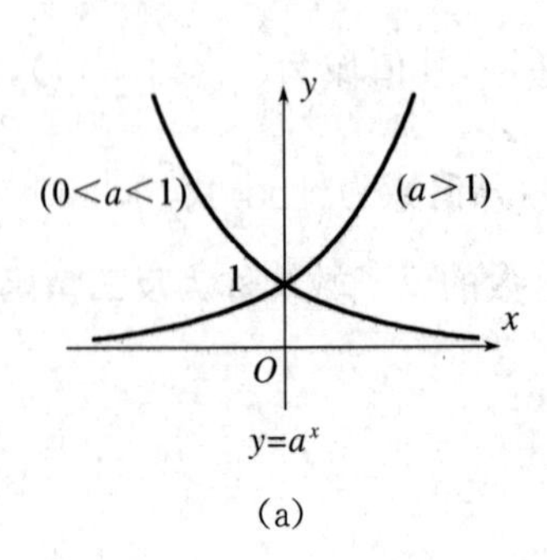

(a)

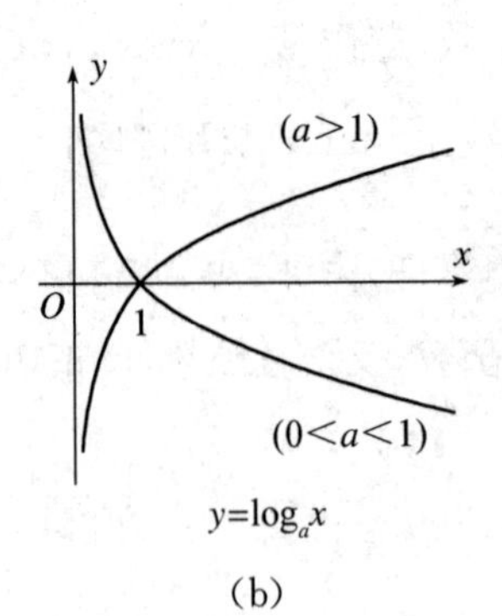

(b)

图 1.10

例 1.16　对不等于 1 的正数 a，指数函数 $y=a^x,x\in(-\infty,+\infty)$严格单调（当 $a>1$ 时递增；当 $0<a<1$ 时递减），值域为$(0,+\infty)$，因此有反函数，称为对数函数，记作 $y=\log_a x$，$x\in(0,+\infty)$，其值域为$(-\infty,+\infty)$. 于是有

$$a^{\log_a x}=x,x\in(0,+\infty)\text{以及}\log_a(a^x)=x,x\in(-\infty,+\infty).$$

□

注　指数函数的严格单调性需要一般实指数幂运算的运算性质：

$$a^x\cdot a^y=a^{x+y}.$$

和比较性质：当 $a>1,x>0$ 时 $a^x>1$；当 $a<1,x>0$ 时 $a^x<1$. 这里我们先承认这两个性质. 由此易知：指数函数 $y=a^x,x\in(-\infty,+\infty)$严格单调.

数列作为定义在正整数集 **N** 上的函数，自然也有单调与不单调之分. 然由于其定义域的特殊性，数列递增（减）的条件可改写成：如果数列$\{a_n\}$的任何相邻两项都满足 $a_n\leqslant a_{n+1}$ $(a_n\geqslant a_{n+1})$，则称该数列$\{a_n\}$**递增（递减）**. 递增、递减数列统称**单调**数列. 例如数列$\{n\}$递增，数列$\left\{\dfrac{1}{n}\right\}$递减. 对一般的数列，可由差 $a_{n+1}-a_n$ 是否总是不小于 0（不大于 0），或者对正数列，也可由商$\dfrac{a_{n+1}}{a_n}$是否总是不小于 1（不大于 1）来判断数列$\{a_n\}$的单调性.

例 1.17　证明数列$\left\{\left(1+\dfrac{1}{n}\right)^n\right\}$递增.

证　利用牛顿二项展开公式，有

$$a_n=\left(1+\frac{1}{n}\right)^n=1+C_n^1\cdot\frac{1}{n}+C_n^2\cdot\left(\frac{1}{n}\right)^2+\cdots+C_n^n\cdot\left(\frac{1}{n}\right)^n,$$

$$\begin{aligned}a_{n+1}&=\left(1+\frac{1}{n+1}\right)^{n+1}\\&=1+C_{n+1}^1\cdot\frac{1}{n+1}+C_{n+1}^2\cdot\left(\frac{1}{n+1}\right)^2+\cdots+C_{n+1}^n\cdot\left(\frac{1}{n+1}\right)^n+C_{n+1}^{n+1}\cdot\left(\frac{1}{n+1}\right)^{n+1}.\end{aligned}$$

于是

$$a_{n+1}-a_n=\left[\frac{C_{n+1}^2}{(n+1)^2}-\frac{C_n^2}{n^2}\right]+\cdots+\left[\frac{C_{n+1}^i}{(n+1)^i}-\frac{C_n^i}{n^i}\right]+\cdots+\left[\frac{C_{n+1}^n}{(n+1)^n}-\frac{C_n^n}{n^n}\right]+C_{n+1}^{n+1}\cdot\left(\frac{1}{n+1}\right)^{n+1}.$$

当 $2\leqslant i\leqslant n$ 时有

$$\begin{aligned}\frac{C_{n+1}^i}{(n+1)^i}&=\frac{1}{i!}\left(1-\frac{1}{n+1}\right)\left(1-\frac{2}{n+1}\right)\cdots\left(1-\frac{i-1}{n+1}\right)\\&>\frac{1}{i!}\left(1-\frac{1}{n}\right)\left(1-\frac{2}{n}\right)\cdots\left(1-\frac{i-1}{n}\right)=\frac{C_n^i}{n^i},\end{aligned}$$

因此总有 $a_{n+1}>a_n$. 这就证明了递增性. □

另证　利用伯努利不等式：对 $0<x<1$ 和整数 $n\geqslant2$，有$(1-x)^n>1-nx$. 我们有

$$\begin{aligned}\frac{a_{n+1}}{a_n}&=\left(\frac{n+2}{n+1}\right)^{n+1}\cdot\left(\frac{n}{n+1}\right)^n=\frac{(n+2)^{n+1}n^n}{(n+1)^{2n+1}}\\&=\left[\frac{n^2+2n}{(n+1)^2}\right]^{n+1}\cdot\frac{n+1}{n}=\left[1-\frac{1}{(n+1)^2}\right]^{n+1}\cdot\frac{n+1}{n}\\&>\left[1-\frac{n+1}{(n+1)^2}\right]\cdot\frac{n+1}{n}=1.\end{aligned}$$

因此总有 $a_{n+1}>a_n$,即$\{a_n\}$严格递增. □

1.3.3 凹凸函数

函数的图像曲线,除了曲线的走向外,自然还要考虑曲线的弯曲情况:弯曲的形式与弯曲的程度. 先考察弯曲形式,通常有向上弯和向下弯两种. 向下弯曲时,曲线上任意两点之间的曲线段总是位于这两点的连线段下方,我们称之为下凸或凸. 向上弯曲时正好相反,此时称为上凸或凹.

定义 1.5 设函数 f 于区间 I 有定义. 如果对任意不同的两点 $x_1,x_2\in I$ 和任意实数 $0<\lambda<1$ 都有

$$f(\lambda x_1+(1-\lambda)x_2)\leqslant\lambda f(x_1)+(1-\lambda)f(x_2), \tag{1.8}$$

则称函数 f 是区间 I 的**下凸函数**(或**凸函数**). 如果总是成立相反的不等式

$$f(\lambda x_1+(1-\lambda)x_2)\geqslant\lambda f(x_1)+(1-\lambda)f(x_2), \tag{1.9}$$

则称函数 f 是区间 I 的**上凸函数**(或**凹函数**).

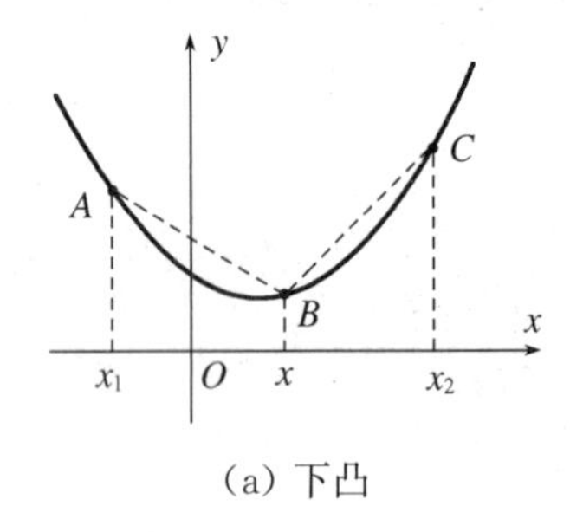

(a) 下凸

(b) 上凸

图 1.11

如果不等式(1.8)或(1.9)改为严格不等式,则相应地称函数是**严格下凸(凸)函数**或**严格上凸(凹)函数**. □

例 1.18 证明函数 x^2 于区间$(-\infty,+\infty)$严格下凸.

证 对任意不同的两点 x_1,x_2 和任意正实数 $\lambda<1$,函数 $f(x)=x^2$ 满足

$$\begin{aligned}&f(\lambda x_1+(1-\lambda)x_2)-[\lambda f(x_1)+(1-\lambda)f(x_2)]\\&=[\lambda x_1+(1-\lambda)x_2]^2-[\lambda x_1^2+(1-\lambda)x_2^2]\\&=(\lambda^2-\lambda)x_1^2+2\lambda(1-\lambda)x_1x_2+[(1-\lambda)^2-(1-\lambda)]x_2^2\\&=-\lambda(1-\lambda)(x_1-x_2)^2<0,\end{aligned}$$

从而有 $f(\lambda x_1+(1-\lambda)x_2)<\lambda f(x_1)+(1-\lambda)f(x_2)$. 于是根据定义,函数 x^2 于区间$(-\infty,+\infty)$严格下凸. □

显然,如果函数 f 于区间 I(严格)上凸,则函数 $-f$ 于区间 I(严格)下凸. 反之亦然. 因此,我们只考虑下凸函数的性质. 上凸函数的性质也就随之可得.

现在设函数 f 于区间 I 下凸,如图 1.11(a)所示,即不等式(1.8)成立. 不妨设 $x_1<x_2$ 并记

$$x=\lambda x_1+(1-\lambda)x_2,$$

则 $x_1<x<x_2$ 并且 $\lambda=\dfrac{x_2-x}{x_2-x_1}$. 于是不等式(1.8)可改写为

$$f(x)\leqslant\frac{x_2-x}{x_2-x_1}f(x_1)+\frac{x-x_1}{x_2-x_1}f(x_2).$$

由此可得

$$\frac{f(x)-f(x_1)}{x-x_1}\leqslant\frac{f(x_2)-f(x_1)}{x_2-x_1}\leqslant\frac{f(x_2)-f(x)}{x_2-x}. \tag{1.10}$$

反之,如果不等式(1.10)对区间 I 内的任何三点 $x_1<x<x_2$ 成立,则可得不等式(1.8). 因此,函数 f 于区间 I 下凸,当且仅当不等式(1.10)对区间 I 内的任何三点 $x_1<x<x_2$ 成立. 不等式(1.10)中的三个商恰好是图 1.11(a)中三角形 ABC 三条边的斜率,即有

$$k_{AB}\leqslant k_{AC}\leqslant k_{BC}. \tag{1.11}$$

我们将在第六章利用不等式(1.10)得出上下凸函数的重要性质. 函数的上下凸性或者凹凸性说明了函数图像曲线呈现弯曲的形状. 对曲线弯曲的程度,我们将在第六章 § 6.6 和第八章 § 8.7 用两种不同的方式对此加以讨论.

不等式(1.8)或(1.9)的左端是 x_1 和 x_2 的加权平均 $\lambda x_1+(1-\lambda)x_2$ 处的函数值,而右端是对应函数值 $f(x_1)$和 $f(x_2)$的加权平均,因此凹凸函数与平均值不等式之间有很紧密的关系. 不等式(1.8)或(1.9)的一般情形是如下的**詹森**(Jensen)**不等式**.

定理 1.2　若函数 f 于区间 I 下凸,则对任何 $n(\geqslant 2)$ 个点 $x_1,x_2,\cdots x_n\in I$ 和 n 个和为 1 的正数 $\lambda_1,\lambda_2,\cdots,\lambda_n:\lambda_1+\lambda_2+\cdots+\lambda_n=1$ 有

$$f(\lambda_1x_1+\lambda_2x_2+\cdots+\lambda_nx_n)\leqslant\lambda_1f(x_1)+\lambda_2f(x_2)+\cdots+\lambda_nf(x_n). \tag{1.12}$$

对严格下凸函数,等号"="成立当且仅当点 $x_1,x_2,\cdots x_n\in I$ 重合,即 $x_1=x_2=\cdots=x_n$.

证*　可用数学归纳法完成. 详细证明可参看相关参考书籍. □

作为应用,由于例 1.18 中已经证明函数 x^2 下凸,根据定理 1.2 知成立如下不等式:对任何正数 $x_1,x_2,\cdots x_n$,有

$$\left(\frac{x_1+x_2+\cdots+x_n}{n}\right)^2\leqslant\frac{x_1^2+x_2^2+\cdots+x_n^2}{n},$$

其中"="成立当且仅当 $x_1=x_2=\cdots=x_n$.

1.3.4　奇偶函数

关于对称性,我们这里只考虑关于原点或 y 轴的对称性.

定义 1.6　若函数 $f:D\to\mathbf{R}$ 的定义域 D 关于原点对称,并且满足:

(1) 对任何 $x\in D$ 有 $f(-x)=f(x)$,则称函数 $f:D\to\mathbf{R}$ 是**偶函数**;

(2) 对任何 $x\in D$ 有 $f(-x)=-f(x)$,则称函数 $f:D\to\mathbf{R}$ 是**奇函数**. □

根据定义,奇偶函数的图像呈现出如下对称性:奇函数关于原点对称;偶函数关于 y 轴对称. 例如,函数 $y=x$ 是奇函数,函数 $y=x^2$ 是偶函数. 这里要注意,函数 $y=x+x^2$ 既不是偶函数也不是奇函数.

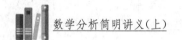

1.3.5 周期函数

定义 1.7 若函数 $f:D\to\mathbf{R}$ 满足:存在某正数 T 使得对任何 $x\in D$,都有 $x\pm T\in D$ 并且 $f(x+T)=f(x)$,则称函数 $f:D\to\mathbf{R}$ 是**周期函数**,数 T 称为它的一个**周期**. □

显然,若 T 是函数 $f:D\to\mathbf{R}$ 的一个周期,则对任何正整数 n,nT 都是 f 的周期,故周期函数的周期有无穷多个. 在周期函数的所有周期中,如果有最小的,我们把这个最小的周期叫作该周期函数的**基本周期**,常简称为**周期**. 周期函数的图像可由一个长度等于(基本)周期的区间上的图像通过左右平移而得到.

例如,正弦函数 $\sin x$ 和余弦函数 $\cos x$ 都是以 2π 为基本周期的周期函数. 函数 $x-[x]$ 是以 1 为基本周期的周期函数,如图 1.12 所示.

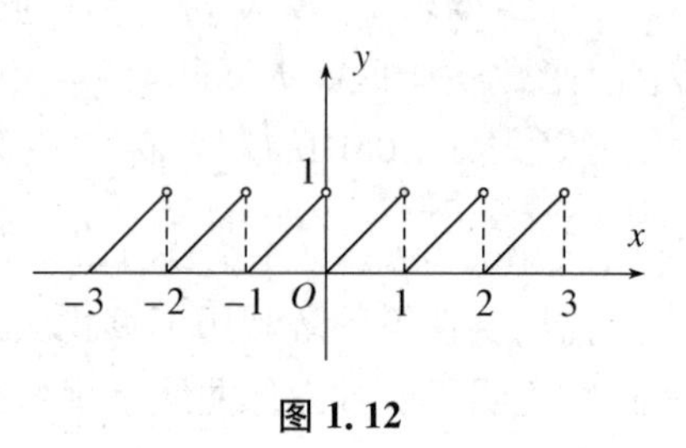

图 1.12

但要注意,存在没有基本周期的周期函数. 事实上,任何常值函数 $y=c$ 就以任何正数为周期,从而没有基本周期. 由于对任何有理数 r,狄利克雷函数满足 $D(x+r)=D(x)$,狄利克雷函数以任何正有理数为周期,也没有基本周期.

习题 1.3

1. 证明函数 $\dfrac{x+1}{x^2+1}$ 于 $(-\infty,+\infty)$ 有界.

2. 证明:函数 $\dfrac{1}{x}$ 于 $(-1,0)$ 无界,但对给定的负数 $a>-1$,该函数于 $(-1,a)$ 有界.

3. 证明:(1) 数列 $\left\{(-1)^n\dfrac{n+1}{n}\right\}$ 有界;(2) 数列 $\{n^{(-1)^n}\}$ 无界.

4. 设函数 f 于区间 I 恒正并且单调递增,证明函数 $\dfrac{1}{f}$ 于区间 I 单调递减.

5. 设函数 f 于区间 I 单调但不严格单调,证明存在子区间 $J\subseteq I$ 使得函数 f 于区间 J 为常值.

6. 讨论函数 x^n(n 为正整数)的单调性.

7. 证明数列 $\{\sqrt{n+1}-\sqrt{n}\}$ 有界并且严格递减.

8*. 证明数列 $\left\{\left(1+\dfrac{1}{n}\right)^{n+1}\right\}$ 有界并且严格递减.

9. 讨论函数 $\sqrt{x}$ 和 $|x|$ 在各自存在域区间上的凹凸性.

10. 讨论下列函数的奇偶性:

(1) $x+\sin x$　　(2) $|x+1|+|x-1|$　　(3) $1+2x+3x^2$

11. 设函数 f 于 $(-\infty,+\infty)$ 有定义,证明:

(1) 函数 $F(x)=\dfrac{1}{2}[f(x)+f(-x)]$ 是偶函数;

(2) 函数 $G(x)=\frac{1}{2}[f(x)-f(-x)]$ 是奇函数；

(3) $F(x)+G(x)=f(x)$.

12. 证明函数 $x-[x]$ 是周期为 1 的周期函数.

13. 讨论狄利克雷函数的有界性、单调性、奇偶性和周期性.

14. 设函数 f 是定义在 $(-\infty,+\infty)$ 上的以 T 为周期的周期函数. 证明：若函数 f 于某区间 $[x_0,x_0+T)$ 有界，则函数 f 于整个 $(-\infty,+\infty)$ 上有界.

第二章　数列极限

本章和下一章中所介绍的极限理论,是数学分析的基础,是研究函数性质的最基础工具.

§2.1　数列极限的定义

由例 1.8 可知,数列$\{a_n\}$是定义于正整数集合 **N** 上的函数,值域可按序排列:

$$a_1,a_2,\cdots,a_n,\cdots.$$

由于每个数都可看成是数轴上的点,数列$\{a_n\}$也常称作点列$\{a_n\}$.

例 2.1　数列$\left\{\frac{1}{n}\right\}$表示这样的一列数:$\frac{1}{1},\frac{1}{2},\cdots,\frac{1}{n},\cdots$. 随着 n 的增大,通项$\frac{1}{n}$越来越小地接近于 0. 数轴上则表现为越来越接近原点 O. □

例 2.2　数列$\left\{\frac{n+(-1)^{n-1}}{n}\right\}$表示这样的一列数:

$$\frac{1+1}{1}=2,\frac{2-1}{2}=1-\frac{1}{2},\frac{3+1}{3}=1+\frac{1}{3},\cdots,\frac{n+(-1)^{n-1}}{n}=1+\frac{(-1)^{n-1}}{n},\cdots.$$

随着 n 的增大,通项$\frac{n+(-1)^{n-1}}{n}=1+\frac{(-1)^{n-1}}{n}$越来越接近于数 1. 在数轴上则表现为在点 1 两边跳来跳去地接近点 1. □

现在,我们抽象地来考虑这类现象:随着 n 的增大,数列$\{a_n\}$的通项 a_n 越来越接近于一个确定的数 a. 描述两数或数轴上两点之间接近程度的是它们之间的距离,因此"通项 a_n 越来越接近于数 a"意味着随着 n 的无限制增大,$|a_n-a|$可无限制变小,或者说,$|a_n-a|$想要多小就可以多小,只要 n 足够大.

例 2.3　对数列$\left\{\frac{1}{n}\right\}$. 此时 $a_n=\frac{1}{n}$,$a=0$,$|a_n-a|=\frac{1}{n}$. 想要$|a_n-a|<0.1$,只要 $n>10$;想要$|a_n-a|<0.01$,只要 $n>100$;想要$|a_n-a|<0.001$,只要 $n>1\,000$;想要$|a_n-a|<0.000\,1$,只要 $n>10\,000$;……就是说,任意给数 $\varepsilon>0$,我们想要$|a_n-a|<\varepsilon$,只要 $n>\frac{1}{\varepsilon}$. 或者说,当 $n>\frac{1}{\varepsilon}$时有$|a_n-a|<\varepsilon$. □

例 2.4　对数列$\left\{\frac{n+(-1)^{n-1}}{n}\right\}$,此时 $a_n=\frac{n+(-1)^{n-1}}{n}$,$a=1$,$|a_n-a|=\frac{1}{n}$. 因此,如上例所得,当 $n>\frac{1}{\varepsilon}$时就有$|a_n-a|<\varepsilon$. □

根据如上两例所述，现在我们可以给出数列极限的 **ε—N 定义**如下：

定义 2.1　设$\{a_n\}$为数列.如果有一个数 a 满足：对任意给定的正数 ε，存在正整数 N 使得当 $n>N$ 时有

$$|a_n-a|<\varepsilon, \tag{2.1}$$

就称数列$\{a_n\}$有**极限** a，或称数列$\{a_n\}$**收敛**于 a，并记作

$$\lim_{n\to\infty}a_n=a \text{ 或 } a_n\to a(n\to\infty). \tag{2.2}$$

如果找不到这样的数 a，那么就称数列$\{a_n\}$**不收敛**或**发散**，也称数列$\{a_n\}$没有极限.此时，也常说$\lim\limits_{n\to\infty}a_n$ 不存在. □

例 2.5　用 **ε—N** 定义证明$\lim\limits_{n\to\infty}\dfrac{1}{n}=0$.

分析　由于$\left|\dfrac{1}{n}-0\right|=\dfrac{1}{n}$，要使$\left|\dfrac{1}{n}-0\right|<\varepsilon$，只要$\dfrac{1}{n}<\varepsilon$，即 $n>\dfrac{1}{\varepsilon}$.于是，我们要找的正整数 N 只要保证当 $n>N$ 时必有 $n>\dfrac{1}{\varepsilon}$就行.取 $N=\left[\dfrac{1}{\varepsilon}\right]+1$ 就满足要求.

证　对任何给定的正数 ε，可取 $N=\left[\dfrac{1}{\varepsilon}\right]+1$，则当 $n>N$ 时有 $n>\dfrac{1}{\varepsilon}$，从而有

$$\left|\frac{1}{n}-0\right|=\frac{1}{n}<\varepsilon.$$

于是由定义 2.1 即知$\lim\limits_{n\to\infty}\dfrac{1}{n}=0$. □

例 2.6　用 **ε—N** 定义证明$\lim\limits_{n\to\infty}\dfrac{n+(-1)^{n-1}}{n}=1$.

分析　由于$\left|\dfrac{n+(-1)^{n-1}}{n}-1\right|=\dfrac{1}{n}$，要使$\left|\dfrac{n+(-1)^{n-1}}{n}-1\right|<\varepsilon$，只要$\dfrac{1}{n}<\varepsilon$，即 $n>\dfrac{1}{\varepsilon}$.

证　对任何给定的正数 ε，可取 $N=\left[\dfrac{1}{\varepsilon}\right]+1$，则当 $n>N$ 时有

$$\left|\frac{n+(-1)^{n-1}}{n}-1\right|=\frac{1}{n}<\frac{1}{N}<\varepsilon.$$

由极限定义即知$\lim\limits_{n\to\infty}\dfrac{n+(-1)^{n-1}}{n}=1$. □

需要注意的是，在极限定义 2.1 中，正数 ε 是任意给定的，因此其是一个确定的正数，但给定的方式是任意的，也就是小的程度是没有限制的，只要是正数就行.同时，正整数 N 是在给定了 ε 后得到的，因此通常与 ε 有关，故有时为强调而记作 $N(\varepsilon)$.关于 N 还要注意以下三点：① N 并不唯一，事实上有无穷多个.例如例 2.5 和 2.6 中，也可取 $N=\left[\dfrac{1}{\varepsilon}\right]+2$，以及 $N=\left[\dfrac{1}{\varepsilon}\right]+3$ 等.② N 通常随着 ε 的减小而增大.③ N 可以不限定是正整数，只要是正数就行.事实上，如果已经找到了一个正数 N 使得当 $n>N$ 时有 $|a_n-a|<\varepsilon$，那么由于$[N]+1>N$，当 $n>[N]+1$ 时就一定有 $|a_n-a|<\varepsilon$.也就是说，我们找到了一个正整数$[N]+1$，使得当 $n>[N]+1$ 时有 $|a_n-a|<\varepsilon$，因此满足定义 2.1 的要求而知数列$\{a_n\}$收敛于 a.

例 2.7 用 $\varepsilon-N$ 定义证明 $\lim\limits_{n\to\infty}\dfrac{3n^2}{n^2-5n-7}=3$.

分析 自然可以像前例一样,通过解不等式 $\left|\dfrac{3n^2}{n^2-5n-7}-3\right|<\varepsilon$ 来获得正(整)数 N. 这个过程有点复杂. 注意到 N 不是唯一的,只要找到就行,这里我们换一种方法获得 N:适当放大表达式 $|a_n-a|$. 首先通过化简及去绝对值,当 $n>7$ 时有

$$\left|\frac{3n^2}{n^2-5n-7}-3\right|=\left|\frac{15n+21}{n^2-5n-7}\right|=\frac{15n+21}{n^2-5n-7}.$$

再进一步通过适当放大上式右端,当 $n>15$ 时有

$$\frac{15n+21}{n^2-5n-7}=\frac{15n+21}{\frac{1}{3}n^2+\left(\frac{1}{3}n^2-5n\right)+\left(\frac{1}{3}n^2-7\right)}<\frac{(15+21)n}{\frac{1}{3}n^2}=\frac{108}{n}.$$

因此,要使 $\left|\dfrac{3n^2}{n^2-5n-7}-3\right|<\varepsilon$,根据上述分析,只要 $n>15$ 和 $n>\dfrac{108}{\varepsilon}$ 同时成立即可.

证 对任何给定的正数 ε,可取 $N=\max\left\{15,\dfrac{108}{\varepsilon}\right\}$,则当 $n>N$ 时有 $n>15$ 和 $n>\dfrac{108}{\varepsilon}$,进而就有

$$\left|\frac{3n^2}{n^2-5n-7}-3\right|=\left|\frac{15n+21}{n^2-5n-7}\right|=\frac{15n+21}{n^2-5n-7}$$

$$=\frac{15n+21}{\frac{1}{3}n^2+\left(\frac{1}{3}n^2-5n\right)+\left(\frac{1}{3}n^2-7\right)}<\frac{36n}{\frac{1}{3}n^2}=\frac{108}{n}<\varepsilon.$$

按极限定义,所要证明的结论成立. □

注 例 2.7 表明,可通过适当放大 $|a_n-a|$ 的办法来获取 N. 实际上,想要通过直接解不等式 $|a_n-a|<\varepsilon$ 的方式来获得 N 在大多数情况下是行不通的. 注意,考虑极限时,可以只考虑大的 n 而不考虑那些小的 n. 例如本例解答中,我们只考虑了 $n>15$,而忽略了 $\leqslant 15$ 的那些数. 另外,再强调一下,只要找到一个 N 就行,不需要非得找满足要求的最小的 N.

例 2.8 设数 q 满足 $|q|<1$,用 $\varepsilon-N$ 定义证明 $\lim\limits_{n\to\infty}q^n=0$.

证 当 $q=0$ 时显然. 设 $q\neq0$. 则由 $|q|<1$ 知,$h=\dfrac{1}{|q|}-1>0$,从而

$$|q^n-0|=|q|^n=\frac{1}{(1+h)^n}\leqslant\frac{1}{1+nh}<\frac{1}{nh}.$$

于是,对任何给定的正数 ε,取 $N=\dfrac{1}{h\varepsilon}$,则当 $n>N$ 时就有 $|q^n-0|<\varepsilon$. 按定义,所证结论成立. □

本例中,对 $q\neq0$,也可通过直接解不等式 $|q^n-0|<\varepsilon(<1)$ 来得到 $N=\log_{|q|}\varepsilon$. 但对数运算属于超越运算.

例 2.9 设数 $a\geqslant1$,用 $\varepsilon-N$ 定义证明 $\lim\limits_{n\to\infty}\sqrt[n]{a}=1$.

证 当 $a=1$ 时显然. 下设 $a>1$,则 $a_n=\sqrt[n]{a}-1>0$,并且满足

$$a=(1+a_n)^n\geqslant 1+na_n>na_n.$$

也即有

$$|\sqrt[n]{a}-1|=a_n<\frac{a}{n}.$$

于是,对任何给定的正数 ε,可取 $N=\frac{a}{\varepsilon}>0$,则当 $n>N$ 时根据上式就有 $|\sqrt[n]{a}-1|<\varepsilon$,从而结论成立. □

注　由于在极限定义 2.1 中,正数 ε 反映的是通项 a_n 与数 a 接近的程度,我们可以只考虑小的 ε 就行:$\varepsilon<\varepsilon_0$. 例如可只考虑正数 $\varepsilon<1$ 而忽略 $\varepsilon\geqslant 1$,或者只考虑 $\varepsilon<0.01$ 而忽略 $\varepsilon\geqslant 0.01$. 另外,由于 ε 是任意给定的小正数,不等式(2.1)中的 ε 换成 $2\varepsilon,\sqrt{\varepsilon},\varepsilon^2$ 等同样也是可以任意小的正数时,数列 $\{a_n\}$ 仍然收敛于 a.

例 2.10　证明数列 $\{(-1)^n\}$ 发散.

证　假设数列 $\{(-1)^n\}$ 收敛并且有极限 a,则对任意给定的正数 ε,存在正整数 $N=N(\varepsilon)$ 使得当 $n>N$ 时总有 $|(-1)^n-a|<\varepsilon$. 于是,对正数 $\varepsilon=1$,分别取偶数 $n>N(1)$ 和奇数 $n>N(1)$,可得 $|1-a|<1$ 和 $|-1-a|<1$. 由此得到矛盾:

$$2=|(1-a)-(-1-a)|\leqslant|1-a|+|-1-a|<2.$$ □

现在,我们在数轴上从几何的角度来看一下收敛点列 $\{a_n\}$. 不等式 $|a_n-a|<\varepsilon$ 等价于 $a-\varepsilon<a_n<a+\varepsilon$,或者说点 a_n 位于开区间 $(a-\varepsilon,a+\varepsilon)$ 内. 于是如果数列 $\{a_n\}$ 收敛于 a,那么对任意给定的正数 ε,点列 $\{a_n\}$ 中的点,除至多有限个(从 a_1 到 a_N)外都落在区间 $(a-\varepsilon,a+\varepsilon)$ 内. 这就解释了我们一开始的例子中看到的收敛点列 $\{a_n\}$ 中的点堆聚在极限点 a 处的现象.

习题 2.1

1. 用数列收敛的 $\varepsilon-N$ 定义证明下列极限:

(1) $\lim\limits_{n\to\infty}\frac{n-1}{n}=1$,　　(2) $\lim\limits_{n\to\infty}\frac{2n-1}{n^2+1}=0$,　　(3) $\lim\limits_{n\to\infty}\frac{n^2-1}{2n^2-5n+1}=\frac{1}{2}$,

(4) $\lim\limits_{n\to\infty}\frac{\sqrt{n}-1}{\sqrt{n}+1}=1$,　　(5) $\lim\limits_{n\to\infty}(\sqrt{n+1}-\sqrt{n})=0$.

2. 证明数列 $\left\{(-1)^n\frac{n-1}{n}\right\}$ 和 $\{n^{(-1)^n}\}$ 都发散.

§2.2　数列极限的基本性质

性质 1(唯一性)　如果数列收敛,则其极限唯一.

证　假设收敛数列 $\{a_n\}$ 有两个不同的极限 a 和 a^*. 那么由极限定义,对任意给定的正数 ε,存在正整数 N 使得当 $n>N$ 时有 $|a_n-a|<\varepsilon$;同样也存在正整数 N^* 使得当 $n>N^*$ 时

有$|a_n-a^*|<\varepsilon$. 于是对同时满足$n>N$和$n>N^*$的正整数n,如$n=N+N^*+1$,不等式$|a_n-a|<\varepsilon$和$|a_n-a^*|<\varepsilon$同时成立. 由此,根据三角不等式可得

$$|a-a^*|=|(a_n-a)-(a_n-a^*)|\leqslant|a_n-a|+|a_n-a^*|<2\varepsilon,$$

即有$|a-a^*|<2\varepsilon$. 由于$a\neq a^*$,$|a-a^*|>0$是一确定的正数,从而不等式$|a-a^*|<2\varepsilon$与正数ε的任意性矛盾. 这就说明开始的假设是不成立的,即收敛数列$\{a_n\}$的极限一定唯一. □

性质 2(有界性) 收敛数列必有界.

证 设数列$\{a_n\}$收敛于数a. 由定义,对任意给定的正数ε,存在正整数$N=N(\varepsilon)$使得当$n>N$时有$|a_n-a|<\varepsilon$. 从而当$n>N(1)$时有$|a_n-a|<1$,进而有$|a_n|<|a|+1$. 于是所有a_n都满足

$$|a_n|\leqslant M=\max\{|a_1|,|a_2|,\cdots,|a_{N(1)}|,|a|+1\}.$$

这就证明了数列$\{a_n\}$有界. □

性质 3(保号性) 设数列$\{a_n\}$收敛于数$a\neq0$. 若$a>0$,则对任何数$r\in(0,a)$,存在正整数$N=N(r)$使得当$n>N$时有$a_n>r>0$. 若$a<0$,则对任何数$r\in(a,0)$,存在正整数$N=N(r)$使得当$n>N$时有$a_n<r<0$.

证 当$a>0$时对正数$\varepsilon=a-r$应用定义即得. □

注 性质3中的正整数N与数r相关. 在实际应用时,通常取$r=\frac{a}{2}$. 根据保号性,对极限存在但不等于零的数列,至多除有限项外,各项都与其非零极限值符号相同.

性质 4(保不等式性) 若两收敛数列$\{a_n\}$和$\{b_n\}$满足

$$a_n\leqslant b_n\quad(n>n_0),$$

则极限值也满足同样的不等式:

$$\lim_{n\to\infty}a_n\leqslant\lim_{n\to\infty}b_n.$$

证 设$\{a_n\}$和$\{b_n\}$分别收敛于a和b,则对任意给定的$\varepsilon>0$,按定义,分别存在正整数N_1和N_2使得当$n>N_1$时有$|a_n-a|<\varepsilon$;当$n>N_2$时有$|b_n-b|<\varepsilon$. 现在取$N=\max\{N_1,N_2,n_0\}$,则当$n>N$时结合条件就有$a-\varepsilon<a_n\leqslant b_n<b+\varepsilon$,从而得$a<b+2\varepsilon$. 根据$\varepsilon$的任意性即知有$a\leqslant b$. □

性质 5(四则运算法则) 如果数列$\{a_n\}$和$\{b_n\}$都收敛,则和数列$\{a_n+b_n\}$、差数列$\{a_n-b_n\}$和积数列$\{a_n\cdot b_n\}$都是收敛的,并且

$$\lim_{n\to\infty}(a_n\pm b_n)=\lim_{n\to\infty}a_n\pm\lim_{n\to\infty}b_n,$$

$$\lim_{n\to\infty}(a_n\cdot b_n)=\lim_{n\to\infty}a_n\cdot\lim_{n\to\infty}b_n.$$

若$\{b_n\}$还满足$\lim\limits_{n\to\infty}b_n\neq0$,则商数列$\left\{\frac{a_n}{b_n}\right\}_{n>n_0}$也是收敛的,而且

$$\lim_{n\to\infty}\frac{a_n}{b_n}=\frac{\lim\limits_{n\to\infty}a_n}{\lim\limits_{n\to\infty}b_n}.$$

证　记$\lim\limits_{n\to\infty}a_n=a$，$\lim\limits_{n\to\infty}b_n=b$. 我们先证明加法法则，减法法则是类似的.

对任意给定的正数ε，分别存在正整数N_1和N_2使得当$n>N_1$时有$|a_n-a|<\varepsilon$，当$n>N_2$时有$|b_n-b|<\varepsilon$. 令$N=\max\{N_1,N_2\}$，则当$n>N$就有

$$|(a_n+b_n)-(a+b)|=|(a_n-a)+(b_n-b)|\leqslant|a_n-a|+|b_n-b|<2\varepsilon.$$

这就证明了数列$\{a_n+b_n\}$收敛，而且

$$\lim_{n\to\infty}(a_n+b_n)=\lim_{n\to\infty}a_n+\lim_{n\to\infty}b_n.$$

再证乘法法则. 由刚才加法法则的证明知，对任意给定的正数ε，存在正整数N使得当$n>N$时有$|a_n-a|<\varepsilon$和$|b_n-b|<\varepsilon$. 另外，根据收敛数列的有界性，存在正数M使得对所有b_n满足$|b_n|\leqslant M$. 于是当$n>N$时有

$$\begin{aligned}|a_nb_n-ab|&=|(a_n-a)b_n+a(b_n-b)|\\&\leqslant|a_n-a||b_n|+|a||b_n-b|<(M+|a|)\varepsilon.\end{aligned}$$

这就证明了乘法法则.

最后，我们来证明除法法则：由于$\dfrac{a_n}{b_n}=a_n\cdot\dfrac{1}{b_n}$，根据乘法法则，我们只需要证明

$$\lim_{n\to\infty}\frac{1}{b_n}=\frac{1}{\lim\limits_{n\to\infty}b_n}.$$

由于$\lim\limits_{n\to\infty}b_n=b$，对任意给定的正数$\varepsilon$，存在正整数$N$使得当$n>N$时有$|b_n-b|<\varepsilon$. 另外，按假设$b\neq0$，因此由保号性，存在正整数$n_0$使得当$n>n_0$时有$|b_n|>\dfrac{1}{2}|b|$. 于是，当$n>\max(N,n_0)$时有$\left|\dfrac{1}{b_n}-\dfrac{1}{b}\right|=\dfrac{|b_n-b|}{|b_n|\cdot|b|}<\dfrac{2\varepsilon}{|b|^2}$. 这就证明了除法法则. □

推论 1　若数列$\{a_n\}$收敛，则对任何常数c，数列$\{a_n+c\}$和$\{ca_n\}$也都收敛，而且

$$\lim_{n\to\infty}(a_n+c)=\lim_{n\to\infty}a_n+c,\ \lim_{n\to\infty}(ca_n)=c\cdot\lim_{n\to\infty}a_n.$$ □

推论 2　四则运算法则对有限个数列依然成立. 例如：若数列$\{a_n\}$，$\{b_n\}$和$\{c_n\}$都收敛，则数列$\{a_n+b_n-c_n\}$和　$\{a_n\cdot b_n\cdot c_n\}$都是收敛的，并且

$$\lim_{n\to\infty}(a_n+b_n-c_n)=\lim_{n\to\infty}a_n+\lim_{n\to\infty}b_n-\lim_{n\to\infty}c_n,$$
$$\lim_{n\to\infty}(a_n\cdot b_n\cdot c_n)=\lim_{n\to\infty}a_n\cdot\lim_{n\to\infty}b_n\cdot\lim_{n\to\infty}c_n.$$ □

例 2.11　求极限$\lim\limits_{n\to\infty}\left(1+\dfrac{1}{n}\right)\left(2-\dfrac{3}{n^2}\right)$.

解　原式$=(1+0)(2-0)=2$. □

例 2.12　求极限$\lim\limits_{n\to\infty}\dfrac{3n+1}{2n+1}$.

解　原式$=\lim\limits_{n\to\infty}\dfrac{3+\dfrac{1}{n}}{2+\dfrac{1}{n}}=\dfrac{3+0}{2+0}=\dfrac{3}{2}$. □

例 2.13 设数 $a>0$,试证明 $\lim\limits_{n\to\infty}\sqrt[n]{a}=1$.

证 由例 2.9 知 $a\geqslant 1$ 时结论成立. 现设 $0<a<1$,则 $\dfrac{1}{a}>1$,从而由极限的除法法则运算有

$$\lim_{n\to\infty}\sqrt[n]{a}=\lim_{n\to\infty}\frac{1}{\sqrt[n]{\dfrac{1}{a}}}=\frac{1}{\lim\limits_{n\to\infty}\sqrt[n]{\dfrac{1}{a}}}=\frac{1}{1}=1.$$ □

性质 6(迫敛性) 若数列 $\{a_n\}$ 和 $\{b_n\}$ 收敛于同一个数,则介于 $\{a_n\}$ 和 $\{b_n\}$ 之间的任何数列 $\{c_n\}$:$a_n\leqslant c_n\leqslant b_n(n>n_0)$ 也收敛,而且三数列收敛于同一数.

证 记 $\lim\limits_{n\to\infty}a_n=\lim\limits_{n\to\infty}b_n=a$,则对任意给定的正数 ε,存在正整数 N_1 使得当 $n>N_1$ 时有 $|a_n-a|<\varepsilon$;存在正整数 N_2 使得当 $n>N_2$ 时有 $|b_n-a|<\varepsilon$. 再令 $N=\max\{N_1,N_2,n_0\}$,则结合条件,当 $n>N$ 就有 $a-\varepsilon<a_n\leqslant c_n\leqslant b_n<a+\varepsilon$,即有 $|c_n-a|<\varepsilon$. 由定义就知数列 $\{c_n\}$ 也收敛于数 a. □

例 2.14 求极限 $\lim\limits_{n\to\infty}\dfrac{n+(-1)^n}{n}$.

解 由 $\dfrac{n-1}{n}\leqslant\dfrac{n+(-1)^n}{n}\leqslant\dfrac{n+1}{n}$ 及 $\dfrac{n\pm1}{n}=1\pm\dfrac{1}{n}\to1(n\to\infty)$,并根据迫敛性即得

$$\lim_{n\to\infty}\frac{n+(-1)^n}{n}=1.$$ □

例 2.15 求极限 $\lim\limits_{n\to\infty}\dfrac{\sin n}{n}$.

解 由于 $-\dfrac{1}{n}\leqslant\dfrac{\sin n}{n}\leqslant\dfrac{1}{n}$,而 $\pm\dfrac{1}{n}\to0(n\to\infty)$,$\lim\limits_{n\to\infty}\dfrac{\sin n}{n}=0$. □

例 2.16 求极限 $\lim\limits_{n\to\infty}\left[\dfrac{1}{n^2}+\dfrac{1}{(n+1)^2}+\cdots+\dfrac{1}{(n+n)^2}\right]$.

解 由于 $0<\dfrac{1}{n^2}+\dfrac{1}{(n+1)^2}+\cdots+\dfrac{1}{(n+n)^2}<(n+1)\dfrac{1}{n^2}=\dfrac{1}{n}+\dfrac{1}{n^2}\to0(n\to\infty)$,由迫敛性,所求极限为 0. □

性质 7(有限扰动不变性) 任何数列,在增加、减少或改变有限项后所得数列与原数列敛散性相同.

证 设原数列为 $\{a_n\}$,在经过增加、减少或改变有限项后所得数列为 $\{b_n\}$. 由于只是扰动了有限次,数列 $\{a_n\}$ 从某项 a_{m_0} 开始没有变动. 于是,从某项 b_{n_0} 开始,或者说数列 $\{b_n\}_{n\geqslant n_0}$ 和从项 a_{m_0} 开始的数列 $\{a_n\}_{n\geqslant m_0}$ 完全相同,即有 $b_{n_0}=a_{m_0}$ 并且 $b_{n_0+k}=a_{m_0+k}$,$k=1,2,\cdots$. 于是当 $n\geqslant n_0$ 时有 $b_n=a_{n+m_0-n_0}$. 由此根据定义即知 $\{a_n\}$ 收敛当且仅当 $\{b_n\}$ 收敛. □

习题 2.2

1. 求下列极限:

(1) $\lim\limits_{n\to\infty}\dfrac{3n^3-n-1}{2n^3+n^2-1}$,

(2) $\lim\limits_{n\to\infty}\dfrac{(-3)^n+2^n}{(-3)^{n+1}+2^{n+1}}$,

(3) $\lim_{n\to\infty}\sqrt{n}(\sqrt{n+1}-\sqrt{n})$，

(4) $\lim_{n\to\infty}(\sqrt[n]{1}+\sqrt[n]{2}+\cdots+\sqrt[n]{100})$，

(5) $\lim_{n\to\infty}\sqrt[n]{1^n+2^n+\cdots+100^n}$，

(6) $\lim_{n\to\infty}\left[\frac{1}{1\cdot 2}+\frac{1}{2\cdot 3}+\cdots+\frac{1}{n(n+1)}\right]$，

(7) $\lim_{n\to\infty}\left(\frac{1}{n^2}+\frac{2}{n^2}+\frac{3}{n^2}+\cdots+\frac{n}{n^2}\right)$，

(8) $\lim_{n\to\infty}\left(\frac{1}{\sqrt{n^2+n+1}}+\frac{1}{\sqrt{n^2+n+2}}+\cdots+\frac{1}{\sqrt{n^2+n+n}}\right)$.

§2.3　数列极限存在之单调有界准则

在用定义验证数列极限时，我们需要预先判定或找到可能的极限值 a. 这对简单的数列是可行的，但对较复杂的数列有时会很困难，甚至根本做不到. 我们也不可能对每个实数都用定义去验证其是否是极限值，因此我们需要找到某种办法，使得能够直接从数列本身出发来断定数列有极限或者是收敛的. 这种办法就是找到数列的某种特征使得具有该特征的数列一定是收敛的. 这种特征之一就是单调有界.

定理 2.1(单调有界定理)　单调有界数列必收敛.　□

定理 2.1 保证了单调有界数列极限的存在性. 在数学中，存在性问题总是根本问题. 在此基础上，我们可以进一步考虑如何确定该极限值的问题. 一般来讲，判断极限是否存在与如何求极限是两件关系不大的事情.

定理 2.1 的证明将在下一节 §2.4 给出. 注意收敛数列必然有界，但例 2.10 中的数列 $\{(-1)^n\}$ 说明有界数列未必是收敛的.

例 2.17　证明通项为

$$a_n=1+\frac{1}{2^2}+\frac{1}{3^2}+\cdots+\frac{1}{n^2}$$

的数列 $\{a_n\}$ 收敛.

证　显然 $\{a_n\}$ 递增. 事实上，有 $a_{n+1}=a_n+\frac{1}{(n+1)^2}>a_n$. 又由于

$$\begin{aligned}0<a_n&<1+\frac{1}{1\cdot 2}+\frac{1}{2\cdot 3}+\cdots+\frac{1}{(n-1)n}\\&=1+\left(1-\frac{1}{2}\right)+\left(\frac{1}{2}-\frac{1}{3}\right)+\cdots+\left(\frac{1}{n-1}-\frac{1}{n}\right)<2,\end{aligned}$$

$\{a_n\}$ 有界递增，故由单调有界准则知数列 $\{a_n\}$ 收敛的.　□

注　将来，我们可求出例 2.17 中的数列的极限为 $\frac{\pi^2}{6}$.

例 2.18　设数 $c>0$，证明通项满足递推关系

$$a_1=\sqrt{c}, a_{n+1}=\sqrt{c+a_n}, n=1,2,\cdots$$

的数列 $\{a_n\}$ 收敛于 $\frac{1+\sqrt{1+4c}}{2}$.

证 显然总有 $a_n \geqslant \sqrt{c} > 0$. 由于

$$a_{n+1}-a_n=\sqrt{c+a_n}-\sqrt{c+a_{n-1}}=\frac{a_n-a_{n-1}}{\sqrt{c+a_n}+\sqrt{c+a_{n-1}}},$$

并且 $a_2-a_1=\sqrt{c+\sqrt{c}}-\sqrt{c}>0$,由数学归纳法即知数列$\{a_n\}$递增.

再证数列$\{a_n\}$有上界. 依然用数学归纳法:先证明 $a_1<\frac{1+\sqrt{1+4c}}{2}$. 这可直接验证. 现在设 $a_k<\frac{1+\sqrt{1+4c}}{2}$,则

$$a_{k+1}=\sqrt{c+a_k}<\sqrt{c+\frac{1+\sqrt{1+4c}}{2}}=\frac{1+\sqrt{1+4c}}{2}.$$

于是数列$\{a_n\}$通项满足$\sqrt{c} \leqslant a_n<\frac{1+\sqrt{1+4c}}{2}$,故根据单调有界定理,数列$\{a_n\}$收敛.

现在设$\lim\limits_{n\to\infty}a_n=a$. 首先,根据保不等式性质就有$\sqrt{c}\leqslant a\leqslant\frac{1+\sqrt{1+4c}}{2}$. 由于$(a_{n+1})^2=c+a_n$,再根据四则运算法则就有 $a^2=c+a$. 注意到 $a>0$,解之即得 $a=\frac{1+\sqrt{1+4c}}{2}$. □

注 例 2.17 和例 2.18 提供了两种判断数列有界的常用方法.

例 2.19 证明对任何实数 $a>1$ 及正整数 k 有$\lim\limits_{n\to\infty}\frac{n^k}{a^n}=0$.

证 记 $a_n=\frac{n^k}{a^n}$,则 $a_n>0$ 并且$\frac{a_{n+1}}{a_n}=\frac{(n+1)^k}{a^{n+1}}\cdot\frac{a^n}{n^k}=\frac{1}{a}\left(1+\frac{1}{n}\right)^k\to\frac{1}{a}<1$,因此根据保号性,存在正整数 N_0(事实上取 $N_0>\frac{1}{\sqrt[k]{a}-1}$即可)使得当 $n>N_0$ 时就有$\frac{a_{n+1}}{a_n}<1$,即 $a_{n+1}<a_n$. 于是数列$\{a_n\}_{n\geqslant N_0}$递减并且有下界 0. 根据单调有界定理就知极限$\lim\limits_{n\to\infty}a_n$ 存在,设其值为 A. 由于 $a_{n+1}=\frac{1}{a}\left(1+\frac{1}{n}\right)^k a_n$,两边取极限就得到 $A=\frac{1}{a}\cdot 1\cdot A$,从而 $A=0$. 于是$\lim\limits_{n\to\infty}\frac{n^k}{a^n}=0$. □

在第一章例 1.12 和例 1.17 中,我们已经证明数列$\left\{\left(1+\frac{1}{n}\right)^n\right\}$是有界并且递增的,因此根据单调有界定理,该数列收敛. 这个数列的极限是数学中最重要的极限之一. 欧拉(Euler)首先用字母 e 表示该极限并且证明了数 e 是无理数这一重要性质. 后人为纪念他而沿用至今:

$$\lim_{n\to\infty}\left(1+\frac{1}{n}\right)^n=\mathrm{e}. \tag{2.3}$$

数 e 的值约为 2.718 28. 我们将在下册中证明数 e 是无理数. 在数学中,数 e 与数 π 是最重要的两个超越无理数. 数 π 的无理性将在第八章中得到证明.

例 2.20 求极限$\lim\limits_{n\to\infty}\left(\frac{n+1}{n}\right)^{2n+1}$.

解　原式$=\lim\limits_{n\to\infty}\left(\left(1+\dfrac{1}{n}\right)^n\right)^2\left(1+\dfrac{1}{n}\right)=\mathrm{e}^2\cdot 1=\mathrm{e}^2.$ □

例 2.21　求极限$\lim\limits_{n\to\infty}\left(\dfrac{n}{n-1}\right)^n$.

解　原式$=\lim\limits_{n\to\infty}\left(1+\dfrac{1}{n-1}\right)^{n-1}\left(1+\dfrac{1}{n-1}\right)=\mathrm{e}\cdot 1=\mathrm{e}.$ □

例 2.22　求极限$\lim\limits_{n\to\infty}\left(1-\dfrac{1}{n}\right)^n$.

解　原式$=\lim\limits_{n\to\infty}\left(\dfrac{n-1}{n}\right)^n=\lim\limits_{n\to\infty}\dfrac{1}{\left(\dfrac{n}{n-1}\right)^n}=\dfrac{1}{\mathrm{e}}.$ □

习题 2.3

1. 设数列$\{a_n\}$的首项$a_1=\dfrac{1}{2}$，通项满足关系式$a_{n+1}=a_n(2-a_n)$. 证明数列$\{a_n\}$收敛于 1.

2. 设数列$\{a_n\}$的首项$a_1=1$，通项满足关系式$a_{n+1}=\dfrac{3a_n+3}{a_n+3}$. 证明数列$\{a_n\}$收敛于$\sqrt{3}$.

3. 求$\lim\limits_{n\to\infty}\left(1-\dfrac{1}{n+1}\right)^{n-1}$.

4. 设数列$\{a_n\}$满足$a_n>0$并且$\lim\limits_{n\to\infty}\dfrac{a_{n+1}}{a_n}=l<1$. 证明数列$\{a_n\}$收敛于 0.

5. 证明：若数列$\{a_n\}$满足$a_n>0$并且$\lim\limits_{n\to\infty}\dfrac{a_{n+1}}{a_n}=l$，则$\lim\limits_{n\to\infty}\sqrt[n]{a_n}=l$.

6. 证明数列$\{a_n\}$收敛，其中：

(1) $a_n=\left(1-\dfrac{1}{2}\right)\left(1-\dfrac{1}{2^2}\right)\cdots\left(1-\dfrac{1}{2^n}\right)$，

(2) $a_n=\left(1+\dfrac{1}{2}\right)\left(1+\dfrac{1}{2^2}\right)\cdots\left(1+\dfrac{1}{2^n}\right)$.

§2.4　确界定理与单调有界定理的证明

我们从有界数集说起. 给定一个数集$S\subset\mathbf{R}$. 如果存在数M(数L)使得任何$x\in S$都满足$x\leqslant M(x\geqslant L)$，则称数集$S$**有上界(有下界)**，同时也称数$M$(数$L$)是数集$S$的一个**上界(下界)**. 既有上界又有下界的数集称为**有界集**；否则称为**无界集**.

例如，正整数集$\mathbf{N}$有下界但无上界. 任何有限区间都是有界集；无限区间都是无界集.

根据定义，容易看出，若数集S有上界，则其有无限多个上界. 我们把其中最小的那个上界叫作数集S的上确界，其确切定义如下.

定义 2.2　给定一个非空数集$S\subset\mathbf{R}$. 若数$\alpha\in\mathbf{R}$满足：

(1) 对任何 $x\in S$,$x\leqslant\alpha$;

(2) 对任何正数 ε,存在数 $x_0\in S$ 使得 $x_0>\alpha-\varepsilon$,

则称数 α 是数集 S 的**上确界**,记作

$$\alpha=\sup S.$$ □

定义 2.2 中条件(1)保证数 α 是一个上界,而条件(2)则说只要比 α 小,即无论正数 ε 多么小,数 $\alpha-\varepsilon$ 都不是上界,从而保证数 α 是最小的上界.

同样,若数集 S 有下界,则其有无限多个下界. 我们把其中最大的那个下界叫作数集 S 的**下确界**. 确切定义如下.

定义 2.3 给定一个非空数集 $S\subset\mathbf{R}$. 若数 $\beta\in\mathbf{R}$ 满足:

(1) 对任何 $x\in S$,$x\geqslant\beta$;

(2) 对任何正数 ε,存在数 $x_0\in S$ 使得 $x_0<\beta+\varepsilon$,

则称数 β 是数集 S 的**下确界**,记作

$$\beta=\inf S.$$ □

同样地,条件(1)保证数 β 是一个下界,而条件(2)则说只要比数 β 大,即无论正数 ε 多么小,数 $\beta+\varepsilon$ 都不是下界,从而保证数 β 是最大的下界.

关于上下确界,一个有用的事实是:如果数集 $S\subset\mathbf{R}$ 有最大数,则该最大数必为数集 S 的上确界;同样,若数集 $S\subset\mathbf{R}$ 有最小数,则该最小数必为数集 S 的下确界. 这实际上说明,数集的上确界、下确界是最大数、最小数的推广.

例 2.23 确定数集 $S=\left\{\frac{1}{n}:n\in\mathbf{N}_+\right\}$的上确界和下确界,这里 $\mathbf{N}_+$ 表示正整数集.

解 由于$\frac{1}{1}=1$ 是数集 S 中的最大数,$\sup S=1$.

再考虑下确界. 显然 0 是数集 S 的一个下界,并且对任何正数 ε,数 $0+\varepsilon=\varepsilon$ 都不是下界:存在数$\frac{1}{n}\in S$ 使得$\frac{1}{n}<0+\varepsilon$. 事实上,取 $n=\left[\frac{1}{\varepsilon}\right]+1$ 即可看出. 于是,0 是最大下界,从而是下确界:$\inf S=0$. □

于是,一个需要解决的问题是有上界(下界)的数集 S 是否有最小上界(最大下界),即上确界(下确界). 直观上,答案是肯定的. 这就是如下的**确界定理**:

定理 2.2(确界定理) 有上界的非空数集有上确界;有下界的非空数集有下确界. □

本书中,我们将不加证明地承认确界定理. 需要指出的是,有界数集不一定有最大或最小数. 现在我们利用确界定理来证明单调有界定理.

单调有界定理的证明 设$\{a_n\}$是有上界的递增数列. 根据确界定理,数列$\{a_n\}$作为数集有上确界,记 $a=\sup\{a_n\}$. 现在我们验证数列$\{a_n\}$收敛于 a. 对任给的正数 ε,由上确界定义知存在某数 $a_N\in\{a_n\}$使得 $a_N>a-\varepsilon$. 由于数列$\{a_n\}$递增,当 $n>N$ 时有 $a_n\geqslant a_N>a-\varepsilon$. 注意上确界 a 也是上界,即对任何 a_n 都有 $a_n\leqslant a<a+\varepsilon$. 于是,当 $n>N$ 时有 $a-\varepsilon<a_n<a+\varepsilon$,即 $|a_n-a|<\varepsilon$. 这就证明了数列$\{a_n\}$收敛于 a.

同理,可证明有下界的递减数列收敛于其下确界. 单调有界定理证毕. □

根据上述证明,单调递增(递减)数列$\{a_n\}$的极限 a 若存在,则必满足 $a_n\leqslant a(a_n\geqslant a)$. 特

别地，由此可知数 e 满足

$$\left(1+\frac{1}{n}\right)^{n}<\mathrm{e}<\left(1+\frac{1}{n}\right)^{n+1}.$$

作为确界定理的另外一个重要应用，可以定义一般实指数幂的幂运算. 设实数 $a\geqslant 1$ 和 x，定义

$$a^{x}=\sup\{a^{r}\mid r\leqslant x \text{ 并且 } r \text{ 为有理数}\}.$$

当实数 $0<a<1$ 时，定义 $a^{x}=\left(\frac{1}{a}\right)^{-x}$. 在此定义下，可以证明一般实指数幂的幂运算满足如下运算法则：对任何实数 $a>0$ 和 x,y 有

$$a^{x}\cdot a^{y}=a^{x+y},\qquad (a^{x})^{y}=a^{xy}$$

和指数函数 $a^{x}(a>0,a\neq 1)$ 的严格单调性.

习题 2.4

1. 用定义证明：正有理数集的下确界为 0.
2. 证明：如果数 a 是数集 S 的最大数，则数 a 是数集 S 的上确界.
3. 证明：当 $a>1$ 时，指数函数 a^{x} 于整个实轴 $(-\infty,+\infty)$ 严格递增.

§2.5　一般数列的收敛准则

我们先给出数列的子列的概念.

定义 2.4　设 $\{a_n\}$ 和 $\{b_n\}$ 为两个数列. 如果存在一列严格递增的正整数 $\{n_k\}$ 使得对任何 $k=1,2,\cdots$ 有 $b_k=a_{n_k}$，则称数列 $\{b_n\}$ 为数列 $\{a_n\}$ 的一个**子列**，记作 $\{a_{n_k}\}$. □

按定义，子列 $\{a_{n_k}\}$ 实际上是由数列 $\{a_n\}$ 的第 $n_1,n_2,\cdots,n_k,\cdots$ 项保持原有次序依次排列而得的一列数. 另外，由于正整数列 $\{n_k\}$ 严格递增，必有 $n_k\geqslant k$.

例如，数列 $\{a_n\}$ 是自身的一个子列；去掉第 1 项后剩下的数列 $\{a_{k+1}\}$ 或更一般的去掉前 m 项后剩下的数列 $\{a_{k+m}\}$ 都是数列 $\{a_n\}$ 的子列. 这种与原数列最多相差有限项的子列称为**平凡子列**. 如果一个子列不是平凡子列，则称为**非平凡子列**. 例如，由数列 $\{a_n\}$ 的所有奇数项组成的数列 $\{a_{2k-1}\}$ 和所有偶数项组成的数列 $\{a_{2k}\}$ 都是数列 $\{a_n\}$ 的非平凡子列. 这两个子列分别称为**奇子列**和**偶子列**.

定理 2.3　数列收敛当且仅当其任何子列也都收敛.

证　充分性：如果数列 $\{a_n\}$ 的所有子列都收敛，则 $\{a_n\}$ 作为自身的子列也收敛.

必要性：现在设数列 $\{a_n\}$ 收敛于 a，以及 $\{a_{n_k}\}$ 为数列 $\{a_n\}$ 的任一子列. 对任何正数 ε，由于 $\{a_n\}$ 收敛于 a，存在正整数 N 使得当 $n>N$ 时有 $|a_n-a|<\varepsilon$. 于是，当 $k>N$ 时有 $n_k\geqslant k>N$，从而也就有 $|a_{n_k}-a|<\varepsilon$. 这就证明了子列 $\{a_{n_k}\}$ 也以 a 为极限. □

我们实际上证明了收敛数列的任何子列都收敛于同一数. 于是，如果一个数列有某两个

子列收敛于不同的数,那么该数列必定发散.利用这一点,可以很方便地断定数列$\{(-1)^n\}$和$\left\{\sin\frac{n\pi}{4}\right\}$都是发散的:前者有两个子列$\{(-1)^{2k-1}\}$和$\{(-1)^{2k}\}$分别收敛于不同的数$-1$和1;后者有两个子列$\left\{\sin\frac{4k\pi}{4}\right\}$和$\left\{\sin\frac{(8k+2)\pi}{4}\right\}$分别收敛于不同的数0和1.

定理 2.4 任何数列都含有单调的子列.

证 设$\{a_n\}$为任一数列.我们分两种情形讨论之.

情形1 对任何给定的非负整数m,平凡子列$\{a_{k+m}\}$都有最大项.于是,对$m=0$,数列$\{a_n\}$自身有最大项a_{n_1},即有$a_{n_1}\geqslant a_n$,$n=1,2,\cdots$;再对$m=n_1$,平凡子列$\{a_{k+n_1}\}$有最大项a_{n_2},则$n_2>n_1$并且$a_{n_2}\leqslant a_{n_1}$;再对$m=n_2$,平凡子列$\{a_{k+n_2}\}$有最大项a_{n_3},则$n_3>n_2$并且$a_{n_3}\leqslant a_{n_2}$;……依次继续,我们就得到一列数$\{a_{n_k}\}$满足$n_{k+1}>n_k$及$a_{n_{k+1}}\leqslant a_{n_k}$,即$\{a_{n_k}\}$是数列$\{a_n\}$的一个递减子列.

情形2 对某非负整数m_0,平凡子列$\{a_{k+m_0}\}$没有最大项.不妨设数列$\{a_n\}$自身没有最大项.此时,对任何给定的非负整数m,平凡子列$\{a_{k+m}\}$都没有最大项.事实上,如果某个平凡子列$\{a_{k+m_1}\}$有最大项,设为$a_{k_0+m_1}$,那么数列$\{a_n\}$就有最大项,出现于$\max\{a_1,a_2,\cdots,a_{m_1},a_{k_0+m_1}\}$.这与假设$\{a_n\}$自身没有最大项矛盾.

现在取$n_1=1$.由于$a_{n_1}=a_1$不是数列$\{a_n\}$的最大项,故有某项a_{n_2},$n_2>1=n_1$,满足$a_{n_2}>a_1=a_{n_1}$;又由于a_{n_2}不是子列$\{a_{k+n_2-1}\}$的最大项,故有某项a_{n_3},$n_3>n_2$,满足$a_{n_3}>a_{n_2}$;……依次继续,我们就得到一列数$\{a_{n_k}\}$,$n_{k+1}>n_k$满足$a_{n_{k+1}}>a_{n_k}$,即$\{a_{n_k}\}$是数列$\{a_n\}$的一个递增子列. □

定理 2.5[魏尔斯特拉斯(Weierstrass)致密性定理] 任何有界数列都含有收敛的子列.

证 由定理2.4,有界数列含有单调有界子列.该子列由单调有界定理知收敛. □

定理 2.6[柯西(Cauchy)收敛准则] 数列$\{a_n\}$收敛的充要条件:对任何正数ε,存在正整数N使得当$m,n>N$时有$|a_m-a_n|<\varepsilon$.

证* 条件的必要性留作习题.下证充分性.

先证明数列$\{a_n\}$有界:根据条件,对正数$\varepsilon=1$,存在正整数N_0使得当$m,n>N_0$时有$|a_m-a_n|<1$.特别地,当$n>N_0$有$|a_{N_0+1}-a_n|<1$,进而有$|a_n|<|a_{N_0+1}|+1$.这就证明了数列$\{a_n\}$有界.

由致密性定理,数列$\{a_n\}$有收敛的子列$\{a_{n_k}\}$,设其收敛于a.于是,对任何正数ε,存在正整数K使得当$k>K$时有$|a_{n_k}-a|<\varepsilon$.特别地,就有$|a_{n_{K+N}}-a|<\varepsilon$.由于$n_{K+N}\geqslant K+N>N$,由条件知当$n>N$时有$|a_{n_{K+N}}-a_n|<\varepsilon$,于是也就有

$$|a_n-a|=|(a_n-a_{n_{K+N}})+(a_{n_{K+N}}-a)|\leqslant|a_n-a_{n_{K+N}}|+|a_{n_{K+N}}-a|<2\varepsilon.$$

按定义,数列$\{a_n\}$收敛于a.这就证明了柯西收敛准则. □

应用时,经常采用柯西收敛准则的如下形式:

定理 2.6′ 数列$\{a_n\}$收敛的充要条件:对任何正数ε,存在正整数N使得当$n>N$时对任何正整数p有$|a_{n+p}-a_n|<\varepsilon$. □

柯西收敛准则,准确地刻画了收敛数列在数轴上呈现出的聚堆现象.

例 2.24 证明通项为

$$a_n=\frac{\sin 1}{2}+\frac{\sin 2}{2^2}+\cdots+\frac{\sin n}{2^n}$$

的数列$\{a_n\}$是收敛的.

证　由于

$$|a_{n+p}-a_n|=\left|\frac{\sin(n+1)}{2^{n+1}}+\frac{\sin(n+2)}{2^{n+2}}+\cdots+\frac{\sin(n+p)}{2^{n+p}}\right|$$

$$\leqslant\frac{1}{2^{n+1}}+\frac{1}{2^{n+2}}+\cdots+\frac{1}{2^{n+p}}<\frac{1}{2^n}<\frac{1}{n},$$

对任何$\varepsilon>0$,存在正整数$N=\left[\frac{1}{\varepsilon}\right]+1$使得当$n>N$时对任何正整数$p$有$|a_{n+p}-a_n|<\varepsilon$.从而由柯西收敛准则,数列$\{a_n\}$收敛.

例 2.25　证明通项为

$$a_n=1+\frac{1}{2}+\cdots+\frac{1}{n}$$

的**调和数列**$\{a_n\}$发散.

证　假设调和数列收敛,则根据柯西收敛准则,对任何正数ε,存在正整数N使得当$n>N$时对任何正整数p有$|a_{n+p}-a_n|<\varepsilon$,即

$$\frac{1}{n+1}+\frac{1}{n+2}+\cdots+\frac{1}{n+p}<\varepsilon.$$

特别地,对$p=n>N$就有$\frac{1}{n+1}+\frac{1}{n+2}+\cdots+\frac{1}{n+n}<\varepsilon$.但是

$$\frac{1}{n+1}+\frac{1}{n+2}+\cdots+\frac{1}{n+n}\geqslant n\cdot\frac{1}{n+n}=\frac{1}{2},$$

因此得$\varepsilon>\frac{1}{2}$.这与ε是任何正数矛盾.　□

习题 2.5

1. 设数列$\{a_n\}$和$\{b_n\}$收敛,且有一个公共子列,则$\{a_n\}$和$\{b_n\}$的极限相同.

2. 设数列$\{a_n\}$和$\{b_n\}$的极限相同,则由数列$\{a_n\}$和$\{b_n\}$依次作为奇数项和偶数项合并所得数列$\{c_n\}$:$c_{2k-1}=a_k$,$c_{2k}=b_k$也收敛,并且极限与数列$\{a_n\}$和$\{b_n\}$的极限相同.

3. 证明柯西收敛准则条件的必要性.

4. 证明下列数列$\{a_n\}$收敛,其中:

(1) $a_n=\frac{\sin 1}{1^2}+\frac{\sin 2}{2^2}+\cdots+\frac{\sin n}{n^2}$,

(2) $a_n=\frac{\cos 1!}{1\cdot 2}+\frac{\cos 2!}{2\cdot 3}+\cdots+\frac{\cos n!}{n\cdot(n+1)}$.

§2.6* 实数的完备性

前述的非空有界数集的确界定理、判别数列收敛的单调有界定理和柯西收敛准则，以及有界数列的致密性定理，所反映的实数集 **R** 的性质通常称为实数的**完备性**或连续性，因此上述定理通常统称为实数的**完备性定理**. 本节中，我们再给出两个实数的完备性定理：**区间套定理**和**有限覆盖定理**.

定理 2.7(闭区间套定理) 若有一列闭区间$\{[a_n,b_n]\}$满足：

(1) $[a_n,b_n]\supset[a_{n+1},b_{n+1}]$, $n=1,2,\cdots$;

(2) $b_n-a_n\to 0(n\to\infty)$,

则存在唯一的点 ζ 使得 $\zeta\in[a_n,b_n]$, $n=1,2,\cdots$，即全体闭区间有唯一公共点 ζ：

$$\bigcap_{n=1}^{\infty}[a_n,b_n]=\{\zeta\}.$$

证 根据条件(1)，左端点列$\{a_n\}$和右端点列$\{b_n\}$满足如下不等式：

$$a_1\leqslant a_2\leqslant\cdots\leqslant a_n\leqslant\cdots\leqslant b_n\leqslant\cdots\leqslant b_2\leqslant b_1,$$

因此$\{a_n\}$单调递增有界，$\{b_n\}$单调递减有界. 根据单调有界定理，这两个数列都收敛. 设 $a_n\to\zeta$, $b_n\to\tau(n\to\infty)$，则由条件(2)知 $\zeta=\tau$. 于是

$$a_n\leqslant\zeta\leqslant b_n,\ n=1,2,\cdots.$$

再证明点 ζ 的唯一性. 若另有数 ζ^* 也满足 $a_n\leqslant\zeta^*\leqslant b_n$, $n=1,2,\cdots$，则有

$$|\zeta^*-\zeta|\leqslant b_n-a_n\to 0.$$

从而得 $\zeta^*=\zeta$. 这就证明了点 ζ 的唯一性. □

从定理 2.7 的证明可看到，点 ζ 还具有如下性质：对任何给定的 $\varepsilon>0$，存在正整数 N，使得当 $n>N$ 时有$[a_n,b_n]\subset(\zeta-\varepsilon,\zeta+\varepsilon)$.

另外，需要指出的是，定理 2.7 对开区间一般不成立. 例如开区间列$\left\{\left(0,\frac{1}{n}\right)\right\}$尽管也满足条件(1)(其中闭区间换成开区间)和条件(2)，但开区间列$\left\{\left(0,\frac{1}{n}\right)\right\}$中全体开区间没有公共点.

定理 2.8(有限覆盖定理) 设$[a,b]$是一个闭区间，$\mathscr{H}=\{I\}$是一开区间族，即以开区间作为元素的集合. 如果 $\mathscr{H}$ 中所有开区间之并包含了闭区间$[a,b]$，则可从 $\mathscr{H}$ 中选出有限个开区间使得这些开区间的并包含了闭区间$[a,b]$.

证 反证法. 假设 $\mathscr{H}$ 中任何有限个开区间的并都不能包含闭区间$[a,b]$.

将$[a,b]$等分为两个闭子区间$\left[a,\frac{a+b}{2}\right]$和$\left[\frac{a+b}{2},b\right]$，则由上假设知至少有一个闭子区间不能被 $\mathscr{H}$ 中的有限个开区间的并所包含. 记该闭子区间为$[a_1,b_1]$，则

$$[a,b]\supset[a_1,b_1]\text{并且 } b_1-a_1=\frac{b-a}{2}.$$

再将$[a_1,b_1]$等分为两个闭子区间，则由上可知至少有一个闭子区间不能被$\mathscr{H}$中的有限个开区间的并所包含. 记该闭子区间为$[a_2,b_2]$，则

$$[a_1,b_1]\supset[a_2,b_2]\text{并且 } b_2-a_2=\frac{b_1-a_1}{2}=\frac{b-a}{4}.$$

依次继续，就得到一列闭区间$\{[a_n,b_n]\}$，每个闭区间都不能被$\mathscr{H}$中的有限个开区间的并所包含，而且满足：

(1) $[a_n,b_n]\supset[a_{n+1},b_{n+1}]$，$n=1,2,\cdots$；

(2) $b_n-a_n=\dfrac{b-a}{2^n}\to 0(n\to\infty)$.

于是由闭区间套定理，存在唯一的点$\zeta\in[a_n,b_n]$，$n=1,2,\cdots$. 由于$\zeta\in[a,b]$并且$\mathscr{H}$中所有开区间之并包含了闭区间$[a,b]$，有某开区间$(\alpha,\beta)\in\mathscr{H}$使得$\zeta\in(\alpha,\beta)$. 由此，再根据闭区间套定理，当$n$充分大时就有$[a_n,b_n]\subset(\alpha,\beta)$. 然而，这就与每个闭区间$[a_n,b_n]$都不能被$\mathscr{H}$中的有限个开区间的并所包含相矛盾. □

最后，我们指出，本书中所介绍的实数的6个完备性定理实际上是等价的. 等价性证明，这里不予给出，请读者自行参阅相关书籍.

第三章　函数的极限

现在我们考虑一般函数的极限.由于数列是定义在正整数集上的函数,上一章的数列极限可看成是一种特殊的函数极限.

§3.1　函数极限定义

3.1.1　自变量 x 趋于∞时的函数极限

我们先看函数 $f(x)=\dfrac{1}{x}$,当 x 沿着正实轴无限增大时,函数值越来越小地接近 0.这种现象与数列 $\left\{\dfrac{1}{n}\right\}$ 随正整数 n 趋于∞时几乎一样;再看函数 $f(x)=\dfrac{x-1}{x}$,当 x 沿正实轴无限增大时,函数值无限地接近 1.这种现象与数列 $\left\{\dfrac{n-1}{n}\right\}$ 随正整数 n 趋于∞时也几乎一样.因此,可称这两个函数当 x 沿正实轴趋于∞,或者 x 趋于 $+\infty$ 时有极限.对一般的函数,就有如下的定义.

定义 3.1　设函数 f 在某个无限区间 $(M,+\infty)$ 有定义.如果有一个数 A 满足:对任意给定的正数 ε,存在正数 $X(>M)$ 使得当 $x>X$ 时总有

$$|f(x)-A|<\varepsilon, \tag{3.1}$$

就称函数 $f(x)$ 当 x 趋于 $+\infty$ 时有**极限** A,并记为

$$\lim_{x\to+\infty} f(x)=A \text{ 或 } f(x)\to A(x\to+\infty). \tag{3.2}$$

□

定义 3.1 中的 X 与数列极限中的 N 相仿,通常也与正数 ε 相关,故有时为强调也记为 $X(\varepsilon)$,而且通常随着 ε 的减小而增大.与 N 一样,X 也不是唯一的.

式(3.1)可等价地写成 $A-\varepsilon<f(x)<A+\varepsilon$,因此若函数 $f(x)$ 当 x 趋于 $+\infty$ 时有极限 A,则在图形上,对任意两条以 $y=A$ 为中心线的平行线 $y=A\pm\varepsilon$,总可找到某条垂直于 $y=A$ 的直线 $x=X$ 使得函数 $y=f(x)$ 的图像在其右侧部分一定落在这两条平行线之间.如图 3.1 所示.此时,随着 x 的增大,函数 $y=f(x)$ 的图像与直线 $y=A$ 靠得越来越近,因此也称直线 $y=A$ 为函数 $y=f(x)$ 当 x 趋于 $+\infty$ 时的一

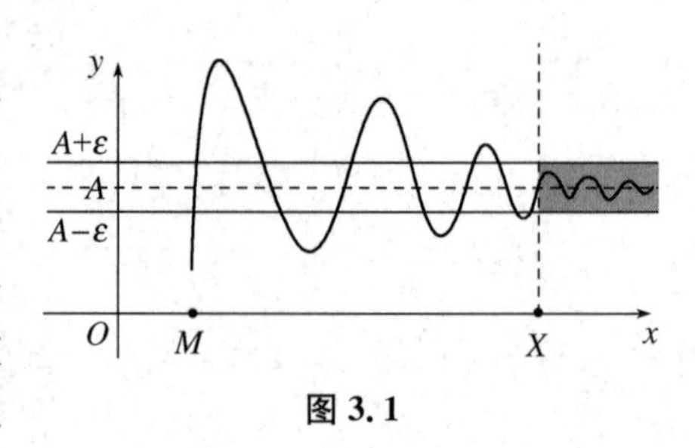

图 3.1

条**水平渐近线**.

以后,我们将区间$(M,+\infty)$称为$+\infty$的一个邻域,记为$U(+\infty)$,这里的M通常是一个大正数.相仿地,将区间$(-\infty,-M)$称为$-\infty$的一个邻域,记为$U(-\infty)$,同时将两者的并

$$(-\infty,-M)\cup(M,+\infty)=\{x \mid |x|>M\}$$

称为∞的一个邻域,记为$U(\infty)$.

类似地,可给出函数$f(x)$当x趋于$-\infty$时有**极限**B的定义,此时记为

$$\lim_{x\to-\infty} f(x)=B \text{ 或 } f(x)\to B(x\to-\infty). \tag{3.3}$$

当然,也称直线$y=B$为函数$y=f(x)$当x趋于$-\infty$时的一条**水平渐近线**.

例 3.1　证明$\lim\limits_{x\to+\infty}\dfrac{1}{x}=0$, $\lim\limits_{x\to-\infty}\dfrac{1}{x}=0$.

证　只证第一个极限:对任意给定的正数ε,取$X=\dfrac{1}{\varepsilon}>0$,则当$x>X$时总有

$$\left|\frac{1}{x}-0\right|=\frac{1}{x}<\frac{1}{X}=\varepsilon,$$

因此按定义有$\lim\limits_{x\to+\infty}\dfrac{1}{x}=0$. □

例3.1中的函数当x趋于$\pm\infty$时有相同的极限,但这不是一定的.例如,符号函数当x趋于$\pm\infty$时的极限就不相等:

$$\lim_{x\to+\infty}\operatorname{sgn}(x)=1,\ \lim_{x\to-\infty}\operatorname{sgn}(x)=-1.$$

因此,若函数$f(x)$当x趋于$\pm\infty$时有相同的极限A,我们就称函数$f(x)$当x趋于∞时有**极限**A,并记作

$$\lim_{x\to\infty}f(x)=A \text{ 或 } f(x)\to A(x\to\infty). \tag{3.4}$$

其准确定义与定义3.1相仿,只需做如下改动:将函数有定义的范围扩大为∞的一个邻域$U(\infty)=\{x \mid |x|>M\}$,以及将$x>X$替换为$|x|>X$.在函数$f(x)$当$x$趋于$\infty$时有极限$A$时,称直线$y=A$为函数$y=f(x)$(当$x$趋于$\infty$时)的一条**水平渐近线**.

于是,根据例3.1就有$\lim\limits_{x\to\infty}\dfrac{1}{x}=0$,函数$y=\dfrac{1}{x}$有一条水平渐近线$y=0$.

按照定义,容易得到,函数$f(x)$当x分别趋于$+\infty$,$-\infty$和∞时的极限有如下关系:

定理 3.1　函数$f(x)$当x趋于∞时有极限A当且仅当当x分别趋于$+\infty$和$-\infty$有相等极限A,即

$$\lim_{x\to\infty}f(x)=A \Leftrightarrow \lim_{x\to+\infty}f(x)=\lim_{x\to-\infty}f(x)=A. \tag{3.5}$$

□

3.1.2　自变量 *x* 趋于有限点 x_0 时的函数极限

现在对数轴上一个定点x_0,考虑当自变量x趋近x_0时函数值$f(x)$的变化情况.此时,函数f一般而言要在以x_0为中心的某小区间$(x_0-\delta,x_0+\delta)$有定义.我们把这种小区间称

为点 x_0 的**δ 邻域**,并记为

$$U(x_0,\delta)=(x_0-\delta,x_0+\delta)=\{x\,|\,|x-x_0|<\delta\}.$$

点 x_0 是邻域的**中心**,正数 δ 叫作邻域的**半径**. 如果只考虑点 x_0 的左侧或右侧部分,那么相应的小区间分别称为点 x_0 的**左 δ 邻域** $U_-(x_0,\delta)=(x_0-\delta,x_0]$ 和**右 δ 邻域** $U_+(x_0,\delta)=[x_0,x_0+\delta)$. 如果将邻域的中心点 x_0 挖去,则得**空心 δ 邻域** $U^\circ(x_0,\delta)=\{x\,|\,0<|x-x_0|<\delta\}$,及相应的**空心左 δ 邻域** $U_-^\circ(x_0,\delta)=(x_0-\delta,x_0)$ 和**空心右 δ 邻域** $U_+^\circ(x_0,\delta)=(x_0,x_0+\delta)$. 显而易见,$U^\circ(x_0,\delta)=U_-^\circ(x_0,\delta)\cup U_+^\circ(x_0,\delta)$. 注意,一般而言,邻域通常是指小区间,即半径 δ 是较小的数. 当不强调邻域半径时,可相应地简记为 $U(x_0)$,$U_+(x_0)$,$U_-(x_0)$ 和 $U^\circ(x_0)$,$U_+^\circ(x_0)$,$U_-^\circ(x_0)$.

在数轴上直观地看,自变量 x 趋近 x_0 的方式有从 x_0 的左侧和右侧趋近两种方式. 我们先考虑右侧.

定义 3.2 设函数 f 在 x_0 的某空心右邻域 $U_+^\circ(x_0,\delta_0)=(x_0,x_0+\delta_0)$ 有定义. 如果有数 A 满足:对任意给定的正数 ε,存在正数 $\delta(<\delta_0)$ 使得当 $x\in U_+^\circ(x_0,\delta)$,即 $x_0<x<x_0+\delta$ 时总有

$$|f(x)-A|<\varepsilon, \tag{3.6}$$

则称函数 $f(x)$ 当自变量 x 从 x_0 右侧趋近 x_0 时有极限 A,或称函数 f 在 x_0 处有**右极限** A,并记为

$$\lim_{x\to x_0^+}f(x)=A \text{ 或 } f(x_0+0)=A \text{ 或 } f(x)\to A(x\to x_0^+). \tag{3.7}$$

类似地可定义函数 f 在 x_0 处的**左极限**,并且记为

$$\lim_{x\to x_0^-}f(x)=A \text{ 或 } f(x_0-0)=A \text{ 或 } f(x)\to A(x\to x_0^-). \tag{3.8}$$

函数的右极限和左极限统称为**单侧极限**. □

例 3.2 证明:对任何给定的点 x_0,

$$\lim_{x\to x_0^+}(2x+1)=2x_0+1,\quad \lim_{x\to x_0^-}(2x+1)=2x_0+1.$$

分析 对右极限有 $x>x_0$. 要使 $|(2x+1)-(2x_0+1)|<\varepsilon$. 由于 $|(2x+1)-(2x_0+1)|=2(x-x_0)$,只要 $x-x_0<\frac{\varepsilon}{2}$,即 $x_0<x<x_0+\frac{\varepsilon}{2}$,所以只要取 $\delta=\frac{\varepsilon}{2}$ 即可.

证 对任意给定的正数 ε,取正数 $\delta=\frac{\varepsilon}{2}$,则当 $x_0<x<x_0+\delta$ 时有

$$|(2x+1)-(2x_0+1)|=2(x-x_0)<2\delta=\varepsilon,$$

从而由定义知 $\lim\limits_{x\to x_0^+}(2x+1)=2x_0+1$. 类似地可证明 $\lim\limits_{x\to x_0^-}(2x+1)=2x_0+1$. □

一般而言,即使函数 f 在 x_0 处的左右极限都存在,它们也未必相等. 例如:

$$\lim_{x\to 0^+}\operatorname{sgn}(x)=1,\ \lim_{x\to 0^-}\operatorname{sgn}(x)=-1.$$

因此,如果函数 f 在 x_0 处的左右极限都存在并且相等,就可认为函数 f 在 x_0 处有极限. 其准确定义如下.

定义 3.3　设函数 f 在 x_0 的某空心邻域 $U^\circ(x_0,\delta_0)=\{x \mid 0<|x-x_0|<\delta_0\}$ 有定义. 如果有一个数 A 满足：对任意给定的正数 ε，存在正数 $\delta(<\delta_0)$ 使得当 $x\in U^\circ(x_0,\delta)$，即 $0<|x-x_0|<\delta$ 时总有

$$|f(x)-A|<\varepsilon, \tag{3.9}$$

则称函数 $f(x)$ 当自变量 x 趋于 x_0 时有**极限** A，或称函数 f 在 x_0 处有**极限** A，记为

$$\lim_{x\to x_0} f(x)=A \text{ 或 } f(x)\to A(x\to x_0). \tag{3.10}$$

□

定义 3.3 通常称为函数极限的 **$\varepsilon-\delta$ 定义**. 注意，函数在点 x_0 处(左、右)极限是否存在以及值是多少与函数在点 x_0 处有无定义以及函数值是多少没有丝毫关系.

例 3.3　证明 $\lim\limits_{x\to 2}\dfrac{x^2-4}{x-2}=4$.

分析　此时函数 $f(x)=\dfrac{x^2-4}{x-2}$ 在点 $x_0=2$ 处没有定义. 由于当 $x\neq 2$ 时有

$$|f(x)-4|=|(x+2)-4|=|x-2|,$$

要使 $|f(x)-4|<\varepsilon$，只要 $|x-2|<\varepsilon$ 即可.

证　对任意给定的正数 ε，可取正数 $\delta=\varepsilon$，则当 $0<|x-2|<\delta$ 时有

$$\left|\frac{x^2-4}{x-2}-4\right|=|(x+2)-4|=|x-2|<\delta=\varepsilon,$$

从而由定义知所证极限成立. □

例 3.4　证明 $\lim\limits_{x\to 1}\dfrac{x-1}{x^2-1}=\dfrac{1}{2}$.

分析　当 $x\neq 1$ 时，极限号下函数 $f(x)=\dfrac{x-1}{x^2-1}=\dfrac{1}{x+1}$，因此要找 $\delta>0$ 使得当 $|x-1|<\delta$ 时有 $\left|f(x)-\dfrac{1}{2}\right|=\left|\dfrac{1}{x+1}-\dfrac{1}{2}\right|=\left|\dfrac{1-x}{2(x+1)}\right|<\varepsilon$. 从此式直接解出正数 δ 来有困难. 注意，我们不能取与变量 x 相关的正数 δ，例如这里不可以取 $\delta=|2(1+x)|\varepsilon$. 为找到合适的正数 δ，我们采用适当放大 $\left|f(x)-\dfrac{1}{2}\right|=\left|\dfrac{1-x}{2(x+1)}\right|$ 的方式. 就此例而言，要考虑通过放大将分母的 x 去除. 由于 $x\to 1$，x 是很靠近 1 的，我们可以分两步走. 第一步，先让 x 在以 1 为中心的某个小区间内：设 $|x-1|<1$，即 $0<x<2$，则 $\left|f(x)-\dfrac{1}{2}\right|=\left|\dfrac{1-x}{2(x+1)}\right|=\dfrac{|x-1|}{2x+2}\leqslant\dfrac{|x-1|}{2}$. 注意，放大时必须要保留因式 $|x-1|$，这很关键. 第二步，再确定所要求的正数 δ. 此时，由第一步，要使 $\left|f(x)-\dfrac{1}{2}\right|<\varepsilon$ 只要 $|x-1|<1$ 和 $\dfrac{|x-1|}{2}<\varepsilon$ 成立. 于是，我们要找的正数 δ 要保证当 $|x-1|<\delta$ 时既有 $|x-1|<1$ 也有 $\dfrac{|x-1|}{2}<\varepsilon$. 也就是，只要正数 δ 既不超过 1，也不超过 2ε，自然地，取 $\delta=\min\{1,2\varepsilon\}$ 即可.

证　首先当 $0<|x-1|<1$ 时 $0<x<2$，从而有

$$\left|f(x)-\frac{1}{2}\right|=\left|\frac{1}{x+1}-\frac{1}{2}\right|=\frac{|x-1|}{2(x+1)}\leqslant\frac{|x-1|}{2}.$$

对任意给定的正数 ε，取正数 $\delta=\min\{1,2\varepsilon\}$，则当 $0<|x-1|<\delta$ 时既有 $0<|x-1|<1$ 也有 $|x-1|<2\varepsilon$，从而有 $\left|f(x)-\frac{1}{2}\right|\leqslant\frac{|x-1|}{2}<\varepsilon$. 按定义，所证极限成立. □

注 在用定义证明具体的极限 $\lim\limits_{x\to x_0}f(x)=A$ 时，为找到合适的正数 δ，一般分两步走：先在 x_0 的某个确定的小邻域 $0<|x-x_0|<\delta_0$ 内通过适当放大的办法获得不等式 $|f(x)-A|\leqslant M|x-x_0|$，这里 M 为常数. 注意保留因式 $|x-x_0|$，有时可能是 $|x-x_0|^{\tau}(\tau>0)$，这很重要. 然后，在第一步的基础上再确定正数 δ 就容易了.

从以上例子可看出，函数极限定义中的正数 δ 通常与 ε 有关，因此有时为强调而记作 $\delta(\varepsilon)$，通常随着 ε 的减小而减小. 注意，正数 δ 不唯一，取得小一些没关系.

因为 $|f(x)-A|<\varepsilon$ 与 $-\varepsilon<f(x)-A<\varepsilon$ 或者 $f(x)\in(A-\varepsilon,A+\varepsilon)$ 等价，由此从图 3.2 上看，如果函数 $f(x)$ 当 x 趋于 x_0 时有极限 A，那么对任意两条以直线 $y=A$ 为中心线的平行线 $y=A\pm\varepsilon$，总可找到以直线 $x=x_0$ 为中心线的两平行线 $x=x_0\pm\delta$ 使得函数 $y=f(x)$ 的介于其间的图像，一定落在两条平行线 $y=A\pm\varepsilon$ 之间. 当 f 在 x_0 处有定义时，点 $(x_0,f(x_0))$ 可能例外.

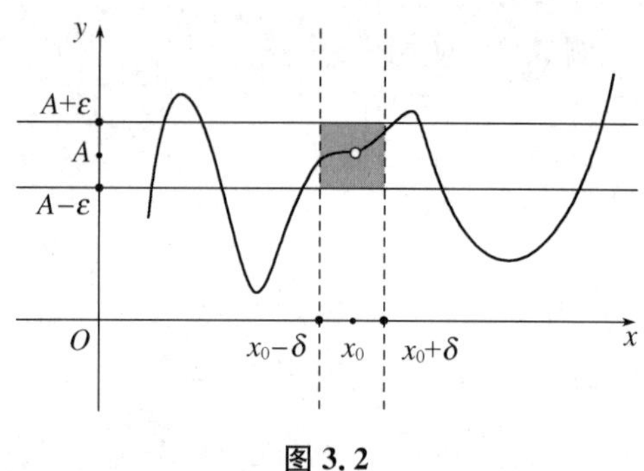

图 3.2

从上述函数的左、右极限及极限的定义，不难看出极限与单侧极限之间有如下关系：

定理 3.2 函数 f 在 x_0 处有极限 A 当且仅当在 x_0 处有相等的左、右极限 A：

$$\lim_{x\to x_0}f(x)=A\Leftrightarrow\lim_{x\to x_0^+}f(x)=\lim_{x\to x_0^-}f(x)=A. \tag{3.11}$$

□

一些分段函数在分段点处的极限可以用定理 3.2 来处理. 特别，根据定理 3.2，如果函数在某点处的左右极限(不)相等，那么该函数在这一点处的极限就(不)存在.

例 3.5 证明函数 $f(x)=\begin{cases}1-x, & x<1\\ 1, & x=1\\ \sqrt{x-1}, & x>1\end{cases}$ 当 $x\to1$ 时有极限 0.

证 容易验证有 $\lim\limits_{x\to1^+}f(x)=\lim\limits_{x\to1^+}\sqrt{x-1}=0$，$\lim\limits_{x\to1^-}f(x)=\lim\limits_{x\to1^-}(1-x)=0$，因此由定理 3.2 知当 $x\to1$ 时 $f(x)$ 有极限 0，即 $\lim\limits_{x\to1}f(x)=0$. 如图 3.3 所示. □

例 3.6 证明函数 $f(x)=\begin{cases}x-1, & x<0\\ 0, & x=0\\ x+1, & x>0\end{cases}$ 当 $x\to0$ 时没有极限.

证 容易验证有 $\lim\limits_{x\to0^+}f(x)=\lim\limits_{x\to0^+}(x+1)=1$，$\lim\limits_{x\to0^-}f(x)=\lim\limits_{x\to0^-}(x-1)=-1$，因此由定理 3.2 知函数 $f(x)$ 当 $x\to0$ 时没有极限. 如图 3.4 所示. □

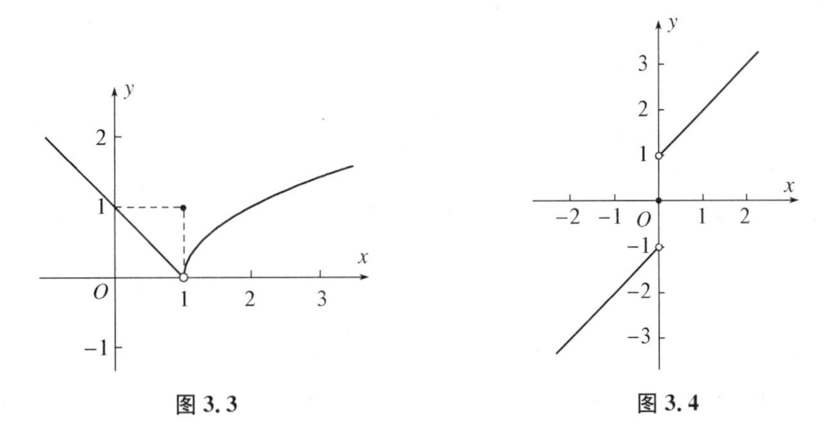

图 3.3　　　　图 3.4

最后,我们指出,自变量 x 趋于∞时的函数极限与趋于有限点 x_0 时的函数极限是可以互相转化的,如下习题 3 所示.

习题 3.1

1. 试找到一正数 δ 使得当 $|x-2|<\delta$ 时有 $\left|\dfrac{x-1}{x+1}-\dfrac{1}{3}\right|<0.001$.

2. 用极限的 $\varepsilon-X$ 定义和 $\varepsilon-\delta$ 定义证明如下极限:

(1) $\lim\limits_{x\to\infty}\dfrac{4x^2+1}{x^2-4}=4$,　　(2) $\lim\limits_{x\to 1}(x^2+x)=2$,　　(3) $\lim\limits_{x\to 2}\dfrac{x^2-2x}{x^2-4}=\dfrac{1}{2}$.

3. 设 A 是一有限数. 证明: $\lim\limits_{x\to x_0^+}f(x)=A$ 当且仅当 $\lim\limits_{x\to+\infty}f\left(x_0+\dfrac{1}{x}\right)=A$.

§ 3.2　函数极限的性质

上一节中定义了函数的六种类型的极限:

$$\lim_{x\to+\infty}f(x),\quad \lim_{x\to-\infty}f(x),\quad \lim_{x\to\infty}f(x);$$

$$\lim_{x\to x_0^+}f(x),\quad \lim_{x\to x_0^-}f(x),\quad \lim_{x\to x_0}f(x).$$

这些极限具有与数列极限类似的性质,我们以最后一种为例来给出. 其他极限的对应性质只要稍做修改即可得到,证明亦相仿.

性质 1(唯一性)　如果极限 $\lim\limits_{x\to x_0}f(x)$ 存在,则必唯一.

证　假设函数 f 在 x_0 处有两个不同的极限 A 和 B,则按照定义,对任意给定的正数 ε,存在正数 δ_1 使得当 $x\in U^\circ(x_0,\delta_1)$时有 $|f(x)-A|<\varepsilon$;也存在正数 δ_2 使得当 $x\in U^\circ(x_0,\delta_2)$ 时有 $|f(x)-B|<\varepsilon$. 于是,当 $x\in U^\circ(x_0,\delta)$时,这里 $\delta=\min\{\delta_1,\delta_2\}$,就既有 $|f(x)-A|<\varepsilon$ 又有 $|f(x)-B|<\varepsilon$,从而有

$$\begin{aligned}|A-B|&=|[f(x)-A]-[f(x)-B]|\\&\leqslant|f(x)-A|+|f(x)-B|<2\varepsilon.\end{aligned}$$

由于$|A-B|>0$是确定的正数，上式与ε的任意性矛盾. 事实上，上式对正数$\varepsilon=\frac{1}{2}|A-B|$就不会成立. □

性质2(局部有界性) 如果$\lim\limits_{x\to x_0}f(x)$存在，则函数$f$在点$x_0$的某空心邻域$U^{\circ}(x_0)$内有界.

证 设函数f在x_0处有极限A，则按照定义，(对正数$\varepsilon=1$)存在正数δ使得当$x\in U^{\circ}(x_0,\delta)$时有$|f(x)-A|<1$，从而$|f(x)|<|A|+1$，即$f$在$U^{\circ}(x_0,\delta)$内有界. □

性质3(局部保号性) 如果$\lim\limits_{x\to x_0}f(x)=A\neq 0$，则当$A>0$时，对任何$r\in(0,A)$，函数$f$在点$x_0$的某空心邻域$U^{\circ}(x_0)$内满足$f(x)>r>0$；当$A<0$时，对任何$r\in(A,0)$，函数$f$在点$x_0$的某空心邻域$U^{\circ}(x_0)$内满足$f(x)<r<0$.

证 设$A>0$以及$r\in(0,A)$，则$A-r>0$为正数. 于是由$\lim\limits_{x\to x_0}f(x)=A$知，存在正数$\delta$使得当$x\in U^{\circ}(x_0,\delta)$时有$-(A-r)<f(x)-A<A-r$，从而必有$f(x)>r$. □

性质4(保不等式性) 如果$\lim\limits_{x\to x_0}f(x)$与$\lim\limits_{x\to x_0}g(x)$都存在并且在点$x_0$的某空心邻域$U^{\circ}(x_0,\delta_0)$内$f(x)\leqslant g(x)$，则$\lim\limits_{x\to x_0}f(x)\leqslant\lim\limits_{x\to x_0}g(x)$.

证 设$\lim\limits_{x\to x_0}f(x)=A$与$\lim\limits_{x\to x_0}g(x)=B$，则按照定义，对任意给定的正数$\varepsilon$，存在正数$\delta_1$使得当$x\in U^{\circ}(x_0,\delta_1)$时有$|f(x)-A|<\varepsilon$；也存在正数$\delta_2$使得当$x\in U^{\circ}(x_0,\delta_2)$时有$|g(x)-B|<\varepsilon$. 记$\delta=\min(\delta_1,\delta_2,\delta_0)>0$，再取定$x\in U^{\circ}(x_0,\delta)$，则可得

$$A-\varepsilon<f(x)\leqslant g(x)<B+\varepsilon.$$

于是$A<B+2\varepsilon$. 由$\varepsilon>0$的任意性，即得$A\leqslant B$. □

性质5(迫敛性) 如果$\lim\limits_{x\to x_0}f(x)$与$\lim\limits_{x\to x_0}g(x)$都存在且相等，并且在点$x_0$的某空心邻域$U^{\circ}(x_0,\delta_0)$内有$f(x)\leqslant h(x)\leqslant g(x)$，那么$\lim\limits_{x\to x_0}h(x)$也存在，而且

$$\lim_{x\to x_0}f(x)=\lim_{x\to x_0}h(x)=\lim_{x\to x_0}g(x).$$

证 设$\lim\limits_{x\to x_0}f(x)=\lim\limits_{x\to x_0}g(x)=A$，则按照定义，对任意给定的正数$\varepsilon$，存在正数$\delta_1$使得当$x\in U^{\circ}(x_0,\delta_1)$时有$|f(x)-A|<\varepsilon$；也存在正数$\delta_2$使得当$x\in U^{\circ}(x_0,\delta_2)$时有$|g(x)-A|<\varepsilon$. 现在记$\delta=\min\{\delta_1,\delta_2,\delta_0\}>0$，则当$x\in U^{\circ}(x_0,\delta)$时就有

$$A-\varepsilon<f(x)\leqslant h(x)\leqslant g(x)<A+\varepsilon,$$

从而有$|h(x)-A|<\varepsilon$. 于是，按定义，$\lim\limits_{x\to x_0}h(x)=A$. □

例3.7 证明$\lim\limits_{x\to x_0}f(x)=0$当且仅当$\lim\limits_{x\to x_0}|f(x)|=0$.

证 由于$|f(x)-0|=||f(x)|-0|$，根据定义即得. □

例3.8 证明：若$\lim\limits_{x\to x_0}f(x)=0$并且函数$g$在点$x_0$的某空心邻域$U^{\circ}(x_0)$内有界，则

$$\lim_{x\to x_0}f(x)g(x)=0.$$

证　设在$U^{\circ}(x_0)$内有$|g(x)|\leqslant M$,则由$\lim\limits_{x\to x_0}f(x)=0$有

$$0\leqslant|f(x)g(x)|\leqslant M|f(x)|\to 0,(x\to x_0).$$

由迫敛性就知$\lim\limits_{x\to x_0}f(x)g(x)=0$.　□

作为例3.8的直接应用,我们得到

$$\lim_{x\to 0}x\sin\frac{1}{x}=0,\lim_{x\to\infty}\frac{\sin x}{x}=0.$$

为了弄清楚三角函数的极限,现在我们需要如下的不等式:当$0<x<\frac{\pi}{2}$时有

$$\sin x<x<\tan x.$$

这个不等式可由图3.5中比较图形面积:$S_{\triangle OAD}<S_{扇OAD}<S_{\triangle OAB}$而得.由此不难知,对任何$x$,都有$|\sin x|\leqslant|x|$.

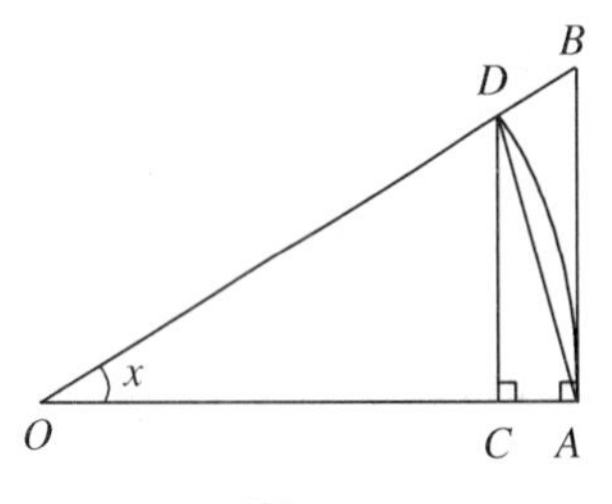

图3.5

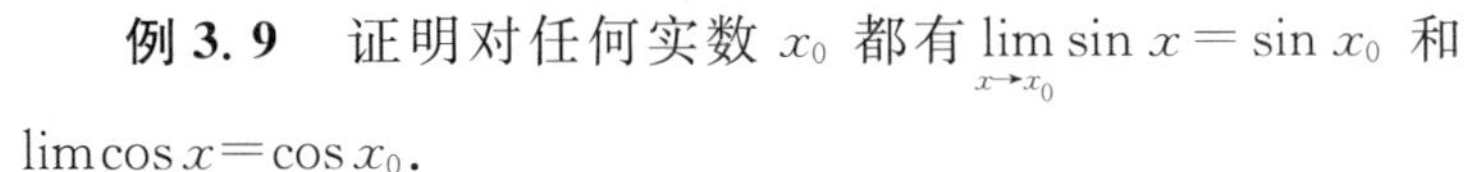

例3.9　证明对任何实数x_0都有$\lim\limits_{x\to x_0}\sin x=\sin x_0$和$\lim\limits_{x\to x_0}\cos x=\cos x_0$.

证　所要证明的两个极限由如下两式立得:

$$|\sin x-\sin x_0|=\left|2\cos\frac{x+x_0}{2}\sin\frac{x-x_0}{2}\right|\leqslant 2\left|\sin\frac{x-x_0}{2}\right|\leqslant|x-x_0|,$$

$$|\cos x-\cos x_0|=\left|-2\sin\frac{x+x_0}{2}\sin\frac{x-x_0}{2}\right|\leqslant 2\left|\sin\frac{x-x_0}{2}\right|\leqslant|x-x_0|.$$　□

例3.10　证明:

$$\lim_{x\to 0}\frac{\sin x}{x}=1,\lim_{x\to\infty}x\sin\frac{1}{x}=1. \tag{3.12}$$

证　先证第一式:由于当$0<x<\frac{\pi}{2}$时有$\sin x<x<\tan x$,从而就有

$$\cos x<\frac{\sin x}{x}<1.$$

因为此不等式中各函数均为偶函数,故当$-\frac{\pi}{2}<x<0$时也成立.由于$\lim\limits_{x\to 0}\cos x=1$,由迫敛性知$\lim\limits_{x\to 0}\frac{\sin x}{x}=1$.

对第二式,可由第一式得到:由于$x\to\infty$时有$u=\frac{1}{x}\to 0$,

$$\lim_{x\to\infty}x\sin\frac{1}{x}=\lim_{x\to\infty}\frac{\sin\frac{1}{x}}{\frac{1}{x}}=\lim_{u\to 0}\frac{\sin u}{u}=1.$$　□

例3.10中的第一个极限由于涉及圆的**弦弧之比**而非常重要.后一极限的证明中所使用的方法叫作**换元法**.

例 3.11 求$\lim\limits_{x\to\pi}\frac{\sin x}{\pi-x}$.

解 当 $x\to\pi$ 时有 $u=\pi-x\to 0$,因此

$$\lim_{x\to\pi}\frac{\sin x}{\pi-x}=\lim_{u\to 0}\frac{\sin(\pi-u)}{u}=\lim_{u\to 0}\frac{\sin u}{u}=1.$$ □

例 3.12 证明:

$$\lim_{x\to+\infty}\left(1+\frac{1}{x}\right)^x=\mathrm{e},\qquad \lim_{x\to 0^+}(1+x)^{\frac{1}{x}}=\mathrm{e}.$$

证 先证第一式.由于$[x]\leqslant x<[x]+1$,当 $x>1$ 时有

$$\left(1+\frac{1}{[x]+1}\right)^{[x]}\leqslant\left(1+\frac{1}{x}\right)^x\leqslant\left(1+\frac{1}{[x]}\right)^{[x]+1}.$$

再由$\lim\limits_{n\to\infty}\left(1+\frac{1}{n+1}\right)^n=\lim\limits_{n\to\infty}\left(1+\frac{1}{n}\right)^{n+1}=\mathrm{e}$ 知有

$$\lim_{x\to+\infty}\left(1+\frac{1}{[x]+1}\right)^{[x]}=\lim_{x\to+\infty}\left(1+\frac{1}{[x]}\right)^{[x]+1}=\mathrm{e}.$$

因此根据迫敛性就有 $\lim\limits_{x\to+\infty}\left(1+\frac{1}{x}\right)^x=\mathrm{e}$. □

第二式则可由第一式仿照例 3.10 通过换元而得.

性质 6(四则运算法则) 设$\lim\limits_{x\to x_0}f(x)$与$\lim\limits_{x\to x_0}g(x)$存在,则极限$\lim\limits_{x\to x_0}[f(x)\pm g(x)]$和$\lim\limits_{x\to x_0}[f(x)\cdot g(x)]$都存在,而且

$$\lim_{x\to x_0}[f(x)\pm g(x)]=\lim_{x\to x_0}f(x)\pm\lim_{x\to x_0}g(x),$$

$$\lim_{x\to x_0}[f(x)\cdot g(x)]=\lim_{x\to x_0}f(x)\cdot\lim_{x\to x_0}g(x).$$

进一步,若$\lim\limits_{x\to x_0}g(x)\neq 0$,则$\lim\limits_{x\to x_0}\frac{f(x)}{g(x)}$也存在,而且

$$\lim_{x\to x_0}\frac{f(x)}{g(x)}=\frac{\lim\limits_{x\to x_0}f(x)}{\lim\limits_{x\to x_0}g(x)}.$$

证 与数列极限四则运算法则的证明过程类似.我们将之留给读者做练习. □

四则运算法则对有限多个函数依然成立.例如若有限个函数的极限存在,则它们乘积的极限也存在,并且等于它们各自极限的乘积.由此可知,只要$\lim\limits_{x\to x_0}f(x)$存在,那么对任何正整数 n 就有

$$\lim_{x\to x_0}[f(x)]^n=\left[\lim_{x\to x_0}f(x)\right]^n.$$

特别地,有$\lim\limits_{x\to x_0}x^n=x_0^n$.

例 3.13 求极限$\lim\limits_{x\to 1}(x^2-3x+5)$.

解 $\lim\limits_{x\to 1}(x^2-3x+5)=\lim\limits_{x\to 1}x^2-3\lim\limits_{x\to 1}x+5=1^2-3\cdot 1+5=3$. □

例 3.14　求极限$\lim\limits_{x\to1}\dfrac{x+2}{x^2-3x+5}$.

解　由$\lim\limits_{x\to1}(x+2)=3$，$\lim\limits_{x\to1}(x^2-3x+5)=3\neq0$ 得$\lim\limits_{x\to1}\dfrac{x+2}{x^2-3x+5}=\dfrac{3}{3}=1$.　□

例 3.15　求极限$\lim\limits_{x\to-2}\dfrac{x+2}{x^2-3x-10}$.

注　由于$\lim\limits_{x\to-2}(x^2-3x-10)=0$，此例不能直接用除法运算法则.

解　$\lim\limits_{x\to-2}\dfrac{x+2}{x^2-3x-10}=\lim\limits_{x\to-2}\dfrac{x+2}{(x+2)(x-5)}=\lim\limits_{x\to-2}\dfrac{1}{x-5}=\dfrac{1}{-7}=-\dfrac{1}{7}$.　□

例 3.16　求极限$\lim\limits_{x\to\infty}\dfrac{3x^2+x+2}{x^2-3x-10}$.

解　此例不能直接用除法运算法则.

$$\lim_{x\to\infty}\frac{3x^2+x+2}{x^2-3x-10}=\lim_{x\to\infty}\frac{x^2\left(3+\dfrac{1}{x}+\dfrac{2}{x^2}\right)}{x^2\left(1-\dfrac{3}{x}-\dfrac{10}{x^2}\right)}=\lim_{x\to\infty}\frac{3+\dfrac{1}{x}+\dfrac{2}{x^2}}{1-\dfrac{3}{x}-\dfrac{10}{x^2}}=3.$$
□

例 3.17　求极限$\lim\limits_{x\to\infty}\dfrac{x(x+1)(x+2)(x+3)(x+4)}{2x^5-3x-10}$.

解　$\lim\limits_{x\to\infty}\dfrac{x(x+1)(x+2)(x+3)(x+4)}{2x^5-3x-10}=\lim\limits_{x\to\infty}\dfrac{\left(1+\dfrac{1}{x}\right)\left(1+\dfrac{2}{x}\right)\left(1+\dfrac{3}{x}\right)\left(1+\dfrac{4}{x}\right)}{2-\dfrac{3}{x^4}-\dfrac{10}{x^5}}=\dfrac{1}{2}$.　□

例 3.18　求极限$\lim\limits_{x\to1}\left(\dfrac{1}{1-x}-\dfrac{3}{1-x^3}\right)$.

注　此例不能直接用减法法则.

解　$\lim\limits_{x\to1}\left(\dfrac{1}{1-x}-\dfrac{3}{1-x^3}\right)=\lim\limits_{x\to1}\dfrac{1+x+x^2-3}{(1-x)(1+x+x^2)}=-\lim\limits_{x\to1}\dfrac{x+2}{1+x+x^2}=-\dfrac{3}{3}=-1$.　□

例 3.19　求极限$\lim\limits_{x\to0}\dfrac{\tan x}{x}$.

解　$\lim\limits_{x\to0}\dfrac{\tan x}{x}=\lim\limits_{x\to0}\left(\dfrac{\sin x}{x}\cdot\dfrac{1}{\cos x}\right)=1\cdot\dfrac{1}{1}=1$.　□

例 3.20　求极限$\lim\limits_{x\to0}\dfrac{1-\cos x}{x^2}$.

解　$\lim\limits_{x\to0}\dfrac{1-\cos x}{x^2}=\lim\limits_{x\to0}\dfrac{2\sin^2\dfrac{x}{2}}{x^2}=\dfrac{1}{2}\lim\limits_{x\to0}\left(\dfrac{\sin\dfrac{x}{2}}{\dfrac{x}{2}}\right)^2=\dfrac{1}{2}$.　□

例 3.21　证明：

$$\lim_{x\to\infty}\left(1+\frac{1}{x}\right)^x=\mathrm{e},\lim_{x\to0}(1+x)^{\frac{1}{x}}=\mathrm{e}. \tag{3.13}$$

证　先证明第一式. 由于已经证明有$\lim\limits_{x\to+\infty}\left(1+\dfrac{1}{x}\right)^x=\mathrm{e}$，只要证明

$$\lim_{x\to-\infty}\left(1+\frac{1}{x}\right)^x=\mathrm{e}.$$

记 $u=-x-1$,则 $x=-u-1$,从而有

$$\left(1+\frac{1}{x}\right)^x=\left(1-\frac{1}{u+1}\right)^{-u-1}=\left(\frac{u}{u+1}\right)^{-u-1}=\left(\frac{u+1}{u}\right)^{u+1}=\left(1+\frac{1}{u}\right)^u\left(1+\frac{1}{u}\right),$$

于是

$$\lim_{x\to-\infty}\left(1+\frac{1}{x}\right)^x=\lim_{u\to+\infty}\left(1+\frac{1}{u}\right)^u\left(1+\frac{1}{u}\right)=\mathrm{e}\cdot 1=\mathrm{e}.$$

第二式则可由第一式仿照例 3.10 通过换元而得. □

例 3.22 求极限 $\lim\limits_{x\to\infty}\left(1-\frac{1}{x}\right)^x$ 和 $\lim\limits_{x\to 0}(1-x)^{\frac{1}{x}}$.

解 $\lim\limits_{x\to\infty}\left(1-\frac{1}{x}\right)^x=\lim\limits_{x\to\infty}\frac{1}{\left(1+\frac{1}{-x}\right)^{-x}}=\frac{1}{\mathrm{e}}.$

$\lim\limits_{x\to 0}(1-x)^{\frac{1}{x}}=\lim\limits_{x\to 0}\{[1+(-x)]^{\frac{1}{-x}}\}^{-1}=\mathrm{e}^{-1}.$ □

例 3.23 求极限 $\lim\limits_{x\to\infty}\left(\frac{2x+1}{2x+3}\right)^{2x+1}$.

解 $\lim\limits_{x\to\infty}\left(\frac{2x+1}{2x+3}\right)^{2x+1}=\lim\limits_{x\to\infty}\left(\frac{1+\frac{1}{2x}}{1+\frac{3}{2x}}\right)^{2x+1}=\lim\limits_{x\to\infty}\frac{\left(1+\frac{1}{2x}\right)^{2x}\left(1+\frac{1}{2x}\right)}{\left[\left(1+\frac{3}{2x}\right)^{\frac{2x}{3}}\right]^3\left(1+\frac{3}{2x}\right)}=\frac{\mathrm{e}\cdot 1}{\mathrm{e}^3\cdot 1}=\frac{1}{\mathrm{e}^2}.$ □

例 3.24 求极限 $\lim\limits_{x\to 0}\left(\frac{2x+1}{-3x+1}\right)^{\frac{2}{x}+1}$.

解 $\lim\limits_{x\to 0}\left(\frac{2x+1}{-3x+1}\right)^{\frac{2}{x}+1}=\lim\limits_{x\to 0}\frac{[(1+2x)^{\frac{1}{2x}}]^4(1+2x)}{[(1-3x)^{\frac{1}{-3x}}]^{-6}(1-3x)}=\frac{\mathrm{e}^4\cdot 1}{\mathrm{e}^{-6}\cdot 1}=\mathrm{e}^{10}.$ □

性质 7(复合运算法则) 如果 $\lim\limits_{x\to x_0}g(x)=u_0$ 存在并且 $\lim\limits_{u\to u_0}f(u)=f(u_0)$,则复合函数 $f\circ g$ 当 $x\to x_0$ 时也有极限,并且

$$\lim_{x\to x_0}f(g(x))=f(u_0)=f\left(\lim_{x\to x_0}g(x)\right).$$

证 对任意正数 ε,由 $\lim\limits_{u\to u_0}f(u)=f(u_0)$ 知,存在正数 η 使得当 $|u-u_0|<\eta$ 时有 $|f(u)-f(u_0)|<\varepsilon$. 再由 $\lim\limits_{x\to x_0}g(x)=u_0$ 知,存在 $\delta>0$ 使得当 $0<|x-x_0|<\delta$ 时有 $|g(x)-u_0|<\eta$,进而就有 $|f(g(x))-f(u_0)|<\varepsilon$. 这就证明了

$$\lim_{x\to x_0}f(g(x))=f(u_0).$$ □

注 复合运算法则中,外函数 f 满足的条件 $\lim\limits_{u\to u_0}f(u)=f(u_0)$ 是必须的. 事实上,下一章中称满足这个条件的函数 f 在点 u_0 处连续.

例 3.25 求极限 $\lim\limits_{x\to 0}\sqrt{2-\frac{\sin x}{x}}$.

解　由于$\lim\limits_{x\to 0}\left(2-\dfrac{\sin x}{x}\right)=2-1=1$和$\lim\limits_{u\to 1}\sqrt{u}=1=\sqrt{1}$，

$$\lim_{x\to 0}\sqrt{2-\frac{\sin x}{x}}=\sqrt{\lim_{x\to 0}\left(2-\frac{\sin x}{x}\right)}=1.$$
□

习题 3.2

1. 求下列极限：

(1) $\lim\limits_{x\to 1}(3x^2-6x+5)$，

(2) $\lim\limits_{x\to 1}\dfrac{2x^2-1}{3x^3-6x+5}$，

(3) $\lim\limits_{x\to 1}\dfrac{x^2-1}{x^2-6x+5}$，

(4) $\lim\limits_{x\to 1}\dfrac{1-\sqrt[3]{x}}{1-\sqrt{x}}$，

(5) $\lim\limits_{x\to \infty}\dfrac{2x^2-1}{3x^3-6x+5}$，

(6) $\lim\limits_{x\to \infty}\dfrac{(x-1)^{101}(x+1)^{100}}{x(x^2+2)^{100}}$，

(7) $\lim\limits_{x\to +\infty}(\sqrt{x^2+x+1}-x)$，

(8) $\lim\limits_{x\to 0}\dfrac{\sin(x^2)}{\sin^2 x}$，

(9) $\lim\limits_{x\to 0}\dfrac{\arctan x}{\sin x}$，

(10) $\lim\limits_{x\to 0}\dfrac{\sqrt{x^2+x+1}-1}{\sin x}$，

(11) $\lim\limits_{x\to \infty}\left(1-\dfrac{2}{x}\right)^{2x}$，

(12) $\lim\limits_{x\to \infty}\left(\dfrac{4x+1}{4x+3}\right)^{x-1}$，

(13) $\lim\limits_{x\to 0}\left(\dfrac{4+x}{4+3x}\right)^{\frac{1}{x}}$.

2. 对其他类型的极限，叙述并且证明相应的性质.

§3.3　函数极限的存在性

与数列极限一样，我们需要能够由函数本身的性质来判断函数是否有极限的准则.

定理 3.3(单侧极限之单调有界准则)　如果函数 f 在某区间$(x_0,x_0+\delta_0)$递增有下界(递减有上界)，则极限 $\lim\limits_{x\to x_0^+}f(x)$存在；如果 f 在某区间$(x_0-\delta_0,x_0)$递增有上界(递减有下界)，则极限 $\lim\limits_{x\to x_0^-}f(x)$存在.

证　设函数 f 在$(x_0,x_0+\delta_0)$递增有下界，则其值域 $f((x_0,x_0+\delta_0))$有下界，从而由确界原理知其有下确界. 记 $A=\inf f((x_0,x_0+\delta_0))$. 下证 $\lim\limits_{x\to x_0^+}f(x)=A$.

对任何给定的正数 ε，由 $A=\inf f((x_0,x_0+\delta_0))$知，存在点 $x_1\in(x_0,x_0+\delta_0)$使得 $f(x_1)<A+\varepsilon$. 由于 f 在$(x_0,x_0+\delta_0)$递增，当 $x\in(x_0,x_1)\subset(x_0,x_0+\delta_0)$时有 $f(x)\leqslant f(x_1)<A+\varepsilon$. 因为下确界是下界，当 $x\in(x_0,x_1)$时有 $A\leqslant f(x)<A+\varepsilon$，从而有 $|f(x)-A|<\varepsilon$. 由于区间$(x_0,x_1)=(x_0,x_0+\delta)$是 x_0 的空心右邻域，其中 $\delta=x_1-x_0>0$，按照极限定义有

$\lim\limits_{x\to x_0^+} f(x)=A.$ □

关于极限 $\lim\limits_{x\to+\infty} f(x)$ 和 $\lim\limits_{x\to-\infty} f(x)$，也都有相应的单调有界准则.

与数列极限类似，对一般的函数极限存在性，也有柯西判别准则. 例如，对极限 $\lim\limits_{x\to+\infty} f(x)$，与数列极限 $\lim\limits_{n\to\infty} a_n$ 完全类似地有

定理 3.4(柯西准则) 设函数 f 在某邻域 $U(+\infty)$ 内有定义，则极限 $\lim\limits_{x\to+\infty} f(x)$ 存在的充要条件为：对任何正数 ε，存在正数 X 使得当 $x,y>X$ 时有

$$|f(x)-f(y)|<\varepsilon.$$

证 必要性：设 $\lim\limits_{x\to+\infty} f(x)=A$. 对任何正数 ε，存在正数 X 使得当 $x>X$ 时有 $|f(x)-A|<\frac{\varepsilon}{2}$. 于是，当 $x,y>X$ 时有

$$|f(x)-f(y)|=|[f(x)-A]-[f(y)-A]|<\frac{\varepsilon}{2}+\frac{\varepsilon}{2}=\varepsilon.$$

充分性：按条件，对任何正数 ε，存在正数 X 使得当正整数 $m,n>X$ 时有 $|f(m)-f(n)|<\varepsilon$. 于是由数列收敛的柯西准则知极限 $\lim\limits_{n\to\infty} f(n)$ 存在，记值为 A. 下证 $\lim\limits_{x\to+\infty} f(x)=A$.

按条件，对任何正数 ε，存在正数 X 使得当 $x,n>X$ 时有 $|f(x)-f(n)|<\varepsilon$. 令 $n\to\infty$，即知当 $x>X$ 时有 $|f(x)-A|\leqslant\varepsilon$. 这就证明了 $\lim\limits_{x\to+\infty} f(x)=A$. □

对其他类型的函数极限，也都有柯西准则，例如根据习题 3.1.3 和定理 3.4 就有以下定理.

定理 3.5(柯西准则) 设函数 f 在点 x_0 的某右空心邻域 $U_+^\circ(x_0)$ 内有定义，则 $\lim\limits_{x\to x_0^+} f(x)$ 存在的充要条件：对任何正数 ε，存在正数 δ 使得当 $x,y\in U_+^\circ(x_0,\delta)$ 时有 $|f(x)-f(y)|<\varepsilon$.

证 必要性：设 $\lim\limits_{x\to x_0^+} f(x)=A$. 对任何 $\varepsilon>0$，存在正数 δ 使得当 $x\in U_+^\circ(x_0,\delta)$ 时有 $|f(x)-A|<\frac{\varepsilon}{2}$. 于是，当 $x,y\in U_+^\circ(x_0,\delta)$ 时有

$$|f(x)-f(y)|=|[(f(x)-A]-[f(y)-A]|<\frac{\varepsilon}{2}+\frac{\varepsilon}{2}=\varepsilon.$$

充分性：按条件，对任何正数 ε，存在正数 $X=\frac{1}{\delta}$ 使得当正整数 $m,n>X$ 时有

$$\left|f\left(x_0+\frac{1}{m}\right)-f\left(x_0+\frac{1}{n}\right)\right|<\varepsilon.$$

于是由数列柯西准则知极限 $\lim\limits_{n\to\infty} f\left(x_0+\frac{1}{n}\right)$ 存在，记值为 A. 下证：$\lim\limits_{x\to x_0^+} f(x)=A$.

按条件，对任何正数 ε，存在正数 δ 使得当 $x\in U_+^\circ(x_0,\delta)$ 并且 $n>X=\frac{1}{\delta}$ 时有

$$\left|f(x)-f\left(x_0+\frac{1}{n}\right)\right|<\varepsilon.$$

令 $n\to\infty$，即知当 $x\in U_{+}^{\circ}(x_0,\delta)$ 时有 $|f(x)-A|\leqslant\varepsilon$. 这就证明了 $\lim\limits_{x\to x_0^{+}}f(x)=A$. □

上述柯西准则的证明过程说明，函数极限与数列极限有着紧密的联系. 这种联系由如下的归结原则，亦称海因(Heine)定理，所清晰地刻划. 这里以极限 $\lim\limits_{x\to x_0}f(x)$ 为例来给出. 其他类型的极限都有相应的归结原则.

定理 3.6(归结原则)　设函数 f 在点 x_0 的某空心邻域 $U^{\circ}(x_0)$ 内有定义.

(1) 若 $\lim\limits_{x\to x_0}f(x)$ 存在，则对任何收敛于 x_0 的数列 $\{x_n\}\subset U^{\circ}(x_0)$，对应的函数值列 $\{f(x_n)\}$ 都收敛于函数的极限值 $\lim\limits_{x\to x_0}f(x)$；

(2) 若对任何收敛于 x_0 的数列 $\{x_n\}\subset U^{\circ}(x_0)$，对应的函数值列 $\{f(x_n)\}$ 都收敛，则函数极限 $\lim\limits_{x\to x_0}f(x)$ 也存在.

证　(1) 设数列 $\{x_n\}\subset U^{\circ}(x_0)$ 收敛于 x_0. 对任何正数 ε，由于 $\lim\limits_{x\to x_0}f(x)$ 存在，记其值为 A，则存在正数 δ 使得当 $0<|x-x_0|<\delta$ 时有 $|f(x)-A|<\varepsilon$. 根据条件有 $\lim\limits_{n\to\infty}x_n=x_0$，存在正整数 N 使得当 $n>N$ 时有 $|x_n-x_0|<\delta$. 再注意到 $x_n\neq x_0$，就知当 $n>N$ 时有 $|f(x_n)-A|<\varepsilon$. 这就证明了函数值列 $\{f(x_n)\}$ 收敛.

(2) 先证明：对所有收敛于 x_0 的数列 $\{x_n\}\subset U^{\circ}(x_0)$，函数值列 $\{f(x_n)\}$ 不仅收敛，而且极限都相同. 事实上，对任何两列收敛于 x_0 的数列 $\{x_n^{(1)}\}$，$\{x_n^{(2)}\}\subset U^{\circ}(x_0)$，依次交错排列可得一数列：$x_1^{(1)},x_1^{(2)},x_2^{(1)},x_2^{(2)},\cdots,x_n^{(1)},x_n^{(2)},\cdots$. 记该数列为 $\{x_n\}\subset U^{\circ}(x_0)$，则其也收敛于 x_0. 按此时的条件，函数值列 $\{f(x_n)\}$ 收敛. 于是其奇子列 $\{f(x_{2k-1})\}$ 和偶子列 $\{f(x_{2k})\}$ 收敛于同一数，即 $\{f(x_n^{(1)})\}$，$\{f(x_n^{(2)})\}$ 收敛于同一数.

于是，可设所有收敛于 x_0 的数列 $\{x_n\}\subset U^{\circ}(x_0)$，函数值列 $\{f(x_n)\}$ 都收敛于数 A. 下证必有 $\lim\limits_{x\to x_0}f(x)=A$.

如若不然，则根据定义，存在正数 ε_0，使得对任何正数 δ，存在数 $x=x(\delta)$ 尽管满足 $0<|x-x_0|<\delta$ 但不等式 $|f(x)-A|<\varepsilon_0$ 不成立，即有 $|f(x)-A|\geqslant\varepsilon_0$. 现依次选取正数 δ 为 $\delta_0,\frac{1}{2}\delta_0,\frac{1}{3}\delta_0,\cdots,\frac{1}{n}\delta_0,\cdots$，这里 δ_0 为邻域 $U^{\circ}(x_0)$ 的半径，则相应地就可得到一列数 $\{x_n\}$ 满足 $0<|x_n-x_0|<\frac{1}{n}\delta_0$ 以及 $|f(x_n)-A|\geqslant\varepsilon_0$. 显然这个数列 $\{x_n\}$ 收敛于 x_0，但函数值列 $\{f(x_n)\}$ 却不收敛于数 A. 这就得矛盾. □

例 3.26　证明极限 $\lim\limits_{x\to 0}\cos\frac{1}{x}$ 不存在.

证　假设存在，则由归结原则，对任何收敛于 0 的数列 $\{x_n\}\subset U^{\circ}(0)$，函数值列 $\left\{\cos\frac{1}{x_n}\right\}$ 都收敛于同一个数. 但对 $x_n=\frac{1}{2n\pi}$，易见 $\left\{\cos\frac{1}{x_n}\right\}$ 收敛于 1；而对 $x_n=\frac{1}{(2n+1)\pi}$，易见 $\left\{\cos\frac{1}{x_n}\right\}$ 收敛于 -1. 因此假设不成立，从而命题得证. □

例 3.27　证明：对任何 x_0，极限 $\lim\limits_{x\to x_0}D(x)$ 都不存在，这里 $D(x)$ 是狄利克雷函数.

证　对给定得 x_0，根据实数的稠密性，存在有理数列 $\{x_n^{(1)}\}$ 和无理数列 $\{x_n^{(2)}\}$ 各自都以 x_0 为极限并且 $x_n^{(i)}\neq x_0$，$i=1,2$，它们对应的函数值列 $\{D(x_n^{(1)})\}$ 和 $\{D(x_n^{(2)})\}$ 却分别收敛于

1 和 0. 于是根据归结原则,极限$\lim\limits_{x\to x_0}D(x)$不存在. □

习题 3.3

1. 证明:如果 f 在某区间$(x_0-\delta_0,x_0)$递增有上界(递减有下界),则极限$\lim\limits_{x\to x_0^-}f(x)$存在.

2. 证明:如果 f 在某区间$(0,+\infty)$递增有上界(递减有下界),则极限$\lim\limits_{x\to+\infty}f(x)$存在.

3. 证明极限$\lim\limits_{x\to 0}\sin\dfrac{1}{x}$不存在.

4. 写出除定理 3.4 和 3.5 之外,其他类型极限的柯西准则并给出证明.

5. 写出除定理 3.6 之外,其他类型极限的归结原则并给出证明.

§3.4 无穷小量与无穷大量

3.4.1 无穷小量

在应用中,常将极限为 0 的函数称作**无穷小量**,并且记为 $o(1)$. 例如,如果

$$\lim_{x\to x_0}f(x)=0,$$

则称函数 f 是 x 趋于 x_0 时的无穷小量,记为

$$f(x)=o(1)\,(x\to x_0).$$

上式中,在不会引起混淆的情况下,可省去"$(x\to x_0)$". 类似地可定义自变量 x 趋于 $x_0^{\pm}$,$(\pm)\infty$时的无穷小量.

根据函数极限的运算性质,两个(从而有限个)同型无穷小量之和、差、积仍然是无穷小量. 商的情形比较复杂,一般而言不再是无穷小量,我们做以下讨论. 为此,设函数 f 和 g 都是 x 趋于 x_0 时的无穷小量.

(1) 商$\dfrac{f}{g}$当 x 趋于 x_0 时有极限 0,即 x 趋于 x_0 时的无穷小量. 此时,称 x 趋于 x_0 时无穷小量 f 是无穷小量 g 的**高阶无穷小量**,并且记为

$$f(x)=o(g(x))\,(x\to x_0).$$

例如,x 趋于 0 时的无穷小量 $x,x^2,x^3,\cdots,x^n,\cdots$中,后述无穷小量是前述无穷小量的高阶无穷小量:当正整数 $m<n$ 时,

$$x^n=o(x^m)\,(x\to 0).$$

按照定义,可有如下性质:若 $h(x)=o(1)\,(x\to x_0)$,则 $h(x)g(x)=o(g(x))\,(x\to x_0)$. 这个很有用的性质可简述为

$$g(x)o(1)=o(g(x)).$$

(2) 商$\frac{f}{g}$当x趋于x_0时有极限1. 此时,称x趋于x_0时无穷小量f和无穷小量g**等价**,并且记为

$$f(x)\sim g(x)(x\to x_0).$$

例如,$x\to 0$时$\sin x\sim x,\arcsin x\sim x,\mathrm{e}^x-1\sim x,1-\cos x\sim\frac{1}{2}x^2$等.

等价无穷小量的重要应用是在求极限时涉及乘除运算的**等价替换法**,依据如下:

设$f(x)\sim g(x)(x\to x_0)$,则对任何$h(x)$,

$$\lim_{x\to x_0}f(x)h(x)=\lim_{x\to x_0}g(x)h(x),\qquad \lim_{x\to x_0}\frac{h(x)}{f(x)}=\lim_{x\to x_0}\frac{h(x)}{g(x)}.$$

这里极限等式表示左边(右边)极限存在,则右边(左边)极限也存在并且相等.

需要强调的是,等价替换法一般不能用于和、差运算.

例 3.28　求极限$\lim\limits_{x\to 0}\frac{\sin(x^3)}{\tan x-\sin x}$.

解　由于$x\to 0$时$\sin x\sim x,\tan x-\sin x=\tan x(1-\cos x)=2\tan x\sin^2\frac{x}{2}\sim\frac{x^3}{2}$,

$$\lim_{x\to 0}\frac{\sin(x^3)}{\tan x-\sin x}=\lim_{x\to 0}\frac{x^3}{\frac{x^3}{2}}=2.$$

(3) 商$\frac{f}{g}$当x趋于x_0时有极限$c\neq 0,1$. 此时可转化为情形(2):商$\frac{f}{cg}$当x趋于x_0时有极限1,即$f(x)\sim cg(x)(x\to x_0)$.

(4) 商$\frac{f}{g}$当x趋于x_0时没有极限. 例如,$x\to 0$时无穷小量$f(x)=x^2$和$g(x)=x\sin\frac{1}{x}$的商$\frac{f}{g}$当x趋于0时没有极限.

这种情况下两无穷小量之间的关系相对比较复杂,就不展开讨论了.

3.4.2　无穷大量

在函数极限的定义3.1—3.3中,极限值A总是指一个有限实数. 在实际应用中,有时允许极限值是无穷可带来较多的方便. 因此,引入如下的定义.

定义 3.4　设函数f在点x_0的某空心邻域$U^\circ(x_0,\delta_0)$有定义. 若对任何给定的大正数G,存在正数$\delta(<\delta_0)$使得当$0<|x-x_0|<\delta$时有

$$f(x)>G,$$

则称函数f当自变量x趋于x_0时有**非正常极限**$+\infty$,或函数f在x_0处有**非正常极限**$+\infty$,记为

$$\lim_{x\to x_0}f(x)=+\infty\text{或}f(x)\to+\infty(x\to x_0).$$ □

此时,从图像上看,函数$y=f(x)$的图像越来越靠近直线$x=x_0$,因此将此直线$x=x_0$

称为函数 $y=f(x)$ 的一条**垂直渐近线**.

类似地可定义非正常极限 $-\infty,\infty$,只需将上述不等式 $f(x)>G$ 替换为 $f(x)<-G$ 和 $|f(x)|>G$. 另外,每个非正常极限,也有像通常极限那样的六种形式.

与无穷小量相类似地,我们把具有非正常极限 $(\pm)\infty$ 的函数称为**无穷大量**.

例 3.29 证明:$\lim\limits_{x\to0^+}\dfrac{1}{x}=+\infty,\lim\limits_{x\to0^-}\dfrac{1}{x}=-\infty$.

证 对任给的 $G>0$,取 $\delta=\dfrac{1}{G}>0$,则当 $0<x<\delta$ 时有 $\dfrac{1}{x}>\dfrac{1}{\delta}=G$,故按定义有 $\lim\limits_{x\to0^+}\dfrac{1}{x}=+\infty$.

又 $-\delta<x<0$ 时,$\dfrac{1}{x}<\dfrac{1}{-\delta}=-G$,故也有 $\lim\limits_{x\to0^-}\dfrac{1}{x}=-\infty$. □

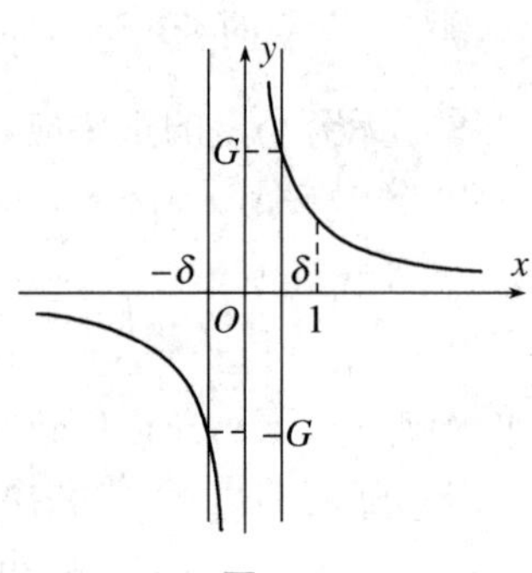

图 3.6

例 3.30 (1) 证明:若 $\lim\limits_{x\to x_0}f(x)=+\infty$,则函数 f 在点 x_0 的某空心邻域无界.

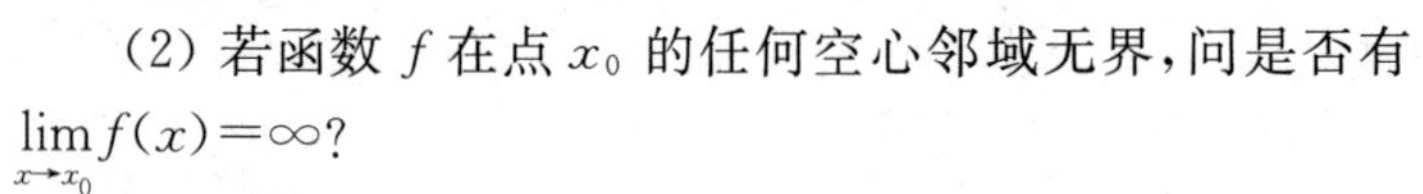

(2) 若函数 f 在点 x_0 的任何空心邻域无界,问是否有 $\lim\limits_{x\to x_0}f(x)=\infty$?

证 (1) 按定义即得.

(2) 未必. 例如,函数 $f(x)=\dfrac{1}{x}\sin\dfrac{1}{x}$ 在 0 的任何空心邻域 $U^\circ(0,\delta)$ 无界:对任何大正数 M,可取一正整数 N 满足 $2N\pi+\dfrac{\pi}{2}>\max\left\{M,\dfrac{1}{\delta}\right\}$,则 $x_N=\dfrac{1}{2N\pi+\dfrac{\pi}{2}}\in U^\circ(0,\delta)$ 满足 $f(x_N)=2N\pi+\dfrac{\pi}{2}>M$. 另一方面,由于对任何正整数 n,$f\left(\dfrac{1}{2n\pi}\right)=0$,不可能有 $\lim\limits_{x\to0}f(x)=\infty$. □

例 3.30 给出了无穷大量与无界函数之间的关系.

无穷大量之间也可定义高阶无穷大量、等价无穷大量等,并且等价无穷大量也有求极限时涉及乘除运算的**等价替换法**.

根据定义,若函数 $f(x)$ 是自变量 x 趋于 x_0 时的无穷大量,则 $\dfrac{1}{f(x)}$ 是自变量 x 趋于 x_0 时的无穷小量.

习题 3.4

1. 设 $P(x)=a_0x^n+a_1x^{n-1}+\cdots+a_n$ 是 $n\geqslant1$ 次实系数多项式,证明 $\lim\limits_{x\to\infty}P(x)=\infty$.

2. 证明:函数 $f(x)=x\sin x$ 在任何 $U(\infty)$ 内无界,但不是 $x\to\infty$ 时的无穷大量.

3. 若函数 $f(x)$ 是自变量 x 趋于 x_0 时的无穷大量,证明 $\dfrac{1}{f(x)}$ 是自变量 x 趋于 x_0 时的无穷小量.

第四章　连续函数

本章开始，我们将利用极限这一工具逐步来研究函数的各种性质．我们知道，很多函数，如 $y=x^2$、$y=\sqrt{x}$、$y=\sin x$ 等的图像都是一条不间断的连续曲线．本章要讨论的连续函数就是这种图像是连续曲线的函数．连续函数是数学分析的基本讨论对象．但是，也有很多函数，例如狄利克雷函数和黎曼函数等，它们的图像不是我们熟悉的连续曲线．

§4.1　连续函数定义

4.1.1　函数连续的定义

先看一个例子：函数 $y=x^2$，其图像是一条抛物线．现在，我们挖掉原点 $O(0,0)$，则抛物线图形就在原点处断开而变得不再连续．如图 4.1 所示．究其原因，当 x 趋于 0 时，函数 $y=x^2$ 的极限 0 所对应的点 $(0,0)$ 正好是曲线上被挖掉的原点 O．

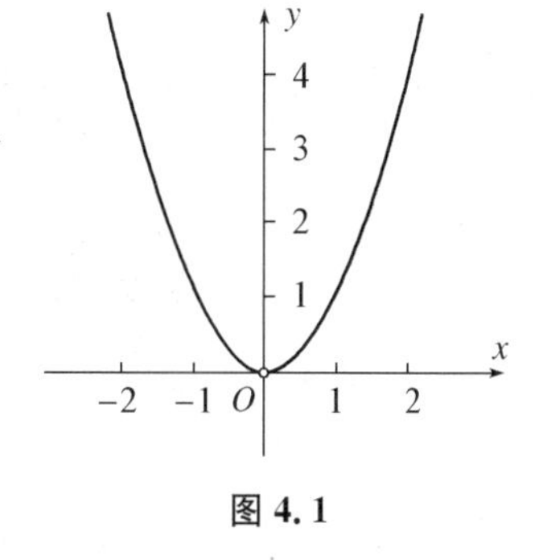

图 4.1

根据这种直观的认识，我们给出如下定义．

定义 4.1　设函数 f 在点 x_0 的某邻域 $U(x_0)$ 内有定义．如果

$$\lim_{x\to x_0} f(x)=f(x_0) \tag{4.1}$$

则称函数 f 在点 x_0 处连续．　□

根据极限的 $\varepsilon-\delta$ 定义，函数 f 在点 x_0 处连续当且仅当对任何给定的正数 ε，存在正数 δ 使得当 $|x-x_0|<\delta$ 时有 $|f(x)-f(x_0)|<\varepsilon$．

根据上一章的内容，我们知道幂函数 $x^n, n\in\mathbf{N}$ 和正、余弦函数 $\sin x, \cos x$ 在实数轴上任一点处都是连续的．但也有函数，如狄利克雷函数 $D(x)$，在任一点处由于没有极限而都不连续．

例 4.1　证明函数 $f(x)=xD(x)$ 在点 0 处连续．

证　由于 $|D(x)|\leqslant 1$，$|f(x)-f(0)|=|xD(x)-0|\leqslant |x|$，从而

$$\lim_{x\to 0} f(x)=f(0),$$

即 $f(x)=xD(x)$ 在点 0 处连续．　□

例 4.2　设 $\alpha>0$ 为给定正数，证明幂函数 x^α 在任一点 $x_0>0$ 处连续．

证　先设 $x_0=1$．对给定正数 $\varepsilon<1$，取 $\delta=\max[(1+\varepsilon)^{\frac{1}{\alpha}}-1, 1-(1-\varepsilon)^{\frac{1}{\alpha}}]>0$，则当 $|x-1|<\delta$ 时有

$$-(1-(1-\varepsilon)^{\frac{1}{\alpha}})\leqslant-\delta<x-1<\delta\leqslant(1+\varepsilon)^{\frac{1}{\alpha}}-1,$$

从而$(1-\varepsilon)^{\frac{1}{\alpha}}<x<(1+\varepsilon)^{\frac{1}{\alpha}}$，$1-\varepsilon<x^\alpha<1+\varepsilon$，即$|x^\alpha-1|<\varepsilon$. 于是按定义有$\lim\limits_{x\to1}x^\alpha=1=1^\alpha$. 这就证明了幂函数$x^\alpha$在1处连续.

在一般情形，由于$x\to x_0$时有$\dfrac{x}{x_0}\to1$，$\lim\limits_{x\to x_0}x^\alpha=\lim\limits_{x\to x_0}x_0^\alpha\left(\dfrac{x}{x_0}\right)^\alpha=x_0^\alpha$. 这就证明了幂函数$x^\alpha$在点$x_0>0$处连续. □

例 4.3 设$a>1$为给定正数，证明指数函数a^x在任一点x_0处连续.

证 先设$x_0=0$. 对给定的正数$\varepsilon<1$，取$\delta=\max\left(\log_a(1+\varepsilon),\log_a\dfrac{1}{1-\varepsilon}\right)>0$，则当$|x|<\delta$时有

$$\log_a(1-\varepsilon)=-\log_a\frac{1}{1-\varepsilon}\leqslant-\delta<x<\delta\leqslant\log_a(1+\varepsilon),$$

从而$1-\varepsilon<a^x<1+\varepsilon$，即$|a^x-1|<\varepsilon$. 这就证明了$\lim\limits_{x\to0}a^x=1=a^0$，即函数$a^x$在点0处连续.

一般情形，由于$x\to x_0$时有$x-x_0\to0$，$\lim\limits_{x\to x_0}a^x=\lim\limits_{x\to x_0}a^{x_0}\cdot a^{x-x_0}=a^{x_0}$. 这就证明了指数函数$a^x$在点$x_0$处连续. □

我们再看函数$y=\sqrt{x}$，从图形上看毫无疑问是连续的. 但是这个函数当$x<0$时是没有定义的，因此在点0处考虑连续性时，只能考虑点0的右侧：当x从正实轴趋近0，即$x\to0^+$时函数极限等于函数值$\sqrt{0}=0$. 一般地，可定义左、右单侧连续性.

定义 4.2 设函数f在点x_0的某右邻域$U_+(x_0)=[x_0,x_0+\delta_0)$有定义. 如果

$$\lim_{x\to x_0^+}f(x)=f(x_0),\tag{4.2}$$

则称函数f在点x_0处**右连续**.

类似地可定义**左连续**. 左连续和右连续统称**单侧连续**. □

根据定义即知函数$y=\sqrt{x}$在点0处右连续. 由连续与单侧连续的定义，容易得到如下结论.

定理 4.1 函数f在x_0处连续当且仅当函数f在x_0处既左连续又右连续. □

这个定理经常用于讨论分段函数在分段点处的连续性.

例 4.4 讨论如下函数$f(x)$在点0处的连续性与单侧连续性：

$$f(x)=\begin{cases}x, & x\geqslant0;\\ x+1, & x<0.\end{cases}$$

解 由于$\lim\limits_{x\to0^+}f(x)=\lim\limits_{x\to0^+}x=0=f(0)$，函数$f$在点0处右连续. 又因

$$\lim_{x\to0^-}f(x)=\lim_{x\to0^-}(x+1)=1\neq f(0),$$

函数f在点0处不左连续，从而函数f在点0处不连续. □

对一个定义在区间I上的函数f，如果函数f在区间I的每个点处都连续，则称函数f在区间I上**连续**. 这里，对闭区间或半开半闭的区间，函数在属于该区间的端点处的连续指相应的单侧连续.

例如,常值函数 $y=c$,幂函数 $y=x^n(n\in\mathbf{N})$,正余弦函数 $\sin x,\cos x$ 都是区间$(-\infty,+\infty)$上的连续函数;$y=\sqrt{x}$是区间$[0,+\infty)$上的连续函数;$y=\sqrt{1-x^2}$是闭区间$[-1,1]$上的连续函数.

4.1.2　函数的间断点

现在设函数 f 在点 x_0 处不连续,则由定义 4.1,必然出现以下两种情形:

(1) $\lim\limits_{x\to x_0}f(x)$存在但不等于 $f(x_0)$或者 f 在点 x_0 处没有定义;

(2) $\lim\limits_{x\to x_0}f(x)$不存在.

例如,函数 $\mathrm{sgn}^2 x$ 在点 0 处有极限 1,但不等于函数值 $\mathrm{sgn}^2 0=0$;函数$\dfrac{\sin x}{x}$在点 0 处有极限 1,但函数在点 0 处没有定义.

我们把情形(1)的这种点 x_0 叫作函数 f 的**可去间断点**或**可去不连续点**. 用"可去"一词的原因是如果用点 x_0 处的极限值去替换原有的函数值 $f(x_0)$或者补充定义原来在点 x_0 处缺失的函数值,则所得函数就在点 x_0 处连续.

例如,若用函数 $\mathrm{sgn}^2 x$ 在 0 处的极限值 1 去替换函数 $\mathrm{sgn}^2 x$ 在 0 处的原有函数值 $\mathrm{sgn}^2 0=0$;用函数$\dfrac{\sin x}{x}$在 0 处的极限值 1 去补充定义函数$\dfrac{\sin x}{x}$在 0 处原来缺失的函数值,则我们得到的函数

$$G(x)=\begin{cases}\mathrm{sgn}^2 x, & x\neq 0\\ 1, & x=0\end{cases}\text{和 } F(x)=\begin{cases}\dfrac{\sin x}{x}, & x\neq 0\\ 1, & x=0\end{cases}$$

在 0 处连续.

一般情形亦如此. 若点 x_0 是函数 f 的可去间断点,则函数

$$F(x)=\begin{cases}f(x), & x\neq x_0\\ \lim\limits_{x\to x_0}f(x), & x=x_0\end{cases}$$

在点 x_0 处连续. 事实上,我们有$\lim\limits_{x\to x_0}F(x)=\lim\limits_{x\to x_0}f(x)=F(x_0)$.

再考虑情形(2). 从上面的例 4.4 或符号函数 $\mathrm{sgn}\,x$ 可看出,此时有一些函数尽管没有极限,但左右极限是存在的. 我们把这种左右极限存在但不等的点叫作**跳跃间断点**. 例如,0 是例 4.4 中函数或符号函数 $\mathrm{sgn}\,x$ 的跳跃间断点.

可去间断点和跳跃间断点统称为**第一类间断点**;不是第一类间断点的其他间断点统称为**第二类间断点**. 例如,0 是函数$\dfrac{1}{x}$的第二类间断点,狄利克雷函数 $D(x)$以任何点为第二类间断点.

例 4.5　找出函数 $x\left[\dfrac{1}{x}\right]$的间断点,并且指出其类型.

解　由于对给定的正整数 n,当 $x\in\left(\dfrac{1}{n+1},\dfrac{1}{n}\right]$时,$\left[\dfrac{1}{x}\right]=n$,从而 $x\left[\dfrac{1}{x}\right]=nx$ 在开区间$\left(\dfrac{1}{n+1},\dfrac{1}{n}\right)$连续,在点$\dfrac{1}{n}$处左连续. 由于当 $x\in\left(\dfrac{1}{n},\dfrac{1}{n-1}\right)$时$\left[\dfrac{1}{x}\right]=n-1$,从而 $x\left[\dfrac{1}{x}\right]=$

$(n-1)x$. 于是得 $\lim\limits_{x\to\frac{1}{n}^+} x\left[\frac{1}{x}\right]=\frac{n-1}{n}\neq 1=\lim\limits_{x\to\frac{1}{n}^-} x\left[\frac{1}{x}\right]$. 这说明点 $\frac{1}{n}$ $(n=1,2,\cdots)$ 是跳跃间断点. 类似地,可知点 $\frac{1}{n}$ $(n=-1,-2,\cdots)$ 也是跳跃间断点.

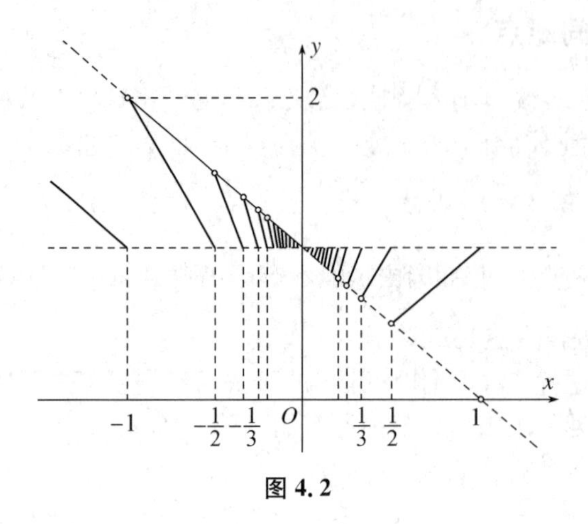

图 4.2

最后,看 0 处之情况. 由于 $\frac{1}{x}-1<\left[\frac{1}{x}\right]\leqslant\frac{1}{x}$,故当 $x>0$ 时有 $1-x<x\left[\frac{1}{x}\right]\leqslant 1$,由此即得 $\lim\limits_{x\to 0^+}x\left[\frac{1}{x}\right]=1$;当 $x<0$ 时有 $1-x>x\left[\frac{1}{x}\right]\geqslant 1$,由此又得 $\lim\limits_{x\to 0^-}x\left[\frac{1}{x}\right]=1$. 从而 $\lim\limits_{x\to 0}x\left[\frac{1}{x}\right]=1$. 这说明原点 0 为可去间断点. □

习题 4.1

1. 讨论下列函数在其定义域内的连续性. 若有间断点,指出其类别.

(1) $y=\frac{1}{x^2-x}$, (2) $y=\begin{cases}x^2, & x>0\\ \sin x, & x\leqslant 0\end{cases}$, (3) $y=\begin{cases}1, & x\geqslant\pi\\ \frac{\sin x}{\pi-x}, & x<\pi\end{cases}$,

(4) $y=\operatorname{sgn}(\sin x)$, (5) $y=\begin{cases}x, & x\text{ 为无理数}\\ 1-x, & x\text{ 为有理数}\end{cases}$.

2. 下列函数在 0 处没有定义. 问能否扩充这些函数的定义域到 0 处使得所得函数在 0 处连续?

(1) $f(x)=\frac{\sqrt{1+x}-1}{\sqrt[3]{1+x}-1}$, (2) $f(x)=\sin x\cdot\sin\frac{1}{x^2}$.

3. 若函数 f 在闭区间 $[a,b]$ 上单调有界,并且能取到介于 $f(a)$ 和 $f(b)$ 之间的任何数,证明函数 f 在闭区间 $[a,b]$ 上连续.

4. 设函数 f 在实轴 $\mathbf{R}$ 上连续并且满足 $f(x)=f([x])$,证明 f 是常值函数.

§4.2　连续函数的局部性质

由于函数在一点处连续是通过极限来定义的，根据函数极限的局部性质，就有如下函数在单个连续点处的局部性质：

(1)（**局部有界性**）若函数 f 在点 x_0 处(左、右)连续，则在某(左、右)邻域 $U(x_0)$ 上函数 f 有界.

(2)（**局部保号性**）设函数 f 在点 x_0 处(左、右)连续并且 $f(x_0)\neq 0$. 若 $f(x_0)>0$，则对任何正数 $r<f(x_0)$，存在某(左、右)邻域 $U(x_0)$ 使得当 $x\in U(x_0)$ 时有 $f(x)>r$；若 $f(x_0)<0$，则对任何负数 $r>f(x_0)$，存在某(左、右)邻域 $U(x_0)$ 使得当 $x\in U(x_0)$ 时有 $f(x)<r$.

注　在实际应用中，常取 $r=\dfrac{f(x_0)}{2}$.

(3)（**四则运算**）若函数 f 和 g 都在点 x_0 处(左、右)连续，则 $f\pm g, f\cdot g$ 也都在点 x_0 处(左、右)连续；当 $g(x_0)\neq 0$ 时，$\dfrac{f}{g}$ 在点 x_0 处也(左、右)连续.

(4)（**复合运算**）若函数 f 在点 x_0 处(左、右)连续，函数 g 在点 $u_0=f(x_0)$ 处连续，则复合函数 $g\circ f$ 在点 x_0 处也(左、右)连续.

(5)（**反函数连续性**）若函数 f 在点 x_0 的某(左、右)邻域 $U(x_0)$ 上(左、右)连续并且严格单调，则其反函数 f^{-1} 在点 $y_0=f(x_0)$ 处也(左、右)连续.

证　设函数 f 在点 x_0 处连续并且于某邻域 $U(x_0)=(x_0-\delta_0, x_0+\delta_0)$ 上严格单调递增. 对任何 $\varepsilon>0$，在点 x_0 的左右邻域内各取一点 $x_0^-, x_0^+\in U(x_0)$ 使得 $0<x_0-x_0^-<\varepsilon$，$0<x_0^+-x_0<\varepsilon$. 记 $y_0^+=f(x_0^+)$，$y_0^-=f(x_0^-)$，则由函数 f 严格单调递增知有 $y_0^-<y_0<y_0^+$. 于是 $\delta=\min\{y_0-y_0^-, y_0^+-y_0\}>0$. 现在设 $|y-y_0|<\delta$，即 $y_0-\delta<y<y_0+\delta$，则有 $y_0^-<y<y_0^+$，从而由反函数 f^{-1} 的严格递增知有 $x_0^-=f^{-1}(y_0^-)<f^{-1}(y)<f^{-1}(y_0^+)=x_0^+$，进而得

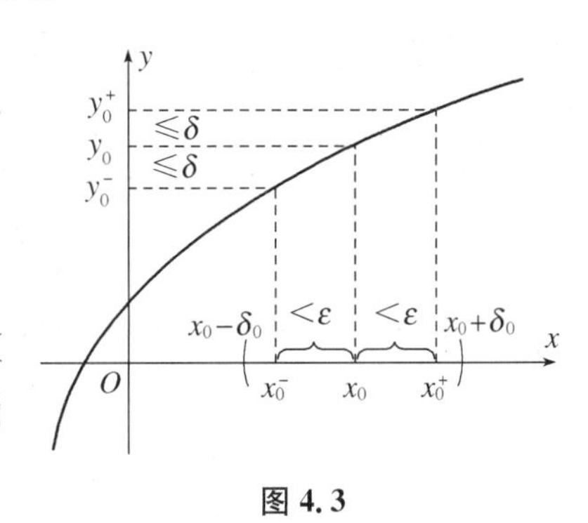

图 4.3

$$-\varepsilon<x_0^--x_0<f^{-1}(y)-f^{-1}(y_0)<x_0^+-x_0<\varepsilon,$$

即有 $|f^{-1}(y)-f^{-1}(y_0)|<\varepsilon$. 这就证明了反函数 f^{-1} 在点 y_0 处也连续.　□

根据上述各性质，我们可知基本初等函数在各自存在域上都是连续的，因此得到重要结论：**所有初等函数都是其存在域上的连续函数**. 由此可知符号函数 $\operatorname{sgn} x$ 不是初等函数：$\operatorname{sgn} x$ 在点 0 处不连续. 根据该结论还有：如果函数 f 是初等函数，而点 x_0 又在其定义域内，那么就有

$$\lim_{x\to x_0} f(x)=f(x_0).$$

这给我们求极限带来了很大方便.

例 4.6 求极限$\lim\limits_{x\to0}\dfrac{\ln(1+x)}{x}$.

解 $\lim\limits_{x\to0}\dfrac{\ln(1+x)}{x}=\lim\limits_{x\to0}\ln(1+x)^{\frac{1}{x}}=\ln\left[\lim\limits_{x\to0}(1+x)^{\frac{1}{x}}\right]=\ln\mathrm{e}=1$. □

例 4.7 求极限 $\lim\limits_{x\to0}\dfrac{\mathrm{e}^x-1}{x}$.

解 换元,令 $u=\mathrm{e}^x-1$,则 $x=\ln(1+u)$,并且当 $x\to0$ 时也有 $u\to0$. 于是

$$\lim_{x\to0}\frac{\mathrm{e}^x-1}{x}=\lim_{u\to0}\frac{u}{\ln(1+u)}=1.$$ □

例 4.8 如果$\lim\limits_{x\to x_0}f(x)=A>0$ 并且$\lim\limits_{x\to x_0}g(x)=B$,则有$\lim\limits_{x\to x_0}f(x)^{g(x)}=A^B$.

证 $\lim\limits_{x\to x_0}f(x)^{g(x)}=\lim\limits_{x\to x_0}\mathrm{e}^{\ln f(x)^{g(x)}}=\mathrm{e}^{\lim\limits_{x\to x_0}g(x)\ln f(x)}=\mathrm{e}^{B\ln A}=A^B$. □

例 4.9 求$\lim\limits_{x\to0}(1+x)^{\sin x}$.

解 $\lim\limits_{x\to0}(1+x)^{\sin x}=\mathrm{e}^{\lim\limits_{x\to0}\sin x\ln(1+x)}=\mathrm{e}^0=1$. □

例 4.10 确定常数 a 和 b 使得函数 $f(x)=\begin{cases}\mathrm{e}^x, & x>0\\ a, & x=0\\ \cos x+b, & x<0\end{cases}$ 于$(-\infty,+\infty)$连续.

解 由于函数 f 在 0 点处连续,必有$\lim\limits_{x\to0}f(x)=f(0)=a$. 由于

$$\lim_{x\to0^+}f(x)=\lim_{x\to0^+}\mathrm{e}^x=1,\ \lim_{x\to0^-}f(x)=\lim_{x\to0^+}(\cos x+b)=1+b,$$

得 $1=1+b=a$,即有 $a=1,b=0$. □

习题 4.2

1. 证明:若函数 f 在点 x_0 处连续,则函数 $|f|$ 在点 x_0 处也连续.

2. 证明:若函数 f,g 在点 x_0 处连续,则函数

$$\varphi(x)=\max\{f(x),g(x)\}\text{ 和 }\psi(x)=\min\{f(x),g(x)\}$$

在点 x_0 处都连续.

3. 讨论复合函数 $g\circ f$ 和 $f\circ g$ 的连续性:

(1) $f(x)=\operatorname{sgn}x$, $g(x)=1+x^2$;

(2) $f(x)=\operatorname{sgn}x$, $g(x)=1+x-[x]$.

§4.3 连续函数的整体性质——闭区间上连续函数性质

本节将逐步展示闭区间上连续函数的重要性质.

定理 4.2(有界性定理) 闭区间上的连续函数有界.

证 设函数 f 于闭区间$[a,b]$连续. 我们要证明存在正数 M 使得对任何 $x\in[a,b]$有

$|f(x)|\leqslant M$.

用反证法. 假设不然，则对任何正数 M 存在 $x\in[a,b]$ 使得 $|f(x)|>M$. 于是，依次取 $M=1,2,3,\cdots$，则可得一点列 $\{x_n\}\subset[a,b]$ 满足 $|f(x_n)|>n$. 由于 $\{x_n\}\subset[a,b]$，根据致密性定理，$\{x_n\}$ 有收敛的子列 $\{x_{n_k}\}$. 设这个子列收敛于 x_0，则由于 $a\leqslant x_{n_k}\leqslant b$，根据极限的保不等式性就有 $x_0\in[a,b]$. 由于 f 于闭区间 $[a,b]$ 连续，f 在 x_0 处连续：$\lim\limits_{x\to x_0}f(x)=f(x_0)$，再由归结原则得 $\lim\limits_{k\to\infty}f(x_{n_k})=f(x_0)$，从而数列 $\{f(x_{n_k})\}$ 有界. 这与 $|f(x_{n_k})|>n_k$ 所展示的无界性矛盾. □

根据有界性定理和确界定理，闭区间 $[a,b]$ 上的连续函数 f 的值域 $f([a,b])$ 既有上确界 M，又有下确界 m，从而 $f([a,b])\subseteq[m,M]$. 于是函数的图像一定位于两条平行线 $y=m$ 与 $y=M$ 之间.

我们将进一步揭示值域 $f([a,b])$ 与区间 $[m,M]$ 的关系. 首先讨论该区间的两个端点值 m,M 是否在值域 $f([a,b])$ 中. 值域 $f([a,b])$ 的上确界 M 属于值域 $f([a,b])$ 等价于上确界 M 是值域 $f([a,b])$ 中最大数，即上确界 M 是函数 f 在区间 $[a,b]$ 上的最大值. 同样地，值域 $f([a,b])$ 的下确界 m 属于值域 $f([a,b])$ 等价于 m 是函数 f 在区间 $[a,b]$ 上的最小值.

定理 4.3(最值存在性定理)　闭区间上的连续函数有最大值与最小值.

证　设函数 f 于闭区间 $[a,b]$ 连续. 按照以上说明，我们只需要证明存在点 $x_0\in[a,b]$ 使得 $f(x_0)=M=\sup f([a,b])$，就证明了函数 f 于闭区间 $[a,b]$ 有最大值. 最小值类似可证.

假设对任何 $x\in[a,b]$ 有 $f(x)\neq M$，则由 $M=\sup f([a,b])$ 知对任何 $x\in[a,b]$ 有 $f(x)<M$. 于是，函数

$$g(x)=\frac{1}{M-f(x)}>0$$

也在闭区间 $[a,b]$ 连续. 按定理 4.2，函数 g 在闭区间 $[a,b]$ 有界，即存在正数 c，使得当 $x\in[a,b]$ 有 $g(x)<c$，从而有 $f(x)<M-\dfrac{1}{c}$. 这与上确界 $M=\sup f([a,b])$ 是 $f([a,b])$ 的最小上界矛盾. □

由最值存在性定理可知，闭区间上的连续函数的图像必有最高点和最低点. 如图 4.4 所示. 但要注意，开区间上的连续函数，即使有界，也未必有最大或最小值. 例如，函数 $y=x$ 于开区间 $(0,1)$ 有界，但没有最大最小值. 如图 4.5 所示.

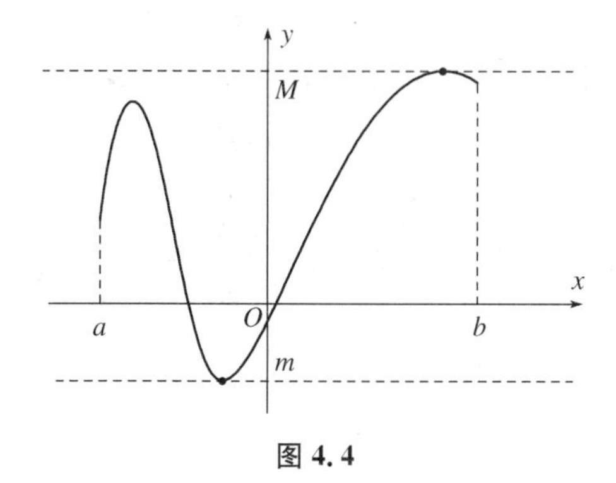

图 4.4

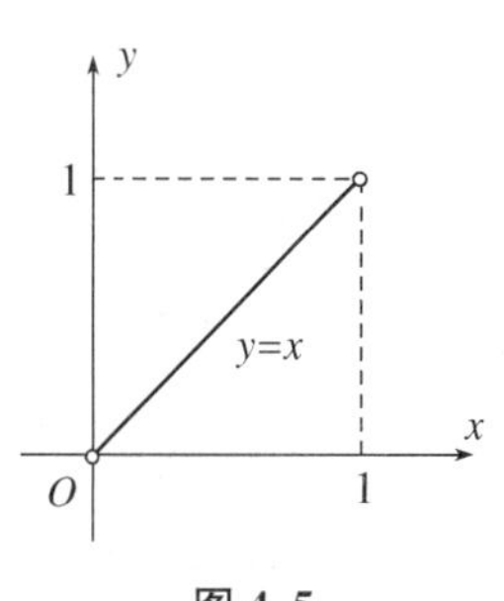

图 4.5

现在,我们进一步地来考虑介于 m,M 之间的数是否位于值域 $f([a,b])$ 中的问题. 为此,我们需要如下的介值性定理.

定理 4.4(介值性定理) 若闭区间 $[a,b]$ 上的连续函数 f 满足 $f(a)\neq f(b)$,则对介于 $f(a)$ 和 $f(b)$ 间的任何数 τ,存在点 $\zeta\in(a,b)$ 使得 $f(\zeta)=\tau$. □

根据定理 4.4,以 $f(a)$,$f(b)$ 为端点的闭区间包含于值域 $f([a,b])$,即当 $f(a)<f(b)$ 时有 $[f(a),f(b)]\subseteq f([a,b])$.

为证明定理 4.4,我们先证明如下的特殊情形. 这种特殊情形,从几何角度看,非常直观:若一条连续曲线在 x 轴的上方和下方都出现,那么该曲线一定穿过 x 轴.

定理 4.5(零点存在性定理) 若闭区间 $[a,b]$ 上的连续函数 f 满足 $f(a)\cdot f(b)<0$,则必存在点 $x_0\in(a,b)$ 使得 $f(x_0)=0$.

证 不妨设 $f(a)>0$,$f(b)<0$. 根据连续函数的局部保号性,存在正数 δ 和 η 使得当 $x\in[a,a+\delta)$ 时 $f(x)>0$,而当 $x\in(b-\eta,b]$ 时 $f(x)<0$. 显然 $a+\delta<b-\eta$. 现在考虑集合:

$$E=\{t\in[a,b]\mid \text{当 } x\in[a,t) \text{ 时 } f(x)>0\}\subset[a,b].$$

由于 $a+\delta\in E$,集合 E 非空. 同时 E 显然有界,因此 E 有上确界,记 $x_0=\sup E$. 由于 $a+\delta\in E\subset[a,b-\eta]$,$a+\delta\leqslant x_0\leqslant b-\eta$,即有 $x_0\in(a,b)$ 并且 $E\subset[a,x_0]$.

现在证明有 $f(x_0)=0$. 事实上,若 $f(x_0)\neq0$,则 $f(x_0)<0$ 或者 $f(x_0)>0$. 如果 $f(x_0)<0$,则由连续函数局部保号性,在 x_0 的某邻域 $(x_0-\tau,x_0+\tau)\subset(a,b)$ 上有 $f(x)<0$,从而 $(x_0-\tau,x_0]\cap E=\varnothing$(空集),由此可知 $E\subset[a,x_0-\tau]$. 这与 $x_0=\sup E$ 矛盾. 如果 $f(x_0)>0$,则由连续函数局部保号性,在某邻域 $(x_0-\tau,x_0+\tau)\subset(a,b)$ 上有 $f(x)>0$,从而 $[x_0,x_0+\tau]\subset E$. 这也与 $x_0=\sup E$ 矛盾. □

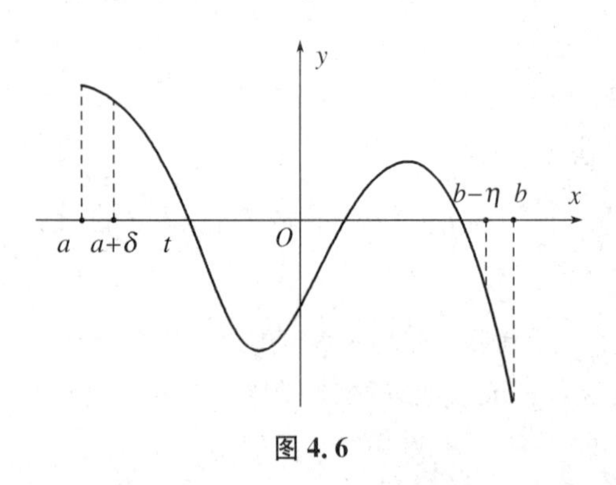

图 4.6

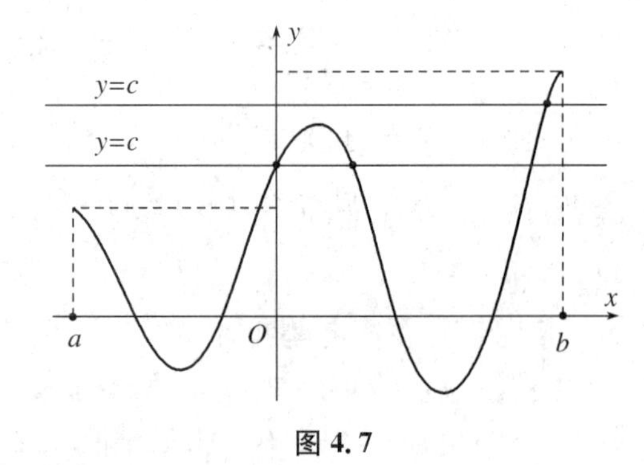

图 4.7

例 4.11 证明奇数次多项式一定有实零点.

证 设 $P(x)=x^{2k+1}+a_1x^{2k}+\cdots+a_{2k}x+a_{2k+1}$,则 $P(x)=x^{2k+1}Q(x)$,其中

$$Q(x)=1+\frac{a_1}{x}+\cdots+\frac{a_{2k+1}}{x^{2k+1}}\to1\quad(x\to\infty).$$

因此当 $|x|$ 充分大时,$Q(x)>0$,从而 $P(x)$ 与 x^{2k+1} 同号. 于是,存在 $x_1<0$ 使得 $P(x_1)<0$,也存在 $x_2>0$ 使得 $P(x_2)>0$. 再注意多项式是整个实轴上的连续函数,因此在闭区间 $[x_1,x_2]$ 上应用零点存在定理就知存在点 $x_0\in(x_1,x_2)$ 使得 $P(x_0)=0$. □

介值性定理 4.4 的证明 由于函数 $F(x)=f(x)-\tau$ 于闭区间 $[a,b]$ 连续并且 $F(a)F(b)<0$,对函数 $F(x)$ 应用零点存在性定理知,存在点 $\zeta\in(a,b)$ 使得 $F(\zeta)=0$,即 $f(\zeta)=\tau$. □

由介值性定理可知,如果闭区间上的连续函数的图像的两端点高低不同,则图像必穿过将两端点介于两侧的任何直线 $y=c$. 如图 4.7 所示.

根据介值定理,我们即得:若函数 f 于闭区间$[a,b]$连续,则其值域

$$f([a,b])=[m,M].$$

例 4.12 任何区间上的非常值连续函数的值域仍然是一个区间. 特别地,闭区间上非常值连续函数的值域是一个闭区间.

证 设函数 f 于区间 I(可开可闭也可半开半闭,可有限也可无限)连续,我们要证明其值域 $f(I)$也是一个区间.

先设值域 $f(I)$有界. 此时由确界原理知,该值域有上、下确界:记 $m=\inf f(I)$,$M=\sup f(I)$. 从而 $f(I)\subset[m,M]$. 下证 $f(I)\supset(m,M)$. 任取 $c\in(m,M)$,则 $m<c<M$. 于是由上下确界定义知,存在 $x_1\in I$ 使得 $f(x_1)<c$,也存在 $x_2\in I$ 使得 $f(x_2)>c$. 显然,$x_1\neq x_2$. 不妨设 $x_1<x_2$. 注意 I 是一区间,因此必有$[x_1,x_2]\subseteq I$. 于是函数 f 在闭区间$[x_1,x_2]$上连续,故由介值定理知存在 $x_0\in[x_1,x_2]\subseteq I$ 使得 $f(x_0)=c$,即有 $c\in f(I)$. 于是 $f(I)\supset(m,M)$. 进而值域 $f(I)$满足

$$(m,M)\subseteq f(I)\subseteq[m,M].$$

这表明值域 $f(I)$是一个区间. 特别地,当 I 是闭区间时,$m,M\in f(I)$,因此必有 $f(I)=[m,M]$.

类似地,可证明在值域 $f(I)$有下界但无上界时,$(m,+\infty)\subset f(I)\subset[m,+\infty)$;在 $f(I)$有上界但无下界时,$(-\infty,M)\subset f(I)\subset(-\infty,M]$;在 $f(I)$既无下界也无上界时,$f(I)=(-\infty,+\infty)$. □

连续函数的最值存在性与介值性都有很明显的几何意义,反映了函数的取值情况. 如下介绍的一致连续性则刻画了连续函数图像曲线的平缓性. 先给出如下定义.

定义 4.3 设函数 f 于区间 I 上有定义. 如果对任何正数 ε,存在正数 δ 使得对任何 x',$x''\in I$,只要$|x'-x''|<\delta$ 就有$|f(x')-f(x'')|<\varepsilon$,就称函数 f 于区间 I **一致连续**. □

根据定义,区间 I 上的一致连续函数显然也是连续函数. 事实上,设函数 f 于区间 I 上一致连续,x_0 为区间 I 上任一点,则对任何正数 ε,取正数 δ 即为一致连续定义中的正数 δ,则当$|x-x_0|<\delta$ 时就有$|f(x)-f(x_0)|<\varepsilon$,即函数 f 在点 x_0 处连续. 这里,每个点 $x_0\in I$ 处,所取的正数 δ 都一样(都是一致连续定义中的正数 δ). 一致的意义就在于此.

例 4.13 证明:对任何给定的正数 $a<1$,函数$\frac{1}{x}$于$[a,1]$一致连续.

分析 对 $x',x''\in[a,1]$有 $\left|\frac{1}{x'}-\frac{1}{x''}\right|=\left|\frac{x'-x''}{x'x''}\right|\leqslant\frac{|x'-x''|}{a^2}$.

证 对任何正数 ε,取正数 $\delta=a^2\varepsilon>0$,则对任何 $x',x''\in[a,1]$,当$|x'-x''|<\delta$ 时有 $\left|\frac{1}{x'}-\frac{1}{x''}\right|=\left|\frac{x'-x''}{x'x''}\right|\leqslant\frac{|x'-x''|}{a^2}<\frac{\delta}{a^2}=\varepsilon$. 于是按定义,函数$\frac{1}{x}$于$[a,1]$一致连续. □

例 4.14 证明函数$\frac{1}{x}$于$(0,1]$不一致连续.

证 假设函数$\frac{1}{x}$于$(0,1]$一致连续,则按定义,对任何正数 ε,存在正数 δ 使得对任何

$x',x''\in(0,1]$,只要$|x'-x''|<\delta$就有$\left|\frac{1}{x'}-\frac{1}{x''}\right|<\varepsilon$. 现在,取一个正整数$n>\frac{\varepsilon}{\delta}$,考虑$(0,1]$中两点$x'=\frac{1}{n+\varepsilon}$,$x''=\frac{1}{n}$满足$|x'-x''|=\frac{\varepsilon}{n(n+\varepsilon)}<\frac{\varepsilon}{n}<\delta$和$\left|\frac{1}{x'}-\frac{1}{x''}\right|=\varepsilon$. 这与"只要$|x'-x''|<\delta$就有$\left|\frac{1}{x'}-\frac{1}{x''}\right|<\varepsilon$"相矛盾. □

例 4.14 说明不是所有连续函数是一致连续的. 然而,下个定理说,只要是闭区间上的连续函数,就一定是一致连续的.

定理 4.6(一致连续性定理) 若函数 f 于闭区间$[a,b]$连续,则 f 于闭区间$[a,b]$一致连续.

证 用反证法. 假设 f 于闭区间$[a,b]$不一致连续,则由定义,存在$\varepsilon_0>0$使得对任何正数δ,存在$x',x''\in[a,b]$满足$|x'-x''|<\delta$但$|f(x')-f(x'')|\geqslant\varepsilon_0$. 现在利用正数$\delta$的任意性,依次取$\delta=1,\frac{1}{2},\frac{1}{3},\cdots,\frac{1}{n},\cdots$,我们就得到两点列$\{x_n'\}$,$\{x_n''\}\subseteq[a,b]$,满足$|x_n'-x_n''|<\frac{1}{n}$以及$|f(x_n')-f(x_n'')|\geqslant\varepsilon_0$.

由于$\{x_n'\}\subseteq[a,b]$,$\{x_n'\}$有收敛的子列. 不妨设其本身收敛,显然极限$x_0\in[a,b]$. 再由$|x_n'-x_n''|<\frac{1}{n}$知$\{x_n''\}$也收敛于x_0. 于是由函数连续性与归结原则,$\lim\limits_{n\to\infty}(f(x_n')-f(x_n''))=0$. 这与$|f(x_n')-f(x_n'')|\geqslant\varepsilon_0$矛盾. □

最后,我们指出,一致连续函数的图像曲线相对平缓,不会出现很陡的现象. 事实上,可以像例 4.13 和例 4.14 那样证明负幂函数$x^{-\alpha}(\alpha>0)$于$(0,+\infty)$不一致连续,但对任何正数a,于$[a,+\infty)$上一致连续. 从图形上看,两者的差别在于对区间$(0,+\infty)$,当$x\to0^+$时,负指数幂函数图像曲线非常陡直.

习题 4.3

1. 设函数 f 在区间$[0,+\infty)$上连续,并且$\lim\limits_{x\to+\infty}f(x)=0$. 证明:

(1) 函数 f 在区间$[0,+\infty)$有界;(2) 值域不是开区间.

2. 证明:若函数 f 在区间$[0,+\infty)$上连续并且不取 0,则在区间$[0,+\infty)$上函数 f 或者恒正或者恒负.

3. 设常数$k>1$. 证明方程$e^x=x+k$有两个根.

4. 设函数 f 在区间$[a,b]$上连续,并且满足$f([a,b])\subset[a,b]$,证明存在$x_0\in[a,b]$使得$f(x_0)=x_0$.

5. 证明函数$\sqrt{x}$于$[0,+\infty)$一致连续.

6. 证明函数x^2于$[0,+\infty)$不一致连续.

7. 设函数 f 在闭区间$[a,b]$上连续,证明$\sup\limits_{x\in(a,b)}f(x)=\max\limits_{x\in[a,b]}f(x)$.

第五章　可导函数

上一章中,我们介绍了连续函数,其图像是连续不间断的曲线. 本章则进一步考虑图像曲线光滑的函数.

§5.1　导数定义

5.1.1　函数在一点处的可导性

直观上,函数 $y=ax+b$ 和函数 $y=x^2$ 的图像曲线都是光滑的,前者是直线,后者是抛物线. 我们现在需要考察一般的函数图像的光滑性. 在实际生活中,我们常用平滑如镜来形容某物体表面的平整,用手掌抚摸去感受物体表面是否光滑. 镜子自然是平的,手掌也可看成是平直的,因此抽象到数学中,我们用直线(切线)去定义曲线的光滑性.

定义 5.1　设 Γ 为一条曲线,P_0 是 Γ 上一点. 如果有一条经过 P_0 的直线 l 使得 Γ 上任一点 P 与 P_0 的连线 P_0P,常称为**割线**,当点 P 沿曲线 Γ 趋于 P_0 时以直线 l 为极限位置,则称曲线 Γ 在点 P_0 处有**切线** l. □

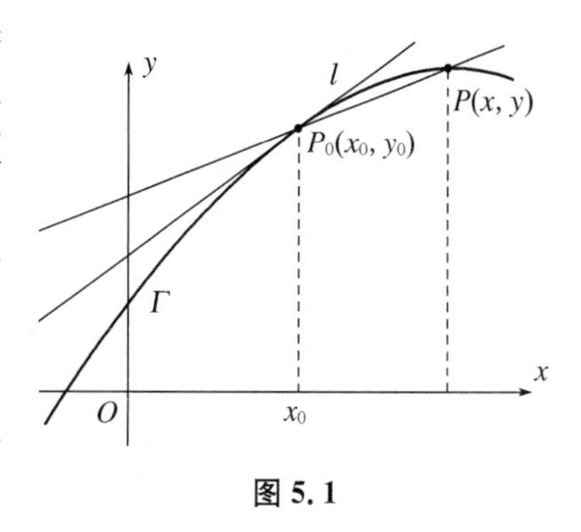

图 5.1

按定义,在点 P_0 处有不平行于 y 轴的切线等价于割线 P_0P 的斜率有极限. 现在设曲线 Γ 是函数 $y=f(x)$ 的图像,并且设定点 $P_0(x_0,y_0)$,其中 $y_0=f(x_0)$ 以及动点 $P(x,y)$,其中 $y=f(x)$,则割线 P_0P 的斜率为

$$\frac{y-y_0}{x-x_0}=\frac{f(x)-f(x_0)}{x-x_0}.$$

于是,函数 $y=f(x)$ 的图像曲线 Γ 在点 $P_0(x_0,y_0)$ 处有不平行于 y 轴的切线等价于极限

$$\lim_{x\to x_0}\frac{f(x)-f(x_0)}{x-x_0} \tag{5.1}$$

存在.

形如式(5.1)这种形状的极限,还出现于诸如运动物体的瞬时速率等物理概念中,因此对其特别关注而得到如下定义.

定义 5.2　设函数 f 在点 x_0 的某邻域 $U(x_0)$ 内有定义. 如果极限(5.1)存在,则称函数 f 在点 x_0 处**可导**,并称极限(5.1)的值为函数 f 在点 x_0 处的**导数**,记作 $f'(x_0)$,即

$$f'(x_0)=\lim_{x\to x_0}\frac{f(x)-f(x_0)}{x-x_0}. \tag{5.2}$$

如果极限(5.1)不存在,则称函数 f 在点 x_0 处**不可导**. □

由于经常将函数写成 $y=f(x)$ 的形式,也常将导数写成 $y'(x_0)$ 或 $y'|_{x=x_0}$ 的形式,这在计算由具体表达式表示的函数的导数时常用.

于是,若函数 f 在点 x_0 处可导,则函数 $y=f(x)$ 的图像曲线在点 $P_0(x_0,y_0)$ 处有切线,这里 $y_0=f(x_0)$,切线方程为 $y-y_0=f'(x_0)(x-x_0)$. 同时,还可以得到点 P_0 处的法线方程为 $x-x_0=-f'(x_0)(y-y_0)$.

例 5.1 证明:函数 $y=x^2$ 在每一点 x_0 处可导,并且求出抛物线 $y=x^2$ 在点 $P_0(2,4)$处的切线和法线方程.

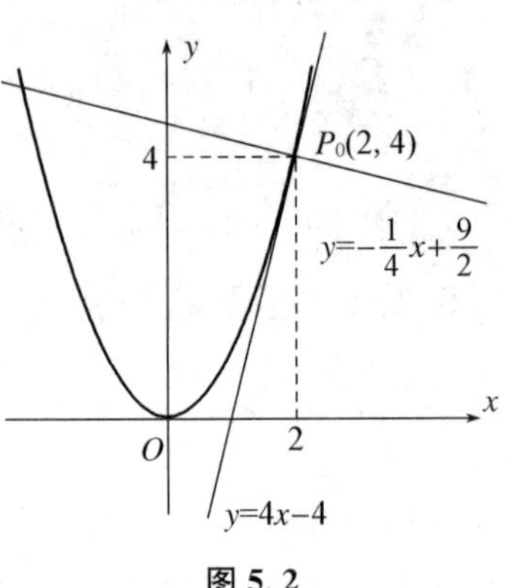

图 5.2

证 由于$\lim\limits_{x\to x_0}\frac{x^2-x_0^2}{x-x_0}=\lim\limits_{x\to x_0}(x+x_0)=2x_0$,函数 $y=x^2$ 在每一点 x_0 处可导,并且导数值为 $y'(x_0)=2x_0$.

由于 $y'(2)=4$,所求切线为 $y-4=4(x-2)$,法线为 $y-4=-\frac{1}{4}(x-2)$,整理即得:

切线 $y=4x-4$,法线 $y=-\frac{1}{4}x+\frac{9}{2}$. □

例 5.2 证明常值函数在任一点处可导,并且导数为 0.

证 显然. □

例 5.3 证明绝对值函数$|x|$在点 0 处不可导.

证 由于

$$\lim_{x\to 0}\frac{|x|-|0|}{x-0}=\lim_{x\to 0}\frac{|x|}{x}=\lim_{x\to 0}\operatorname{sgn} x$$

不存在,函数$|x|$在点 0 处不可导. □

例 5.3 中绝对值函数$|x|$在不可导点处是连续的,因此连续点处不一定可导. 然而,反过来却是一定的.

定理 5.1 若函数 f 在点 x_0 处可导,则函数 f 在点 x_0 处必连续.

证 由于

$$\lim_{x\to x_0}[f(x)-f(x_0)]=\lim_{x\to x_0}\frac{f(x)-f(x_0)}{x-x_0}\cdot(x-x_0)=f'(x_0)\cdot 0=0,$$

$\lim\limits_{x\to x_0}f(x)=f(x_0)$,从而函数 f 在点 x_0 处连续. □

定理 5.1 表明,函数在不连续的点处一定不可导. 因此由狄利克雷函数 $D(x)$无处连续知其**无处可导**. 一个非常深刻的结论是存在处处连续但无处可导的函数. 该类函数的图像曲线类似于雪花的边界.

为了导数将来的应用方便,现在引入记号

$$\Delta x=x-x_0,\Delta y=f(x)-f(x_0)=f(x_0+\Delta x)-f(x_0) \tag{5.3}$$

分别称为**自变量改变量**或**增量**和**因变量改变量**或**增量**. 于是,可将导数表示为

$$f'(x_0)=\lim_{\Delta x\to 0}\frac{f(x_0+\Delta x)-f(x_0)}{\Delta x}=\lim_{\Delta x\to 0}\frac{\Delta y}{\Delta x}. \tag{5.4}$$

由于$\frac{\Delta y}{\Delta x}$是函数 $y=f(x)$在区间$[x_0,x_0+\Delta x]$(或$[x_0+\Delta x,x_0]$)上的平均变化率,根据式(5.4),导数 $f'(x_0)$也被称作是函数 $y=f(x)$在点 x_0 处的**变化率**或**微商**,也因此而记作$\left.\frac{\mathrm{d}y}{\mathrm{d}x}\right|_{x=x_0}$或$\left.\frac{\mathrm{d}f}{\mathrm{d}x}\right|_{x=x_0}$. 这种认识使得导数不仅在数学中而且在其他学科中都具有广泛的应用. 例如:运动速率、经济增长率等.

在导数的定义中,如果考虑单侧极限,那么就得单侧导数的定义.

定义 5.3　设函数 f 在点 x_0 的某右邻域 $U_+(x_0)$内有定义. 如果极限

$$\lim_{x\to x_0^+}\frac{f(x)-f(x_0)}{x-x_0}=\lim_{\Delta x\to 0^+}\frac{f(x_0+\Delta x)-f(x_0)}{\Delta x}$$

存在,则称函数 f 在点 x_0 处**右可导**,并称上述极限值为函数 f 在点 x_0 处的**右导数**,记作 $f'_+(x_0)$,即

$$f'_+(x_0)=\lim_{x\to x_0^+}\frac{f(x)-f(x_0)}{x-x_0}=\lim_{\Delta x\to 0^+}\frac{f(x_0+\Delta x)-f(x_0)}{\Delta x}. \tag{5.5}$$

类似地,可定义**左导数**:

$$f'_-(x_0)=\lim_{x\to x_0^-}\frac{f(x)-f(x_0)}{x-x_0}=\lim_{\Delta x\to 0^-}\frac{f(x_0+\Delta x)-f(x_0)}{\Delta x}.$$

左导数、右导数统称为**单侧导数**. 相应的极限不存在时,亦称在点 x_0 处**不左可导**或**不右可导**. □

左、右导数可以用来考虑函数在定义域端点处或分段函数分段点处的可导性. 例如函数 $y=x\sqrt{x}$在点 0 处就只能考虑其右可导性. 容易验证,$y=x\sqrt{x}$在点 0 处右可导,而且右导数值为 0. 根据左、右极限与极限的关系立得单侧导数与导数的如下关系.

定理 5.2　函数 f 在点 x_0 处可导,当且仅当函数 f 在点 x_0 处左、右可导并且左、右导数相等. 特别地,若函数 f 在点 x_0 处可导,则在点 x_0 处左导数、右导数与导数三者相等. □

这个定理可用于判断分段函数在分段点处的可导性.

例 5.4　讨论函数 $f(x)=\begin{cases}x^2, & x>0\\ 0, & x\leqslant 0\end{cases}$在原点 0 处的可导性.

解　由于$\lim\limits_{x\to 0^+}\frac{f(x)-f(0)}{x-0}=\lim\limits_{x\to 0^+}\frac{x^2}{x}=0$,函数 f 右可导并且右导数 $f'_+(0)=0$. 又由于$\lim\limits_{x\to 0^-}\frac{f(x)-f(0)}{x-0}=0$,函数 f 也左可导并且左导数 $f'_-(0)=0$. 于是函数 f 在点 0 处可导并且 $f'(0)=0$. □

5.1.2　函数在区间上的可导性

如果函数 f 在区间 I 上的每个点处都可导(在属于区间的端点处单侧可导),则称函数

f 在区间 I 上可导.此时,每个点 $x\in I$ 都有一个导数值 $f'(x)$(属于区间的端点处为单侧导数值)与之相对应,因此也就确定了区间 I 上的一个函数.这个函数称为函数 f 在区间 I 上的**导函数**,亦简称**导数**,记作 $f':I\to\mathbf{R}$.对任何 $x\in I$,

$$f'(x)=\lim_{\Delta x\to 0}\frac{f(x+\Delta x)-f(x)}{\Delta x}. \tag{5.6}$$

因为函数有时写成 $y=f(x)$ 的形式,所以也常用 y' 或 $\frac{\mathrm{d}y}{\mathrm{d}x}$ 表示导函数.

例 5.5 证明下列基本初等函数的导数公式:

(1) $C'=0$,这里 C 为常数.

(2) $(x^n)'=nx^{n-1}$,这里 n 为正整数.

(3) $(\sin x)'=\cos x$,$(\cos x)'=-\sin x$.

(4) $(a^x)'=a^x\ln a$,这里 $a>0$,$a\neq 1$ 为常数.特别地,$(\mathrm{e}^x)'=\mathrm{e}^x$.

(5) $(\log_a x)'=\frac{1}{x}\log_a \mathrm{e}$,这里 $a>0$,$a\neq 1$ 为常数.特别地,$(\ln x)'=\frac{1}{x}$.

证 (1) 由例 5.2 即知.

(2)
$$\begin{aligned}(x^n)'&=\lim_{\Delta x\to 0}\frac{(x+\Delta x)^n-x^n}{\Delta x}\\&=\lim_{\Delta x\to 0}[C_n^1x^{n-1}+C_n^2x^{n-2}\Delta x+\cdots+C_n^n(\Delta x)^{n-1}]=C_n^1x^{n-1}=nx^{n-1}.\end{aligned}$$

(3)
$$(\sin x)'=\lim_{\Delta x\to 0}\frac{\sin(x+\Delta x)-\sin x}{\Delta x}=\lim_{\Delta x\to 0}\frac{2\cos\frac{2x+\Delta x}{2}\sin\frac{\Delta x}{2}}{\Delta x}=\cos x.$$

$$(\cos x)'=\lim_{\Delta x\to 0}\frac{\cos(x+\Delta x)-\cos x}{\Delta x}=\lim_{\Delta x\to 0}\frac{-2\sin\frac{2x+\Delta x}{2}\sin\frac{\Delta x}{2}}{\Delta x}=-\sin x.$$

(4)
$$(\mathrm{e}^x)'=\lim_{\Delta x\to 0}\frac{\mathrm{e}^{x+\Delta x}-\mathrm{e}^x}{\Delta x}=\mathrm{e}^x\lim_{\Delta x\to 0}\frac{\mathrm{e}^{\Delta x}-1}{\Delta x}=\mathrm{e}^x.$$

$$(a^x)'=\lim_{\Delta x\to 0}\frac{a^{x+\Delta x}-a^x}{\Delta x}=a^x\lim_{\Delta x\to 0}\frac{a^{\Delta x}-1}{\Delta x}=a^x\ln a.$$

(5)
$$(\ln x)'=\lim_{\Delta x\to 0}\frac{\ln(x+\Delta x)-\ln x}{\Delta x}=\frac{1}{x}\lim_{\Delta x\to 0}\ln\left(1+\frac{\Delta x}{x}\right)^{\frac{x}{\Delta x}}=\frac{1}{x}\ln \mathrm{e}=\frac{1}{x}.$$

$$(\log_a x)'=\lim_{\Delta x\to 0}\frac{\log_a(x+\Delta x)-\log_a x}{\Delta x}=\frac{1}{x}\lim_{\Delta x\to 0}\log_a\left(1+\frac{\Delta x}{x}\right)^{\frac{x}{\Delta x}}=\frac{1}{x}\log_a \mathrm{e}.$$ □

例 5.6 设 ε 为一正数,证明函数

$$f(x)=\begin{cases}|x|, & |x|\geqslant\varepsilon\\ \dfrac{x^2}{2\varepsilon}+\dfrac{\varepsilon}{2}, & |x|<\varepsilon\end{cases}$$

于整个实轴 $(-\infty,+\infty)$ 可导.

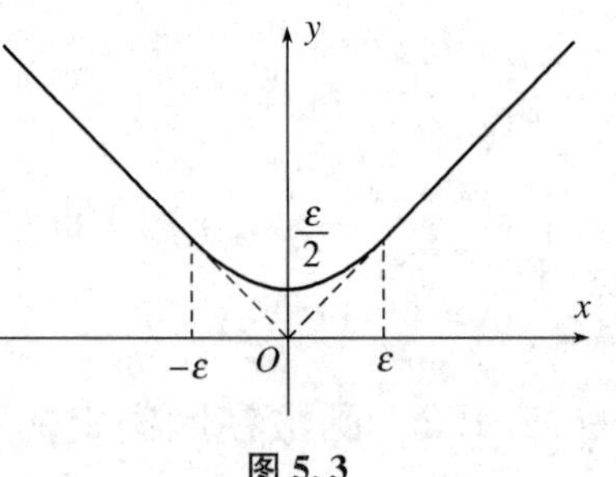

图 5.3

证 当 $x>\varepsilon$ 时 $f(x)=x$;当 $x<-\varepsilon$ 时 $f(x)=-x$;当 $|x|<\varepsilon$ 时 $f(x)=\frac{x^2}{2\varepsilon}+\frac{\varepsilon}{2}$.因此函数 f 分别于区间 $(-\infty,-\varepsilon)$、$(-\varepsilon,\varepsilon)$ 和 $(\varepsilon,+\infty)$ 可导,并且导函数分别

为 $f'(x)=-1$、$f'(x)=\frac{x}{\varepsilon}$ 和 $f'(x)=1$. 以下再证明函数 f 在点 $\pm\varepsilon$ 处可导. 在点 ε 处有

$$\lim_{x\to\varepsilon^+}\frac{f(x)-f(\varepsilon)}{x-\varepsilon}=\lim_{x\to\varepsilon^+}\frac{x-\varepsilon}{x-\varepsilon}=1,$$

$$\lim_{x\to\varepsilon^-}\frac{f(x)-f(\varepsilon)}{x-\varepsilon}=\lim_{x\to\varepsilon^-}\frac{\frac{x^2}{2\varepsilon}+\frac{\varepsilon}{2}-\varepsilon}{x-\varepsilon}=1.$$

即 $f'_+(\varepsilon)=f'_-(\varepsilon)=1$,从而在点 ε 处函数 f 可导并且 $f'(\varepsilon)=1$. 同样地,在点 $-\varepsilon$ 处函数 f 也可导并且 $f'(-\varepsilon)=-1$. 于是 f 于整个实轴 $(-\infty,+\infty)$ 可导. □

注 例 5.6 所述函数用小段抛物线将函数 $|x|$ 的不可导角点 $x=0$ 磨光滑了. 读者可以考虑用其他曲线,如圆弧等,来代替这里的抛物线.

习题 5.1

1. 判断下列各极限的存在性与函数 f 在点 x_0 处的可导性之间的关系并且说明理由:

(1) $\lim\limits_{\Delta x\to 0}\frac{f(x_0-\Delta x)-f(x_0)}{\Delta x}$,　(2) $\lim\limits_{\Delta x\to 0}\frac{f(x_0+2\Delta x)-f(x_0)}{\Delta x}$,

(3) $\lim\limits_{\Delta x\to 0}\frac{f(x_0+\Delta x)-f(x_0-\Delta x)}{\Delta x}$.

2. 问:抛物线 $y=2+x-x^2$ 是否有切线(1)平行于 x 轴? (2)平行于直线 $y=x$? 若没有,说明理由;若有,请求出切线及相应的法线方程.

3. 试确定常数 a,b 的值使得函数 $f(x)=\begin{cases}x^2, & x>1\\ ax+b, & x\leqslant 1\end{cases}$ 于 $(-\infty,+\infty)$ 可导.

4. 试确定抛物线 $y=x^2$ 和 $y=x^2-2x$ 的公切线.

5. 证明:当 $x\neq 0$ 时,函数 $|x|$ 可导并且 $(|x|)'=\operatorname{sgn} x$.

6. 设偶函数 f 在 0 处可导,证明 $f'(0)=0$.

7. 证明:函数 $f(x)=\begin{cases}x^2\sin\frac{1}{x}, & x\neq 0,\\ 0, & x=0\end{cases}$ 于 $(-\infty,+\infty)$ 可导,并考察导函数 $f'(x)$ 的连续性.

8. 设函数 $f:(a,b)\to\mathbf{R}$ 在点 $c\in(a,b)$ 处可导并且 $f'(c)>0$. 证明:存在正数 δ 使得当 $x\in(c,c+\delta)$ 时,$f(x)>f(c)$.

§5.2　求导运算法则

对于较复杂的函数,如果都用定义判断其可导性并求出其导数,通常较繁琐. 本节中将建立一些法则,根据这些法则可以较方便地判断函数可导性并求出导数.

5.2.1 四则运算法则

定理 5.3 如果函数 f 和 g 在点 x_0 处可导,则该两函数的和 $f+g$、差 $f-g$、积 $f\cdot g$ 在点 x_0 处都可导,并且满足

$$(f\pm g)'(x_0)=f'(x_0)\pm g'(x_0),$$
$$(f\cdot g)'(x_0)=f'(x_0)g(x_0)+f(x_0)g'(x_0).$$

当 $g(x_0)\neq 0$ 时,商$\dfrac{f}{g}$在点 x_0 处也可导,并且

$$\left(\frac{f}{g}\right)'(x_0)=\frac{f'(x_0)g(x_0)-f(x_0)g'(x_0)}{g^2(x_0)}.$$

证 由于

$$\begin{aligned}&\lim_{\Delta x\to 0}\frac{(f+g)(x_0+\Delta x)-(f+g)(x_0)}{\Delta x}\\&=\lim_{\Delta x\to 0}\frac{f(x_0+\Delta x)+g(x_0+\Delta x)-f(x_0)-g(x_0)}{\Delta x}\\&=\lim_{\Delta x\to 0}\left[\frac{f(x_0+\Delta x)-f(x_0)}{\Delta x}+\frac{g(x_0+\Delta x)-g(x_0)}{\Delta x}\right]\\&=f'(x_0)+g'(x_0),\end{aligned}$$

$f+g$ 在点 x_0 处都可导,并且满足$(f+g)'(x_0)=f'(x_0)+g'(x_0)$.

类似地,可证明差 $f-g$ 在点 x_0 处都可导,并且满足

$$(f-g)'(x_0)=f'(x_0)-g'(x_0).$$

对于积 $f\cdot g$,注意到此时两函数在点 x_0 处都连续,因此有

$$\begin{aligned}&\lim_{\Delta x\to 0}\frac{(f\cdot g)(x_0+\Delta x)-(f\cdot g)(x_0)}{\Delta x}\\&=\lim_{\Delta x\to 0}\frac{f(x_0+\Delta x)\cdot g(x_0+\Delta x)-f(x_0)\cdot g(x_0)}{\Delta x}\\&=\lim_{\Delta x\to 0}\left[\frac{f(x_0+\Delta x)-f(x_0)}{\Delta x}\cdot g(x_0+\Delta x)+f(x_0)\cdot\frac{g(x_0+\Delta x)-g(x_0)}{\Delta x}\right]\\&=f'(x_0)g(x_0)+f(x_0)g'(x_0).\end{aligned}$$

现在考虑商运算$\dfrac{f}{g}$. 先证明$\dfrac{1}{g}$在点 x_0 处也可导,并且$\left(\dfrac{1}{g}\right)'(x_0)=-\dfrac{g'(x_0)}{g^2(x_0)}$. 此时,$g$ 在点 x_0 处连续,并且由 $g(x_0)\neq 0$ 还可知于点 x_0 的某邻域上有 $g(x)\neq 0$. 于是有

$$\begin{aligned}\lim_{\Delta x\to 0}\frac{\frac{1}{g}(x_0+\Delta x)-\frac{1}{g}(x_0)}{\Delta x}&=\lim_{\Delta x\to 0}\frac{\frac{1}{g(x_0+\Delta x)}-\frac{1}{g(x_0)}}{\Delta x}\\&=\lim_{\Delta x\to 0}\left[-\frac{g(x_0+\Delta x)-g(x_0)}{\Delta x}\cdot\frac{1}{g(x_0+\Delta x)g(x_0)}\right]=-\frac{g'(x_0)}{g^2(x_0)}.\end{aligned}$$

再考虑一般情形. 由于$\dfrac{f}{g}=f\cdot\dfrac{1}{g}$,利用乘法法则并结合刚才所证,就可知商$\dfrac{f}{g}$在点 x_0

处也可导，并且满足$\left(\frac{f}{g}\right)'(x_0)=\frac{f'(x_0)g(x_0)-f(x_0)g'(x_0)}{g^2(x_0)}$. □

四则运算求导法则可推广到有限多个函数的情形. 例如，对三个函数有

$$(f+g+h)'=f'+g'+h',$$

$$(f\cdot g\cdot h)'=f'\cdot g\cdot h+f\cdot g'\cdot h+f\cdot g\cdot h'.$$

例 5.7　多项式 $P(x)=a_0x^n+a_1x^{n-1}+\cdots+a_{n-1}x+a_n$ 于整个实轴可导，并且

$$P'(x)=na_0x^{n-1}+(n-1)a_1x^{n-2}+\cdots+2a_{n-2}x+a_{n-1}$$

仍然是一个多项式. □

例 5.8　绝对值函数$|x|$当 $x\neq 0$ 可导，并且

$$(|x|)'=(x\cdot \operatorname{sgn}x)'=\operatorname{sgn}x.$$ □

例 5.9　函数 $e^x\sin x$ 于整个实轴可导，并且

$$(e^x\sin x)'=(e^x)'\sin x+e^x(\sin x)'=e^x\sin x+e^x\cos x=e^x(\sin x+\cos x).$$ □

例 5.10　正切函数 $\tan x$ 于 $x\neq 2k\pi\pm\frac{\pi}{2}, k\in\mathbf{Z}$ 可导，并且

$$(\tan x)'=\left(\frac{\sin x}{\cos x}\right)'=\frac{(\sin x)'\cos x-\sin x(\cos x)'}{\cos^2 x}=\frac{\cos^2 x+\sin^2 x}{\cos^2 x}=\frac{1}{\cos^2 x}.$$ □

5.2.2　反函数的可导性

定理 5.4　如果函数 $x=f(y)$在点 y_0 的某邻域 $U(y_0)$上连续且严格单调，则当函数 $x=f(y)$在点 y_0 处(左、右)可导并且 $f'(y_0)\neq 0$ 时，函数 $x=f(y)$的反函数 $y=f^{-1}(x)$在点 $x_0=f(y_0)$处也(左、右)可导，并且

$$(f^{-1})'(x_0)=\frac{1}{f'(y_0)}.\tag{5.7}$$

证　由于 $f^{-1}(x_0)=y_0$，若自变量改变量为 Δx，则反函数 $y=f^{-1}(x)$的改变量为 $\Delta y=f^{-1}(x_0+\Delta x)-f^{-1}(x_0)=f^{-1}(x_0+\Delta x)-y_0$. 于是 $x_0+\Delta x=f(y_0+\Delta y)$，从而 $\Delta x=f(y_0+\Delta y)-x_0=f(y_0+\Delta y)-f(y_0)$. 根据条件，反函数也严格单调并且在点 x_0 处连续，因此 $\Delta x\to 0$ 当且仅当 $\Delta y\to 0$，以及 $\Delta x\neq 0$ 当且仅当 $\Delta y\neq 0$. 于是有

$$\begin{aligned}\lim_{\Delta x\to 0}\frac{f^{-1}(x_0+\Delta x)-f^{-1}(x_0)}{\Delta x}&=\lim_{\Delta y\to 0}\frac{\Delta y}{f(y_0+\Delta y)-f(y_0)}\\&=\lim_{\Delta y\to 0}\frac{1}{\frac{f(y_0+\Delta y)-f(y_0)}{\Delta y}}=\frac{1}{f'(y_0)}.\end{aligned}$$

这就证明了所要的结论. □

例 5.11　证明：(1) $\arcsin x$ 于开区间$(-1,1)$可导，并且

$$(\arcsin x)'=\frac{1}{\sqrt{1-x^2}},\quad x\in(-1,1).$$

(2) $\arctan x$ 于开区间$(-\infty,+\infty)$可导，并且

$$(\arctan x)'=\frac{1}{1+x^2}.$$

证 (1) 函数 $y=\arcsin x, x\in[-1,1]$是严格单调可导函数 $x=\sin y, y\in\left[-\frac{\pi}{2},\frac{\pi}{2}\right]$的反函数,并且当 $y\in\left(-\frac{\pi}{2},\frac{\pi}{2}\right)$有$(\sin y)'=\cos y\neq 0$. 因此由定理 5.4 知 $y=\arcsin x$ 于开区间$(-1,1)$可导,并且$(\arcsin x)'=\frac{1}{(\sin y)'}=\frac{1}{\cos y}=\frac{1}{\sqrt{1-x^2}}$.

(2) 函数 $y=\arctan x$ 是严格单调可导函数 $x=\tan y, y\in\left(-\frac{\pi}{2},\frac{\pi}{2}\right)$的反函数,并且有$(\tan y)'=\frac{1}{\cos^2 y}\neq 0$. 因此由定理 5.4 知 $y=\arctan x$ 于开区间$(-\infty,+\infty)$可导,并且

$$(\arctan x)'=\frac{1}{(\tan y)'}=\cos^2 y=\frac{1}{1+\tan^2 y}=\frac{1}{1+x^2}.$$ □

5.2.3 复合函数的可导性

定理 5.5 设函数 g 在点 x_0 处可导并且函数值为 $u_0=g(x_0)$,又函数 f 在点 u_0 处也可导,则复合函数 $f\circ g$ 在点 x_0 处也可导并且

$$(f\circ g)'(x_0)=f'(u_0)g'(x_0). \tag{5.8}$$

证 记

$$G(x)=\begin{cases}\dfrac{g(x)-g(x_0)}{x-x_0}, & x\neq x_0\\ g'(x_0), & x=x_0\end{cases} \text{和 } F(u)=\begin{cases}\dfrac{f(u)-f(u_0)}{u-u_0}, & u\neq u_0\\ f'(u_0), & u=u_0\end{cases}.$$

由于函数 g 在点 x_0 处可导,$\lim\limits_{x\to x_0}G(x)=\lim\limits_{x\to x_0}\frac{g(x)-g(x_0)}{x-x_0}=g'(x_0)=G(x_0)$,从而函数 G 在点 x_0 处连续. 同理,函数 F 在点 u_0 处连续. 显然函数 G 在点 x_0 的某邻域满足

$$g(x)-g(x_0)=G(x)(x-x_0),$$

函数 F 在点 u_0 的某邻域满足

$$f(u)-f(u_0)=F(u)(u-u_0).$$

于是对复合函数 $f\circ g$ 有

$$\begin{aligned}(f\circ g)(x)-(f\circ g)(x_0)&=f(g(x))-f(u_0)\\ &=F(g(x))[g(x)-u_0]=F(g(x))G(x)(x-x_0).\end{aligned}$$

由于 $F(g(x))G(x)$在点 x_0 处连续,由上式知

$$\lim_{x\to x_0}\frac{(f\circ g)(x)-(f\circ g)(x_0)}{x-x_0}=\lim_{x\to x_0}F(g(x))G(x)=F(g(x_0))G(x_0)=f'(u_0)g'(x_0).$$

于是,复合函数 $f\circ g$ 在点 x_0 处也可导并且满足式(5.8). □

注 在利用复合函数求导公式(5.8)求导函数时,常将公式写成

$$(f\circ g)'(x)=f'(u)|_{u=g(x)}\cdot g'(x)=f'(g(x)(g'(x). \tag{5.9}$$

若函数 $y=y(x)$ 由函数 $y=f(u)$ 和 $u=g(x)$ 复合而成：$y(x)=(f\circ g)(x)$，可用导数的微商形式将上式写成

$$\frac{\mathrm{d}y}{\mathrm{d}x}=\frac{\mathrm{d}y}{\mathrm{d}u}\bigg|_{u=g(x)}\cdot\frac{\mathrm{d}u}{\mathrm{d}x}. \tag{5.10}$$

因此，复合函数求导公式(5.10)常被称为**链式法则**.

例 5.12　设 $\alpha\neq 0$ 为一实数，求一般幂函数 $y=x^{\alpha}(x>0)$ 的导函数.

解　由于当 $x>0$ 时，$x^{\alpha}=\mathrm{e}^{\alpha\ln x}$，幂函数 $y=x^{\alpha}$ 是函数 $g(x)=\alpha\ln x$ 和函数 $f(u)=\mathrm{e}^{u}$ 复合而得：$y=f(g(x))$，从而

$$(x^{\alpha})'=(\mathrm{e}^{u})'|_{u=\alpha\ln x}\cdot(\alpha\ln x)'=\mathrm{e}^{\alpha\ln x}\cdot\frac{\alpha}{x}=\alpha x^{\alpha-1}.$$ □

例 5.13　求函数 $y=\ln|x|(x\neq 0)$ 的导函数.

解　由于 $x\neq 0$，$(\ln|x|)'=\dfrac{(|x|)'}{|x|}=\dfrac{\operatorname{sgn}x}{|x|}=\dfrac{1}{x}$. □

例 5.14　求函数 $y=x^{x}(x>0)$ 的导函数.

解　由于 $y=x^{x}=\mathrm{e}^{x\ln x}$，$y'=(x^{x})'=\mathrm{e}^{x\ln x}(x\ln x)'=x^{x}(\ln x+1)$. □

另解　函数 $y=x^{x}$ 满足 $\ln y=x\ln x$. 将左边 $\ln y$ 看作是一个复合函数，两边求导得

$$\frac{y'}{y}=\ln x+1.$$

因此所求导数为 $y'=y(\ln x+1)=x^{x}(\ln x+1)$. □

注　例 5.14 另解所用方法叫作**对数求导法**，常适用于主要通过乘除或幂指运算所给的函数的导数.

5.2.4* 导函数性质

由于导数具有很好的几何意义，我们需要对导函数的性质有尽可能多的了解. 首先，自然要问的是导函数的连续性. 一般而言，导函数未必是区间上的连续函数. 例如可以证明函数

$$f(x)=\begin{cases}x^{2}\sin\dfrac{1}{x}, & x\neq 0\\ 0, & x=0\end{cases}$$

于整个实轴$(-\infty,+\infty)$可导，并且

$$f'(x)=\begin{cases}2x\sin\dfrac{1}{x}-\cos\dfrac{1}{x}, & x\neq 0\\ 0, & x=0\end{cases}.$$

注意，上述导函数 f' 在原点 0 处不连续. 当然，f' 在除原点 0 之外的点处都连续. 实际上，这是一种普遍现象：任何一个可导函数的导函数一定有非常多的连续点. 但这一结论的证明大大超出了本书的范围.

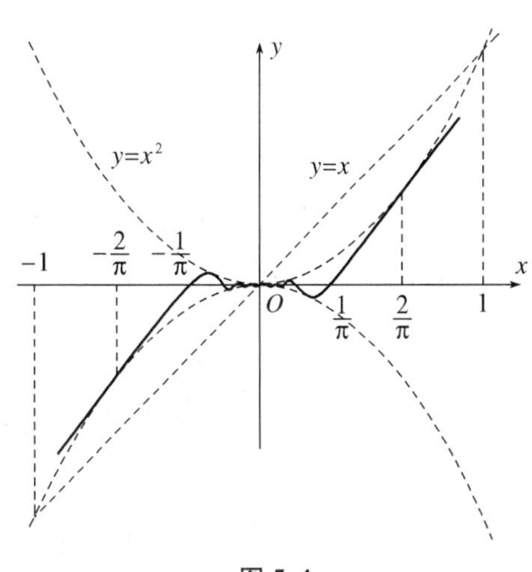

图 5.4

尽管导函数未必是连续的，导函数却有与连续函数相类似的介值性质.

定理 5.6(导数介值性定理) 设函数 f 于闭区间 $[a,b]$ 可导并且 $f'_+(a)\neq f'_-(b)$，则对介于 $f'_+(a)$，$f'_-(b)$ 之间的任一数 μ，存在点 $\xi\in(a,b)$ 使得 $f'(\xi)=\mu$. □

推论 5.7(导数零点存在性定理) 设函数 f 于闭区间 $[a,b]$ 可导且 $f'_+(a)f'_-(b)<0$，则存在点 $\xi\in(a,b)$ 使得 $f'(\xi)=0$. □

定理 5.8(导数极限定理) 设函数 f 于点 x_0 的某邻域 $U(x_0)$ 内连续，于空心邻域 $U^\circ(x_0)$ 内可导. 如果导函数的极限 $\lim\limits_{x\to x_0}f'(x)$ 存在，则函数 f 于点 x_0 可导，并且满足：$f'(x_0)=\lim\limits_{x\to x_0}f'(x)$，即导函数在点 x_0 处连续. □

上述三个定理的证明可用下一章知识给出. 这些性质说明不是所有函数都可以成为某个函数的导函数. 例如，符号函数 $\operatorname{sgn}x$ 在原点的任何邻域内因为不具有介值性而不能是某个函数的导函数.

如果导函数 f' 于区间 I 连续，则称函数 f 于区间 I **连续可导**，此时函数 $y=f(x)$ 的图像曲线上每一点处有切线并且切线连续变化. 这样的曲线称为是**光滑曲线**，因此连续可导函数也被称为**光滑函数**.

习题 5.2

1. 求下列函数的导函数：

(1) $y=x^5-2x+1$，　(2) $y=(x-1)\sqrt[5]{x}$，

(3) $y=\dfrac{x^5-2x+1}{x^3+1}$，　(4) $y=\dfrac{1}{x^5}-\dfrac{2}{x}+1$，

(5) $y=\cos 2x-2\tan x$，　(6) $y=\sin^2 x+\cos(x^2)$，

(7) $y=\sin(x+\sin(x^2))$，　(8) $y=x\ln x$，

(9) $y=\ln(x+\sqrt{1+x^2})$，　(10) $y=\mathrm{e}^{-x^{-2}}$，

(11) $y=\arcsin\dfrac{1}{x}$，　(12) $y=\arctan(\mathrm{e}^x)-\ln\sqrt{1+x^2}$，

(13) $y=(\sin x)^x$，　(14) $y=x^{x^x}$.

2. 设函数 f 在点 1 处可导并且满足

$$\frac{\mathrm{d}}{\mathrm{d}x}[f(x^2)]\bigg|_{x=1}=\frac{\mathrm{d}}{\mathrm{d}x}[f^2(x)]\bigg|_{x=1}.$$

证明必有 $f'(1)=0$ 或 $f(1)=1$.

§5.3 平面参数曲线的切线

我们熟知圆这种特殊的平面曲线方程可用参数表示. 现在，我们考虑一般的参数化平面曲线

$$\Gamma:\begin{cases}x=x(t)\\ y=y(t),t\in I\end{cases}. \tag{5.11}$$

设曲线 Γ 上定点 P_0 由参数 $t_0\in I$ 确定，则经过 P_0 的任一割线 $P_0P(P\in\Gamma)$ 的方程为

$$\frac{y-y(t_0)}{y(t)-y(t_0)}=\frac{x-x(t_0)}{x(t)-x(t_0)}.$$

现在将其改写成

$$\frac{y-y(t_0)}{\frac{y(t)-y(t_0)}{t-t_0}}=\frac{x-x(t_0)}{\frac{x(t)-x(t_0)}{t-t_0}}.$$

由此可看出，当 $x(t),y(t)$ 在 t_0 处可导并且导数不全为 0，即 $x'^2(t_0)+y'^2(t_0)\neq 0$ 时，割线 P_0P 当 P 沿曲线趋于 P_0 时有极限位置，即直线

$$l:\frac{y-y(t_0)}{y'(t_0)}=\frac{x-x(t_0)}{x'(t_0)}.$$

按定义，此直线 l 为曲线 Γ 在定点 P_0 处的切线. 当 $x'(t_0)\neq 0$ 时，该切线的斜率为 $\frac{y'(t_0)}{x'(t_0)}$. 这个斜率就是上述曲线 Γ 的参量表示式(5.11)所确定的函数 $y=y(x)$ 在点 $x_0=x(t_0)$ 处的导数，即

$$\left.\frac{\mathrm{d}y}{\mathrm{d}x}\right|_{x=x_0}=\frac{y'(t_0)}{x'(t_0)}=\frac{\left.\frac{\mathrm{d}y}{\mathrm{d}t}\right|_{t=t_0}}{\left.\frac{\mathrm{d}x}{\mathrm{d}t}\right|_{t=t_0}}. \tag{5.12}$$

一般地，就得导函数

$$\frac{\mathrm{d}y}{\mathrm{d}x}=\frac{y'(t)}{x'(t)}=\frac{\frac{\mathrm{d}y}{\mathrm{d}t}}{\frac{\mathrm{d}x}{\mathrm{d}t}}. \tag{5.13}$$

事实上，若 $x=x(t)$ 导数不等于 0 并且有可导反函数 $t=\varphi(x)$，则式(5.11)就确定了函数

$$y=y(t)=y(\varphi(x)).$$

由此，根据复合函数和反函数求导法则就有

$$\frac{\mathrm{d}y}{\mathrm{d}x}=y'(t)\varphi'(x)=y'(t)\cdot\frac{1}{x'(t)}=\frac{y'(t)}{x'(t)}.$$

此即导函数公式(5.13).

当 $x(t),y(t)$ 于区间 I 连续可导并且导数不同时为 0，即 $x'^2(t)+y'^2(t)\neq 0$ 时，称参数曲线 Γ 为**光滑曲线**.

例 5.15　试求椭圆 $\frac{x^2}{4}+\frac{y^2}{9}=1$ 上点 $\left(\sqrt{2},\frac{3}{2}\sqrt{2}\right)$ 处的切线方程.

解　将椭圆参数化表示为 $\begin{cases}x=2\cos\theta\\ y=3\sin\theta\end{cases}$，$\theta\in[0,2\pi)$，则定点对应参数 $\theta_0=\frac{\pi}{4}$. 于是由

$$x'(\theta_0)=-2\sin\theta_0=-\sqrt{2},$$

$$y'(\theta_0)=3\cos\theta_0=\frac{3}{2}\sqrt{2}$$

知所求切线方程为$\dfrac{y-\frac{3}{2}\sqrt{2}}{\frac{3}{2}\sqrt{2}}=\dfrac{x-\sqrt{2}}{-\sqrt{2}}$,整理即得 $y-\frac{3}{2}\sqrt{2}=-\frac{3}{2}(x-\sqrt{2})$. □

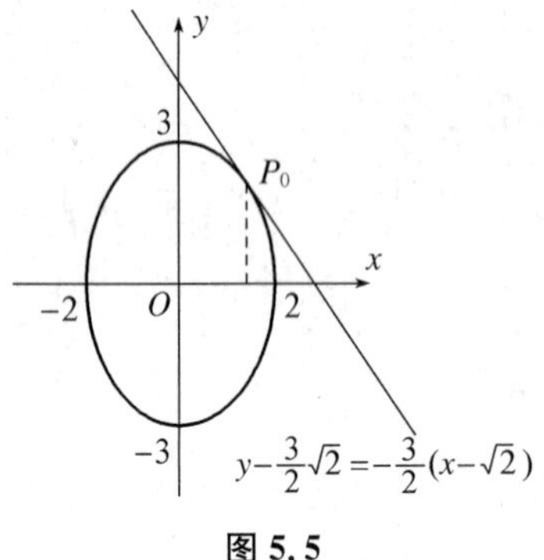

图 5.5

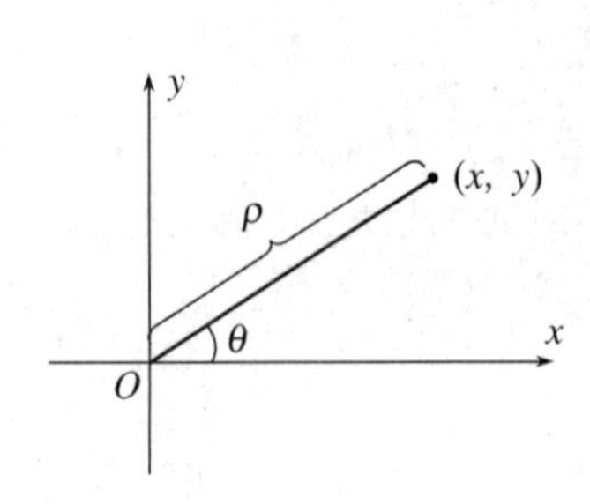

图 5.6

当曲线 Γ 由极坐标表示 $\rho=\rho(\theta)$ 时,可先转化为直角坐标含参量表示.

$$\Gamma:\begin{cases}x=\rho(\theta)\cos\theta\\ y=\rho(\theta)\sin\theta\end{cases}.$$

于是,极坐标表示所确定的函数 $y=y(x)$ 的导数为

$$\frac{\mathrm{d}y}{\mathrm{d}x}=\frac{[\rho(\theta)\sin\theta']}{[\rho(\theta)\cos\theta']}=\frac{\rho'\sin\theta+\rho\cos\theta}{\rho'\cos\theta-\rho\sin\theta}=\frac{\rho'\tan\theta+\rho}{\rho'-\rho\tan\theta}.$$

例 5.16 试求阿基米德螺线 $\rho=\theta$ 上点$(2\pi,2\pi)$处的切线方程.

解 螺线的直角坐标参量表示为$\begin{cases}x=\theta\cos\theta\\ y=\theta\sin\theta\end{cases}$,因此极坐标点$(2\pi,2\pi)$的直角坐标为$(2\pi,0)$,该点处的切线斜率为

$$\left.\frac{\mathrm{d}y}{\mathrm{d}x}\right|_{\theta=2\pi}=\left.\frac{(\theta\sin\theta)'}{(\theta\cos\theta)'}\right|_{\theta=2\pi}=\left.\frac{\sin\theta+\theta\cos\theta}{\cos\theta-\theta\sin\theta}\right|_{\theta=2\pi}=2\pi.$$

于是所求切线为 $y=2\pi(x-2\pi)$. □

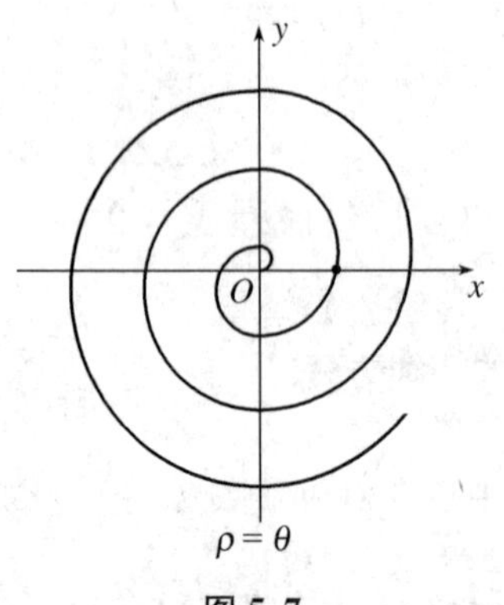

图 5.7

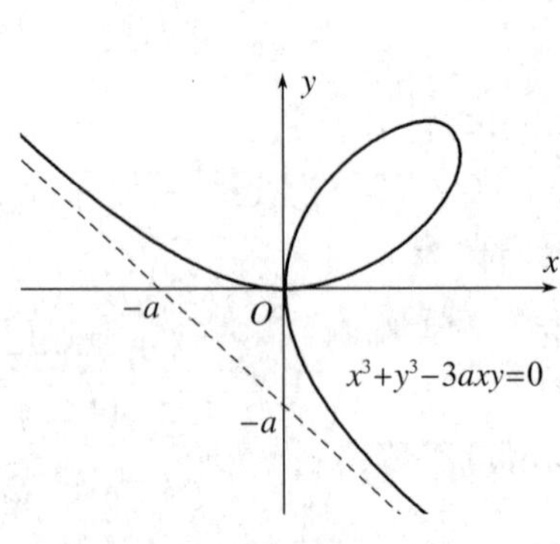

图 5.8

习题 5.3

求如图 5.8 所示的笛卡尔叶形线：

$$\begin{cases} x=\dfrac{3at}{1+t^3} \\ y=\dfrac{3at^2}{1+t^3} \end{cases}$$

在对应于 $t=\dfrac{1}{2}$ 的点处的切线与法线.

§5.4　高阶导数

在得到了函数 f 的导函数 f' 后，继续考虑函数 f' 的可导性，就产生了高阶导数.

定义 5.4　如果函数 f 在点 x_0 的某邻域 $U(x_0)$ 内可导，并且导函数 f' 在点 x_0 处可导，则称函数 f 在点 x_0 处**二阶可导**，并且称导函数 f' 在点 x_0 处的导数 $(f')'(x_0)$ 为函数 f 在点 x_0 处的**二阶导数**，记作 $f''(x_0)$：$f''(x_0)=(f')'(x_0)$，即

$$f''(x_0)=\lim_{x\to x_0}\frac{f'(x)-f'(x_0)}{x-x_0}=\lim_{\Delta x\to 0}\frac{f'(x_0+\Delta x)-f'(x_0)}{\Delta x}. \tag{5.14}$$

由于函数经常表示为 $y=f(x)$ 的形式，二阶导数也常记为 $y''|_{x=x_0}$ 或 $\left.\dfrac{\mathrm{d}^2y}{\mathrm{d}x^2}\right|_{x=x_0}$.　□

类似地还可定义在点 x_0 处的**二阶左、右可导**，统称二阶**单侧可导**及**二阶左、右导数**：

$$f''_{\pm}(x_0)=\lim_{x\to x_0^{\pm}}\frac{f'(x)-f'(x_0)}{x-x_0}=\lim_{\Delta x\to 0^{\pm}}\frac{f'(x_0+\Delta x)-f'(x_0)}{\Delta x}.$$

例 5.17　讨论函数 $f(x)=x|x|$ 在点 0 处的二阶可导性.

解　我们先要确定函数 f 的一阶导函数. 首先，当 $x\neq 0$ 时，函数可导：

$$f'(x)=|x|+x(|x|)'=|x|+x\mathrm{sgn}(x)=2|x|.$$

又在 0 处，由

$$\lim_{x\to 0}\frac{f(x)-f(0)}{x-0}=\lim_{x\to 0}|x|=0$$

知函数 f 可导并且 $f'(0)=0$. 于是，函数 f 在整个实轴 $(-\infty,+\infty)$ 可导并且 $f'(x)=2|x|$.

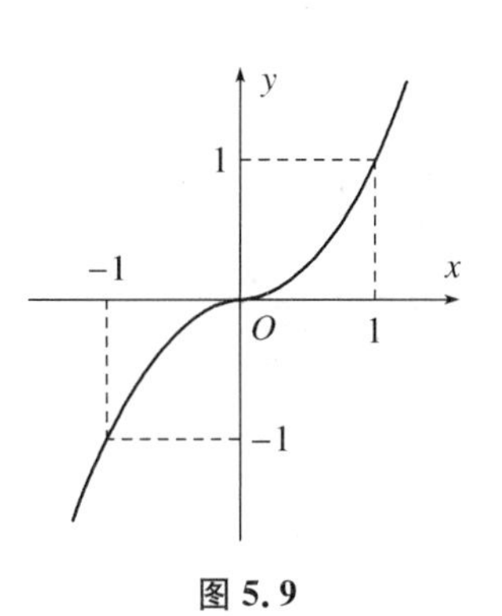

图 5.9

现在再考虑导函数 f' 在点 0 处的可导性：由于

$$\lim_{x\to 0}\frac{f'(x)-f'(0)}{x-0}=\lim_{x\to 0}\frac{2|x|}{x}$$

不存在,函数 $f(x)=x|x|$ 在点 0 处的不二阶可导. 但是,由于

$$\lim_{x\to0^+}\frac{f'(x)-f'(0)}{x-0}=\lim_{x\to0^+}\frac{2x}{x}=2,\quad \lim_{x\to0^-}\frac{f'(x)-f'(0)}{x-0}=\lim_{x\to0^-}\frac{-2x}{x}=-2,$$

该函数在 0 处二阶左、右可导,并且 $f''_+(0)=2, f''_-(0)=-2$. □

由此例,与一阶可导不同,从函数的图像上较难直接看出二阶可导与否.

如果函数 f 在区间 I 的每个点 x 处都二阶可导,则由对应

$$x\mapsto f''(x)(x\in I)$$

所确定的函数叫作函数 f 在区间 I 上的**二阶导函数**,常简称**二阶导数**,记作 f''. 有时也记作 y''或$\frac{\mathrm{d}^2y}{\mathrm{d}x^2}$. 于是二阶导数是导数的导数:

$$f''=(f')',y''=(y')',$$

$$\frac{\mathrm{d}^2y}{\mathrm{d}x^2}=\frac{\mathrm{d}\left(\frac{\mathrm{d}y}{\mathrm{d}x}\right)}{\mathrm{d}x}=\frac{\mathrm{d}}{\mathrm{d}x}\left(\frac{\mathrm{d}y}{\mathrm{d}x}\right).$$

然后,可用二阶导函数在一点处的可导性来定义函数在该点处的三阶可导及三阶导数,进而定义三阶导函数. 一般地,可通过函数 f 的 $n-1$ 阶导函数在一点处的可导性来定义函数 f 在该点处的 n 阶可导及 n 阶导数,进而定义 n 阶导函数.

在点 x_0 处的 n 阶导数通常记作

$$f^{(n)}(x_0),y^{(n)}\big|_{x=x_0},\frac{\mathrm{d}^ny}{\mathrm{d}x^n}\bigg|_{x=x_0}.$$

n 阶导函数通常记作

$$f^{(n)},y^{(n)},\frac{\mathrm{d}^ny}{\mathrm{d}x^n}.$$

根据定义有

$$\begin{aligned}f^{(n)}(x_0)&=\lim_{x\to x_0}\frac{f^{(n-1)}(x)-f^{(n-1)}(x_0)}{x-x_0}\\&=\lim_{\Delta x\to0}\frac{f^{(n-1)}(x_0+\Delta x)-f^{(n-1)}(x_0)}{\Delta x}.\end{aligned}\tag{5.15}$$

一般地,导函数满足

$$f^{(n)}=[f^{(n-1)}]',\frac{\mathrm{d}^ny}{\mathrm{d}x^n}=\frac{\mathrm{d}}{\mathrm{d}x}\left(\frac{\mathrm{d}^{n-1}y}{\mathrm{d}x^{n-1}}\right).\tag{5.16}$$

例 5.18 求幂函数 $y=x^\alpha$(α 为正整数)的各阶导数.

解 容易依次有 $y'=\alpha x^{\alpha-1}, y''=\alpha(\alpha-1)x^{\alpha-2}$,一般地当 $1\leqslant n\leqslant\alpha$ 时有

$$y^{(n)}=\alpha(\alpha-1)\cdots[\alpha-(n-1)]x^{\alpha-n}.$$

特别地,$y^{(\alpha)}=\alpha(\alpha-1)\cdots[\alpha-(\alpha-1)]=\alpha!$ 是常数,故当 $n>\alpha$ 时 $y^{(n)}=0$. □

注 如果此例中 $\alpha\neq0$ 不是正整数,此时一般要求 $x>0$,任何 n 阶导数公式为

$$(x^\alpha)^{(n)}=\alpha(\alpha-1)\cdots[\alpha-(n-1)]x^{\alpha-n}.$$

例 5.19　求 $\sin x$ 和 $\cos x$ 的各阶导数.

解　我们已经知道 $(\sin x)'=\cos x$，从而 $(\sin x)''=(\cos x)'=-\sin x$，

$$(\sin x)'''=(-\sin x)'=-\cos x,(\sin x)''''=(-\cos x)'=\sin x.$$

于是从 4 阶导数开始又重复出现 $\sin x,\cos x,-\sin x,-\cos x$ 这四个函数. 利用数学归纳法，可得到 $\sin x$ 的 n 阶导数公式：

$$(\sin x)^{(n)}=\sin\left(x+\frac{n}{2}\pi\right).$$

类似地，有

$$(\cos x)^{(n)}=\cos\left(x+\frac{n}{2}\pi\right).$$ □

例 5.20　求 e^x 的各阶导数.

解　由于 $(e^x)'=e^x$，有 n 阶导数公式：

$$(e^x)^{(n)}=e^x.$$ □

关于高阶导数的运算法则，由于其是通过低一阶的导函数的导数得到的，前述的求导运算法则在求高阶导数过程中均可应用，并且可以得到一些关于高阶导数计算的公式.

对于加减法，容易看出有

$$(f\pm g)^{(n)}=f^{(n)}\pm g^{(n)}.$$

对乘除法，公式较为复杂. 乘法运算有如下的**莱布尼兹(Leibniz)公式**：

$$(f\cdot g)^{(n)}=C_n^0f^{(n)}g^{(0)}+C_n^1f^{(n-1)}g^{(1)}+\cdots+C_n^kf^{(n-k)}g^{(k)}+\cdots+C_n^nf^{(0)}g^{(n)},$$

其中 $f^{(0)}=f,g^{(0)}=g$. 此公式可用数学归纳法来证明. 注意上述求导公式与二项展开公式

$$(a+b)^n=C_n^0a^nb^0+C_n^1a^{n-1}b^1+\cdots+C_n^ka^{n-k}b^k+\cdots+C_n^na^0b^n,$$

其中 $a^0=b^0=1$，在形式上极为相似.

至于高阶导数的除法以及复合运算法则，就更为复杂.

例 5.21　求函数 $y=\dfrac{1}{x^2-x}$ 的 n 阶导数.

解　由于 $y=\dfrac{1}{x^2-x}=\dfrac{1}{x-1}-\dfrac{1}{x}$，

$$y^{(n)}=\left(\frac{1}{x-1}\right)^{(n)}-\left(\frac{1}{x}\right)^{(n)}=\frac{(-1)^nn!}{(x-1)^{n+1}}-\frac{(-1)^nn!}{x^{n+1}}.$$ □

例 5.22　求 $y=(x^2+x)e^x$ 的 n 阶导数.

解　利用莱布尼兹公式，

$$\begin{aligned}y^{(n)}&=[(x^2+x)e^x]^{(n)}\\&=C_n^{n-2}(x^2+x)^{(2)}(e^x)^{(n-2)}+C_n^{n-1}(x^2+x)^{(1)}(e^x)^{(n-1)}+C_n^n(x^2+x)^{(0)}(e^x)^{(n)}\\&=n(n-1)e^x+n(2x+1)e^x+(x^2+x)e^x\\&=[n^2+(2n+1)x+x^2]e^x.\end{aligned}$$ □

例 5.23*　证明反正切函数 $y=\arctan x$ 的各阶导数满足如下关系：

$$n(n-1)y^{(n-1)}+2nxy^{(n)}+(1+x^2)y^{(n+1)}=0,\qquad n=1,2,3,\cdots$$

并由此求出反正切函数在原点 0 处的 n 阶导数.

证 由于 $y'=\dfrac{1}{1+x^2}$,$y'(0)=1$,并且 $(1+x^2)y'=1$. 对此式两边求导,得当 $n\geqslant 1$ 时有 $[(1+x^2)y']^{(n)}=0$. 但由莱布尼兹公式有

$$\begin{aligned}&[(1+x^2)y']^{(n)}\\=&C_n^{n-2}(1+x^2)^{(2)}(y')^{(n-2)}+C_n^{n-1}(1+x^2)^{(1)}(y')^{(n-1)}+C_n^{n}(1+x^2)^{(0)}(y')^{(n)}\\=&n(n-1)y^{(n-1)}+2nxy^{(n)}+(1+x^2)y^{(n+1)}.\end{aligned}$$

于是,得到了所要证明的反正切函数各阶导数所满足的关系式.

现在记 $a_n=y^{(n)}(0)$,则根据刚才所证导数关系式,将 $x=0$ 代入,就得到数列 $\{a_n\}$ 满足关系式 $a_{n+1}+n(n-1)a_{n-1}=0$. 于是,

$$a_n=-(n-1)(n-2)a_{n-2},n=2,3,\cdots.$$

由于 $a_0=\arctan 0=0$,$a_1=y'(0)=1$,根据上述递推关系式有:当 $n=2k$ 为偶数时 $a_{2k}=0$;当 $n=2k+1$ 为奇数时,

$$\begin{aligned}a_{2k+1}&=[-(2k)(2k-1)]a_{2k-1}\\&=[-(2k)(2k-1)][-(2k-2)(2k-3)]a_{2k-3}\\&=\cdots\\&=[-(2k)(2k-1)][-(2k-2)(2k-3)]\cdots[-2\cdot 1]a_1\\&=(-1)^k(2k)!.\end{aligned}$$

□

习题 5.4

1. 求下列函数的指定阶导数:

(1) $y=x\cos x$,求 y''; (2) $y=x^3\ln x$,求 $y^{(4)}$;

(3) $y=\arcsin x$,求 $y^{(3)}$.

2. 求下列函数的 n 阶导数:

(1) $y=\dfrac{1}{1-x^2}$, (2) $y=\dfrac{x-1}{x^2-x-2}$,

(3) $y=\dfrac{\ln x}{x}$, (4) $y=e^{2x}\sin 3x$,

(5)* $y=x^{n-1}e^{\frac{1}{x}}$.

3*. 证明反正弦函数 $y=\arcsin x$ 的各阶导数满足如下关系:

$$(1-x^2)y^{(n+2)}-(2n+1)xy^{(n+1)}-n^2y^{(n)}=0,\qquad n=0,1,2,\cdots,$$

并由此求出反正弦函数在原点 0 处的 n 阶导数.

4*. 证明函数

$$f(x)=\begin{cases}e^{-\frac{1}{x^2}}, & x\neq 0\\ 0, & x=0\end{cases},$$

在原点 0 处任意阶可导并且各阶导数都为 0,即 $f^{(n)}(0)=0, n=1,2,\cdots$.

§5.5　可微函数

在函数 $y=f(x)$的图像曲线上一点 $P_0(x_0,y_0)$处,为计算其附近点的坐标,常将曲线近似地看成经过 P_0 的直线:$y=y_0+k(x-x_0)$,即 $f(x_0+\Delta x)\approx y_0+k\Delta x$.

如果能够找到合适斜率 k 使得函数与近似直线之差:

$$\begin{aligned}h&=f(x_0+\Delta x)-(y_0+k\Delta x)\\&=f(x_0+\Delta x)-f(x_0)-k\Delta x\\&=\Delta y-k\Delta x\end{aligned}$$

满足:

$$\lim_{\Delta x\to 0}\frac{h}{\Delta x}=0, \tag{5.17}$$

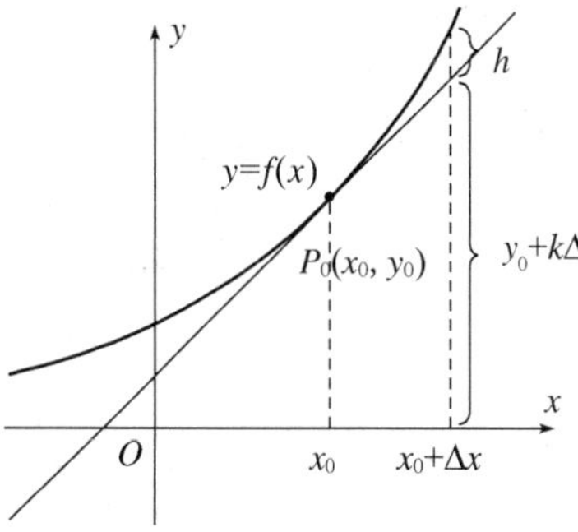

自然就可以认为以直线替代曲线的做法在点 P_0 附近是合理的. 我们将这种函数 f 称为可微函数. 由式(5.17)知量 h 为 Δx 的高阶无穷小量:$h=o(\Delta x)$.

图 5.10

定义 5.5　设函数 f 在点 x_0 的某邻域 $U(x_0)$有定义. 若存在常数 k 使得

$$\Delta y=f(x_0+\Delta x)-f(x_0)=k\Delta x+o(\Delta x),$$

则称函数 f 在点 x_0 处**可微**,并称线性部分 $k\Delta x$ 为函数 f 在点 x_0 处的**微分**,记作

$$\mathrm{d}f(x)|_{x=x_0}=k\Delta x \text{ 或 } \mathrm{d}y|_{x=x_0}=k\Delta x.$$

□

定理 5.9　设函数 f 在点 x_0 的某邻域 $U(x_0)$有定义,则函数 f 在点 x_0 处可微当且仅当函数 f 在点 x_0 可导. 进一步地,有**微分公式**

$$\mathrm{d}f(x)|_{x=x_0}=f'(x_0)\Delta x. \tag{5.18}$$

证　必要性:设函数 f 在点 x_0 处可微,则有

$$\frac{f(x_0+\Delta x)-f(x_0)}{\Delta x}=k+\frac{o(\Delta x)}{\Delta x}\to k(\Delta x\to 0),$$

即函数 f 在点 x_0 可导并且 $f'(x_0)=k$.

充分性:设函数 f 在点 x_0 可导,则

$$\mu=\frac{f(x_0+\Delta x)-f(x_0)}{\Delta x}-f'(x_0)\to 0(\Delta x\to 0).$$

于是 $\Delta y=f(x_0+\Delta x)-f(x_0)=f'(x_0)\Delta x+\mu\Delta x$. 由于$\lim\limits_{\Delta x\to 0}\frac{\mu\Delta x}{\Delta x}=\lim\limits_{\Delta x\to 0}\mu=0$,

$$\Delta y=f(x_0+\Delta x)-f(x_0)=f'(x_0)\Delta x+o(\Delta x),$$

即函数 f 在点 x_0 处可微并且成立微分公式. □

如果函数 f 在区间 I 上的每个点处都可微,则称函数 f 在区间 I 上**可微**,并称对应

$$x \mapsto f'(x)\Delta x$$

确定的函数为函数 f 在区间 I 上的微分,记作

$$dy=df(x)=f'(x)\Delta x.$$

由此可知总有 $dx=\Delta x$. 因此通常将上式改写成

$$dy=df(x)=f'(x)dx. \tag{5.19}$$

由此可得 $\frac{dy}{dx}=f'(x)$. 这就是前面导数记号 $\frac{dy}{dx}$ 的由来,以及导数还被称作**微商**的原因.

根据微分与导数的关系,容易得到微分的运算法则:

(1) $d[f(x)\pm g(x)]=df(x)\pm dg(x)$.

(2) $d[f(x)\cdot g(x)]=df(x)\cdot g(x)+f(x)\cdot dg(x)=g(x)df(x)+f(x)dg(x)$.

(3) $d\left[\frac{f(x)}{g(x)}\right]=\frac{g(x)df(x)-f(x)dg(x)}{g^2(x)}$.

(4) $d[(f\circ g)(x)]=f'(g(x))g'(x)dx$.

根据复合运算法则,设外函数 $y=f(u)$、内函数 $u=g(x)$,则复合函数 $y=(f\circ g)(x)$ 的微分满足

$$\begin{aligned} dy &= d((f\circ g)(x))=f'(g(x))g'(x)dx \\ &= f'(g(x))dg(x)=f'(u)du|_{u=g(x)}=df(u)|_{u=g(x)}. \end{aligned}$$

即有

$$d(f\circ g)(x)=(df\circ g)(x).$$

这个性质称为**一阶微分的形式不变性**.

例 5.24 求 $y=x\ln x+x$ 的微分.

解 $dy=d(x\ln x)+dx=\ln x dx+xd(\ln x)+dx=(\ln x+2)dx$. □

例 5.25 求 $y=\sin(e^{x^2})$ 的微分和导数.

解 函数由三个函数 $y=\sin u, u=e^v$ 和 $v=x^2$ 复合而成,因此所求微分

$$dy=d(\sin u)=\cos u du=\cos u\cdot e^v dv=\cos u\cdot e^v\cdot 2xdx=2xe^{x^2}\cos(e^{x^2})dx,$$

也由此知所求导数 $y'=2xe^{x^2}\cos(e^{x^2})$. □

与导数一样,可进一步地依次定义高阶微分. 注意到微分 $dy=f'(x)dx$ 是 x 的函数,因此,如果微分 dy 关于 x 可微,则称函数 $y=f(x)$ 关于 x **二阶可微**,并称微分 dy 的微分 $d(dy)$ 为函数 $y=f(x)$ 的**二阶微分**,记作

$$d^2y=d(dy)=[f'(x)dx]'dx=f''(x)(dx)^2=f''(x)dx^2.$$

因此有

$$f''(x)=\frac{d^2y}{dx^2}.$$

类似地，可定义二阶微分 $\mathrm{d}^2 y$ 的微分为**三阶微分** $\mathrm{d}^3 y=\mathrm{d}(\mathrm{d}^2 y)$. 一般地，可通过 $n-1$ 阶微分的微分来定义 ***n* 阶微分**：

$$\mathrm{d}^n y=\mathrm{d}(\mathrm{d}^{n-1} y)=[f^{(n-1)}(x)(\mathrm{d}x)^{n-1}]'\mathrm{d}x=f^{(n)}(x)(\mathrm{d}x)^n=f^{(n)}(x)\mathrm{d}x^n.$$

由此得到 n 阶微分与 n 阶导数地关系：

$$\frac{\mathrm{d}^n y}{\mathrm{d}x^n}=f^{(n)}(x).$$

注　高阶微分没有形式不变性. 事实上，设外函数 $y=f(u)$、内函数 $u=g(x)$，则复合函数 $y=(f\circ g)(x)=f(g(x))$的二阶微分为

$$\begin{aligned}\mathrm{d}^2 y&=[f(g(x))]''\mathrm{d}x^2=[f'(g(x))g'(x)]'\mathrm{d}x^2\\&=f''(g(x))[g'(x)]^2+f'(g(x))g''(x)\mathrm{d}x^2.\end{aligned}$$

而 $\mathrm{d}^2 f(u)\big|_{u=g(x)}=f''(u)\mathrm{d}u^2\big|_{u=g(x)}=f''(g(x))[g'(x)]^2\mathrm{d}x^2$. 因此，一般而言，

$$\mathrm{d}^2 y\neq \mathrm{d}^2 f(u)\big|_{u=g(x)}，即\ \mathrm{d}^2(f\circ g)(x)\neq(\mathrm{d}^2 f\circ g)(x).$$

这就说明二阶微分没有形式不变性.

习题 5.5

1. 求下列函数的微分：

(1) $y=\dfrac{2}{x^2}$，　　(2) $y=(1+x-x^2)^3$，

(3) $y=2^{-\frac{1}{\cos x}}$，　　(4) $y=\arctan \mathrm{e}^x$.

2. 设 $y=\ln\dfrac{1-x^2}{1+x^2}$，$x=\tan t$. 求 $\mathrm{d}^2 y$：

(1) 用 x 和 $\mathrm{d}x$ 表示；(2) 用 t 和 $\mathrm{d}t$ 表示.

第六章　导数的应用

本章我们将利用导数这一重要工具来研究函数的各种性质.

§6.1　函数的极值点

我们知道闭区间上的连续函数一定有最大值和最小值. 一个自然的问题就是如何尽可能快地求出最大值或最小值. 从图形上观察，最大(小)值点处的函数图像处于最高(低)位置. 因此，我们先考虑使函数图像处于局部最高(低)位置的点.

定义 6.1　若函数 f 在点 x_0 的某邻域 $U(x_0)=(x_0-\delta_0, x_0+\delta_0)$ 内满足：

(1) 对任何 $x\in U(x_0)$ 都有 $f(x)\leqslant f(x_0)$，则称点 x_0 为函数 f 的**极大值点**；

(2) 对任何 $x\in U(x_0)$ 都有 $f(x)\geqslant f(x_0)$，则称点 x_0 为函数 f 的**极小值点**.

极大值点和极小值点统称为**极值点**，极(大、小)值点 x_0 处的函数值 $y_0=f(x_0)$ 相应地称为**极(大、小)值**. □

按定义，易见点 0 是函数 $y=|x|$ 和 $y=x^2$ 的极小值点.

从图像上看，极大(小)值点 x_0 所对应的点 (x_0, y_0) 在图像上局部最高(低).

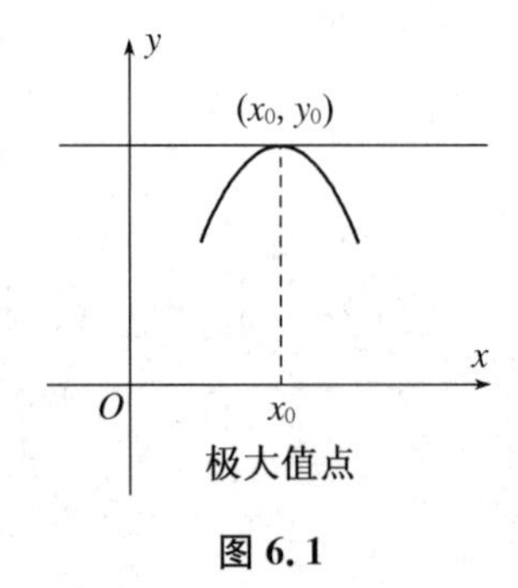

图 6.1

根据定义，如果函数在一个开区间内有最大(小)值，则它的最大(小)值点一定是极大(小)值点. 但对闭区间上的函数来说，它的最大(小)值点只有在不是闭区间端点时才一定是极大(小)值点. 于是，我们要解决如何判断一个点是极大(小)值点的问题. 从图像上，我们可观察到如下借助单调性给出的判断方法.

定理 6.1　设函数 f 在点 x_0 的某邻域 $U(x_0)=(x_0-\delta_0, x_0+\delta_0)$ 内有定义. 如果 f 在 x_0 的左邻域 $(x_0-\delta_0, x_0]$ 递增(递减)，右邻域 $[x_0, x_0+\delta_0)$ 递减(递增)，则点 x_0 是极大(小)值点.

证　按定义直接验证即可. □

继续观察图像，如果函数图像在极值点对应的点处有切线，则切线是水平的，即得如下费马(Fermat)定理.

定理 6.2(费马定理)　如果函数 f 在其极值点 x_0 处可导，则导数 $f'(x_0)=0$.

证　不妨设点 x_0 为函数 f 的极大值点，即存在点 x_0 的邻域 $U(x_0)$ 使得对任何 $x\in U(x_0)$ 都有 $f(x)\leqslant f(x_0)$. 由于函数 f 在点 x_0 处可导，故也左右可导，并且根据极限的保不等式性而有

$$f'_+(x_0)=\lim_{x\to x_0^+}\frac{f(x)-f(x_0)}{x-x_0}\leqslant 0, f'_-(x_0)=\lim_{x\to x_0^-}\frac{f(x)-f(x_0)}{x-x_0}\geqslant 0.$$

由于 f 在点 x_0 处可导而有 $f'(x_0)=f'_+(x_0)=f'_-(x_0)$，于是得 $f'(x_0)=0$. □

费马定理说明，对可导极值点 x_0，函数图像在点 (x_0,y_0) 处有水平切线.

导数 f' 的零点，即满足 $f'(x)=0$ 的点 x 称作函数 f 的**稳定点**或**临界点**. 例如，函数 $y=x^3-3x$ 有两个稳定点 ±1.

费马定理缩小了极值点的范围，将函数的极值点分为两类：不可导点与稳定点. 但要注意这两类点都不一定是极值点. 例如，函数 $|x|$ 以不可导点 0 为极小值点，但函数 $\sqrt[3]{x}$ 的不可导点 0 不是极值点. 函数 x^2 的稳定点 0 是极小值点，但函数 x^3 的稳定点 0 却不是极值点.

于是由费马定理，对闭区间 $[a,b]$ 上的连续函数 f，我们可通过计算函数 f 在开区间 (a,b) 内的所有不可导点和稳定点处的函数值及端点 a,b 处的函数值来确定其最大值和最小值，进而确定函数的值域 $f([a,b])$.

例 6.1　求函数 $y=4x^3-3x^2+x+|x-1|$ 在闭区间 $[0,2]$ 上的最大、最小值以及值域.

解　所给函数在指定区间上有不可导点 $x=1$. 在该点处，函数值为 $y(1)=2$. 当 $x<1$ 时，函数 $y=4x^3-3x^2+x+(1-x)=4x^3-3x^2+1$. 于是 $y'=12x^2-6x$. 故函数在区间 $(0,1)$ 内有稳定点 $x=\frac{1}{2}$. 该点处函数值为 $y\left(\frac{1}{2}\right)=\frac{3}{4}$；当 $x>1$ 时，函数 $y=4x^3-3x^2+x+(x-1)=4x^3-3x^2+2x-1$. 此时，$y'=12x^2-6x+2>0$，即在区间 $(1,2)$ 内没有稳定点. 再计算所考虑区间的两端点处函数值有 $y(0)=1$ 和 $y(2)=23$. 于是，所求最大值和最小值分别为

$$M=\max\left\{y(0),y(2),y(1),y\left(\frac{1}{2}\right)\right\}=23;m=\min\left\{y(0),y(2),y(1),y\left(\frac{1}{2}\right)\right\}=\frac{3}{4}.$$

进而得函数在闭区间 $[0,2]$ 上的值域为 $\left[\frac{3}{4},23\right]$. □

习题 6.1

1. 设点 x_0 既是函数 f 的极大值点，也是函数 f 的极小值点. 证明函数 f 在某邻域 $U(x_0)$ 上为常数.
2. 求函数 $y=|x(x^2-1)|$ 在闭区间 $[-1,2]$ 上的最大、最小值以及值域.
3. 设函数 f 于 $\mathbf{R}$ 连续并且没有极大值点. 证明函数 f 的极小值点至多一个.

§6.2　拉格朗日中值定理

费马定理说，函数在可导的极值点处，导数必为 0. 我们回忆，连续函数在闭区间上必有最大、最小值点. 注意到最值点只要不是闭区间的端点就一定是极值点，因此对可导函数来讲，只要最大值点和最小值点中有一个在内部，则该点处导数为 0. 为保证最值点中有一个在内部，只要让两端点处函数图像处于同等高度，即函数值相等. 于是就有如下的罗尔中值定理.

定理 6.3(罗尔中值定理) 设函数 f 满足:

(1) 在闭区间$[a,b]$上连续;

(2) 在开区间(a,b)内可导;

(3) $f(a)=f(b)$,

则函数 f 开区间(a,b)内有稳定点,即存在点 $\xi\in(a,b)$使得 $f'(\xi)=0$.

证 如果函数 f 是常值函数,则结论显然成立.

现在设函数 f 不是常值函数. 由于函数 f 在闭区间$[a,b]$上连续,故必有最大值点和最小值点. 因 f 不是常值函数,其最大值必严格大于最小值.

由于 $f(a)=f(b)$,最大值点和最小值点中至少有一个,设最大值点 ξ,位于开区间(a,b)内. 于是,最大值点 ξ 是极值点. 由可导性条件(2)及费马引理,该最大值点 ξ 是稳定点. □

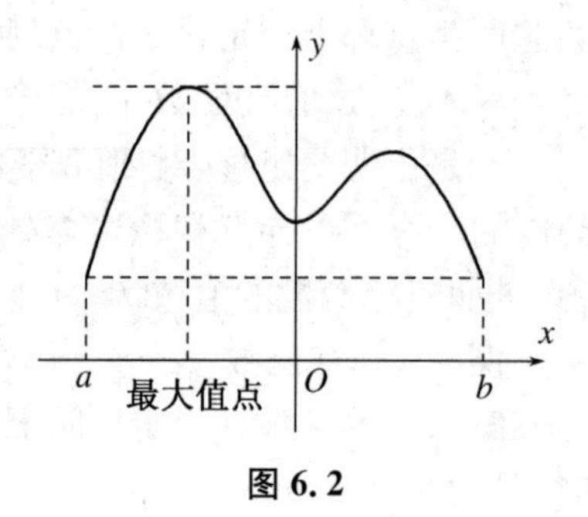

图 6.2

罗尔中值定理表明,两端高度相同的可切曲线一定有一条水平切线,当然也就平行于两端点的连线. 由于切线和平行都是与坐标系无关的几何属性,撤去坐标系就得,可切曲线段有一条切线平行于两端点的连线. 现在将这条可切曲线段放到另外一个坐标系中,此时两端高度未必相同. 如图 6.3 所示. 按照图形所示,我们就有如下的拉格朗日中值定理.

定理 6.4(拉格朗日中值定理) 设函数 f 满足:

(1) 在闭区间$[a,b]$上连续;

(2) 在开区间(a,b)内可导,

则存在点 $\xi\in(a,b)$使得

$$f'(\xi)=\frac{f(b)-f(a)}{b-a}. \tag{6.1}$$

证 将函数 $y=f(x)$图像与两端点连线

$$y=f(a)+\frac{f(b)-f(a)}{b-a}(x-a)$$

做比较,作辅助函数

$$F(x)=f(x)-\left[f(a)+\frac{f(b)-f(a)}{b-a}(x-a)\right].$$

对函数 F,可验证其满足罗尔中值定理的三个条件,因此存在 $\xi\in(a,b)$使得 $F'(\xi)=0$. 由于 $F'(x)=f'(x)-\dfrac{f(b)-f(a)}{b-a}$,就有公式(6.1). □

通常称公式(6.1)为**拉格朗日公式**. 可改写成如下常用形式:

$$f(b)-f(a)=f'(\xi)(b-a),\xi\in(a,b),$$

$$f(b)-f(a)=f'(a+\theta(b-a))(b-a),0<\theta<1,$$

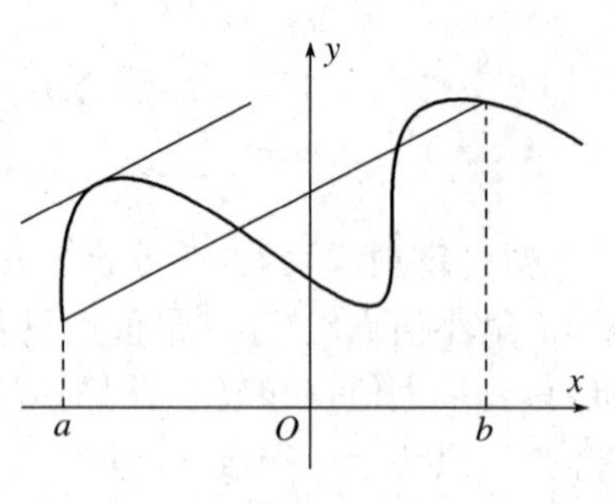

图 6.3

$$f(a+h)-f(a)=f'(a+\theta h)h, 0<\theta<1.$$

需要注意,这里的 ξ 和 θ 与 a,b 或 a,h 有关.

例 6.2 证明对实数 $\alpha>1$ 和正数 $x>y>0$ 有

$$\alpha y^{\alpha-1}(x-y)<x^\alpha-y^\alpha<\alpha x^{\alpha-1}(x-y).$$

证 对函数 $f(t)=t^\alpha$ 在区间 $[y,x]$ 上应用拉格朗日定理知,存在 $\xi\in(y,x)$ 使得

$$x^\alpha-y^\alpha=\alpha\xi^{\alpha-1}(x-y).$$

由 $\alpha>1$ 及 $0<y<\xi<x$ 知 $y^{\alpha-1}<\xi^{\alpha-1}<x^{\alpha-1}$,从而即得不等式成立. □

拉格朗日中值定理有如下重要的推论.

推论 1 若函数 f 在区间 I 可导并且导数恒为零:$f'\equiv0$,则函数 f 为常值函数.

证 只需要证明对任何 $x_1,x_2\in I$ 都有 $f(x_1)=f(x_2)$. 不妨设 $x_1<x_2$,对函数 f 在区间 $[x_1,x_2]\subset I$ 上应用拉格朗日中值定理知存在 $\xi\in(x_1,x_2)$ 使得

$$f(x_2)-f(x_1)=f'(\xi)(x_2-x_1).$$

按条件有 $f'(\xi)=0$,从而 $f(x_1)=f(x_2)$. □

推论 2 若函数 f 和 g 在区间 I 可导并且导函数恒等:$f'\equiv g'$,则函数 f 和 g 在区间 I 上相差一个常数,即存在常数 C 使得 $f=g+C$.

证 由推论 1 即知在区间 I 上两函数 f 和 g 之差 $h=f-g$ 为常数. □

习题 6.2

1. 证明:对任何常数 c,方程 $x^3-3x^2+c=0$ 在闭区间 $[0,1]$ 不能有两个不同的实根.

2. 证明:若函数 f 在区间 I 上可导,并且导函数有界,则存在常数 $L>0$ 使得对任何 $x,y\in I$ 有

$$|f(x)-f(y)|\leqslant L|x-y|.$$

3. 证明不等式:

(1) 若 $x>0$,则 $\dfrac{x}{1+x}<\ln(1+x)<x$;

(2) 若 $x>0$,则 $\dfrac{x}{1+x^2}<\arctan x<x$.

4. 分别对函数 x^3 和 e^x 在区间 $[a,b]$ 上应用拉格朗日中值公式,并求出相应的 ξ 或 θ.

5. 证明:对任何于 $(-\infty,+\infty)$ 可导的函数 f,其导函数不可能为符号函数 $\operatorname{sgn}x$.

6. 证明**导数零点存在性定理**:若函数 f 在区间 $[a,b]$ 上可导且 $f'_+(a)f'_-(b)<0$,则存在 $\xi\in(a,b)$ 使得 $f'(\xi)=0$.

7*. 证明**导数极限定理**:设函数 f 在点 x_0 的某右邻域 $U_+(x_0)$ 连续,在空心邻域 $U^\circ_+(x_0)$ 可导并且极限 $\lim\limits_{x\to x_0^+}f'(x)$ 存在,则函数 f 在点 x_0 处右可导,并且 $f'_+(x_0)=\lim\limits_{x\to x_0^+}f'(x)$,即导函数 f' 在点 x_0 处右连续.

§6.3 函数单调性判别和极值点的判别

根据定理 6.1,单调函数对极值点的判别有很大的帮助. 本节中,我们将应用拉格朗日中值定理来研究如何用导数来判断函数的单调性.

定理 6.5 设函数 f 在区间 I 上可导,则 f 在区间 I 上递增(递减)当且仅当在区间 I 上导函数 f' 非负(非正),即对任何 $x\in I$ 都有 $f'(x)\geqslant 0(f'(x)\leqslant 0)$.

证 必要性:设 f 在区间 I 上递增,$x_0\in I$ 为任一点. 由 f 在区间 I 上递增知对任何 $x\in I$,当 $x\neq x_0$ 时总有

$$\frac{f(x)-f(x_0)}{x-x_0}\geqslant 0.$$

由于 f 在区间 I 上可导,于上式中令 $x\to x_0$,即得 $f'(x_0)\geqslant 0$.

充分性:设 f 在区间 I 上的导函数 $f'\geqslant 0$. 现任取两点 $x_1,x_2\in I$ 满足 $x_1<x_2$. 对函数 f 在区间 $[x_1,x_2]$ 应用拉格朗日定理,可知存在 $\xi\in(x_1,x_2)$ 使得

$$\frac{f(x_2)-f(x_1)}{x_2-x_1}=f'(\xi)\geqslant 0,$$

即有 $f(x_2)\geqslant f(x_1)$. 于是函数 f 在区间 I 上递增. □

从定理 6.5 充分性的证明可看到,当函数 f 在区间 I 上导函数恒正,即 $f'>0$ 时,函数 f 在区间 I 上严格递增. 然而导数恒正不是函数严格递增的必要条件. 例如,函数 x^3 严格递增,其在原点 0 处导数值为 0. 但是,对导数为 0 的点稍加限制,就可得用导数来判别函数严格单调的充要条件.

定理 6.6 设函数 f 在区间 I 上可导,则 f 在区间 I 上严格递增(严格递减)当且仅当导函数 f' 在区间 I 上非负(非正)并且于区间 I 的任何子区间上不恒为 0.

证 必要性:设函数 f 在区间 I 上严格递增. 由定理6.5知,此时函数的导函数 f' 在区间 I 上非负,因此只要再证明导函数在区间 I 的任何子区间上不恒为 0 即可. 这只要用反证法即得. 事实上,若导函数 f' 在区间 I 的某个子区间上恒为 0,则根据拉格朗日中值定理的推论 1 知函数 f 在该小区间上为常值函数. 这与函数 f 在区间 I 上严格递增矛盾.

充分性:设导函数 f' 在区间 I 上非负并且于区间 I 的任何子区间上不恒为 0. 由定理 6.5 知函数 f 在区间 I 上递增. 假设函数 f 在区间 I 上不严格递增,则存在两点 $x_1,x_2\in I$ 满足 $x_1<x_2$ 使得 $f(x_1)\geqslant f(x_2)$. 由 f 在区间 I 上递增知有 $f(x_1)\leqslant f(x_2)$,因此必有 $f(x_1)=f(x_2)$. 进而由 f 在区间 I 上递增知对任何 $x\in[x_1,x_2]$ 有 $f(x)=f(x_1)$,即函数 f 在区间 $(x_1,x_2)\subset I$ 上为常值而导数恒等于 0. 此与条件矛盾. □

例 6.3 讨论函数 $f(x)=x^3-x^2-x+1$ 的单调区间.

解 由于 $f'(x)=3x^2-2x-1=(3x+1)(x-1)$,当 $x<-\frac{1}{3}$ 或 $x>1$ 时 $f'(x)>0$;当 $-\frac{1}{3}<x<1$ 时 $f'(x)<0$;只在 $x=-\frac{1}{3}$ 或 $x=1$ 时 $f'(x)=0$. 于是由定理 6.6 知:函数 f 在区间 $\left(-\infty,-\frac{1}{3}\right]$ 和 $[1,+\infty)$ 上严格单调递增,在 $\left[-\frac{1}{3},1\right]$ 上严格单调递减. □

例 6.4 证明:对任何 $x>0$,有 $x-\frac{1}{6}x^3<\sin x<x$.

证 令 $f(x)=\sin x-x$,则 $f'(x)=\cos x-1\leqslant 0$,并且只在 $x=2k\pi(k\in\mathbf{Z})$处导数为 0. 于是由定理 6.6 知函数 f 在整个实轴上严格单调递减,从而对任何 $x>0$,有 $f(x)<f(0)=0$,即得 $\sin x<x$.

再令 $g(x)=\sin x-\left(x-\frac{1}{6}x^3\right)$,则 $g'(x)=\cos x-1+\frac{1}{2}x^2$,$g''(x)=-\sin x+x$.

于是当 $x>0$ 时,有 $g''(x)>0$,即 g'严格单调递增,故而 $g'(x)>g'(0)=0$. 由此知函数 $g(x)$ 当 $x>0$ 时严格单调递增,从而 $g(x)>g(0)=0$. □

定理 6.7 设函数 f 在点 x_0 的某邻域 $U(x_0)=(x_0-\delta,x_0+\delta)$内连续,在空心邻域 $U^\circ(x_0)$内可导.

(1) 若在$(x_0-\delta,x_0)$内 $f'(x)\geqslant 0$,而在$(x_0,x_0+\delta)$内 $f'(x)\leqslant 0$,则点 x_0 是函数 f 的极大值点;

(2) 若在$(x_0-\delta,x_0)$内 $f'(x)\leqslant 0$,而在$(x_0,x_0+\delta)$内 $f'(x)\geqslant 0$,则点 x_0 是函数 f 的极小值点.

证 只证明(1). 由于在$(x_0-\delta,x_0)$内 $f'(x)\geqslant 0$,根据定理 6.5,函数 f 于$(x_0-\delta,x_0)$单调递增,于是对 $x\in(x_0-\delta,x_0)$,当 $x<t<x_0$ 时有 $f(x)\leqslant f(t)$. 由于函数 f 在点x_0 处连续,令 $t\to x_0^-$ 即得 $f(x)\leqslant f(x_0)$. 同理可证,对 $x\in(x_0,x_0+\delta)$也有 $f(x)\leqslant f(x_0)$. 于是,点 x_0 是函数 f 的极大值点. □

例 6.5 讨论函数 $y=(x-5)\sqrt[3]{x^2}$ 的单调区间和极值.

解 所给函数 $y=(x-5)\sqrt[3]{x^2}=x^{\frac{5}{3}}-5x^{\frac{2}{3}}$ 在整个实轴上连续,在 $x=0$ 处不可导. 当 $x\neq 0$ 时,

$$y'=\frac{5}{3}x^{\frac{2}{3}}-\frac{10}{3}x^{-\frac{1}{3}}=\frac{5x-10}{3\sqrt[3]{x}},$$

因此有稳定点 $x=2$. 不可导点 0 和稳定点 2 将整个定义域分为三个区间:$(-\infty,0]$、$[0,2]$和$[2+\infty)$. 由于在$(-\infty,0)$和$(2+\infty)$内 $y'>0$;在$(0,2)$内 $y'<0$,所论函数于区间$(-\infty,0]$和$[2+\infty)$严格递增,于区间$[0,2]$严格递减,并且不可导点 0 为极大值点,极大值为 0;稳定点 2 为极小值点,极小值为$-3\sqrt[3]{4}$. □

习题 6.3

1. 讨论下列函数的单调区间和极值:

(1) $f(x)=2x^3+3x^2-36x+5$;

(2) $f(x)=2x^2e^{5x}+1$.

2. 证明:对任何 $x>0$,有 $e^x>1+x+\frac{1}{2}x^2$.

3. 设常数 $k>1$. 证明方程 $x=\ln x+k$ 恰有两个正根.

§6.4 函数凹凸性判别和极值点的判别

进一步观察函数在极值点处的图像曲线，可以发现在极大(小)值点附近，曲线通常呈现出上凸(下凸)或凹(凸)的形状. 于是，极值点局部地与上下凸函数相关. 我们先证明上下凸函数如下重要性质.

定理 6.8 设函数 f 于开区间 I 下凸，则函数 f 于开区间 I 连续，而且左、右可导.

证* 任取一点 $x_0\in I$，我们只证明函数 f 于 x_0 右连续并且右可导. 左连续并且左可导可类似得到证明.

由于 I 为开区间，存在正数 δ_0 使得 $x_0\pm\delta_0\in I$. 设 $x\in(x_0,x_0+\delta_0)$ 为任一点. 现在分别对数 $x_0-\delta_0<x_0<x$ 和 $x_0<x<x_0+\delta_0$ 应用不等式(1.10)，就可得

$$\frac{f(x)-f(x_0)}{x-x_0}\geqslant\frac{f(x_0)-f(x_0-\delta_0)}{\delta_0}\text{和}\frac{f(x)-f(x_0)}{x-x_0}\leqslant\frac{f(x_0+\delta_0)-f(x_0)}{\delta_0}.$$

此两不等式说明函数$\dfrac{f(x)-f(x_0)}{x-x_0}$于$(x_0,x_0+\delta_0)$有界：有正数 M 使得当 $x\in(x_0,x_0+\delta_0)$时有$|f(x)-f(x_0)|\leqslant M|x-x_0|$. 由此即知函数 f 于 x_0 右连续.

再证明函数 f 于 x_0 右可导. 任取点 $x_0<x_1<x_2(<x_0+\delta_0)$，则可应用不等式(1.10)而得到

$$\frac{f(x_1)-f(x_0)}{x_1-x_0}\leqslant\frac{f(x_2)-f(x_0)}{x_2-x_0}.$$

上式表明函数 $F(x)=\dfrac{f(x)-f(x_0)}{x-x_0}$于右邻域$(x_0,x_0+\delta_0)$单调递增. 由于函数 F 于右邻域$(x_0,x_0+\delta_0)$有界. 于是由函数极限存在之单调有界准则，极限 $\lim\limits_{x\to x_0^+}F(x)$存在. 按定义，这便证明了函数 f 于 x_0 右可导. □

现在观察下凸函数图像. 假设曲线上每个点处都有切线，则有两种现象：一是切线的斜率是递增的，二是切线总在曲线的下方.

定理 6.9 设函数 f 在区间 I 可导，则以下三论断等价：

(1) 函数 f 在区间 I(严格)下凸；

(2) 导函数 f'在区间 I(严格)递增；

(3) 对 I 内的任何不同两点 x_0,x 总有 $f(x)\geqslant(>)f(x_0)+f'(x_0)(x-x_0)$.

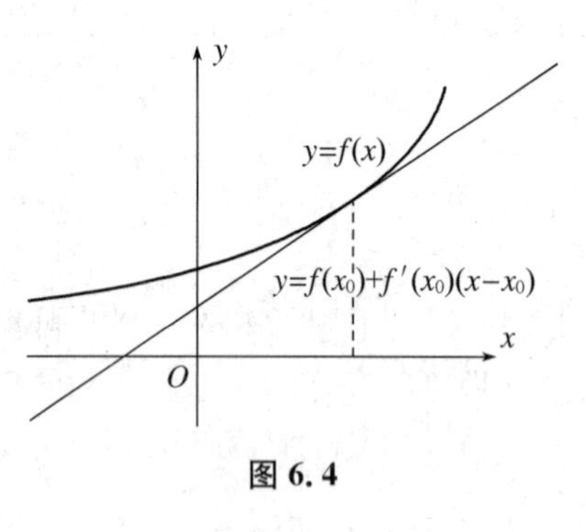

图 6.4

证 (1)⇒(2)：要证明对区间 I 内的任何两点 $x_1<x_2$，总有 $f'(x_1)\leqslant f'(x_2)$. 此时对任何三点 $x_1<x<x_2$ 有不等式(1.10)成立. 现在，在不等式(1.10)的第一个不等式中令 $x\to x_1^+$ 就得 $f'(x_1)\leqslant\dfrac{f(x_2)-f(x_1)}{x_2-x_1}$；再在不等式(1.10)的第二个不等式中令 $x\to x_2^-$ 就得

$\dfrac{f(x_2)-f(x_1)}{x_2-x_1}\leqslant f'(x_2)$. 于是就有 $f'(x_1)\leqslant f'(x_2)$.

(2)⇒(3)：当 $x>x_0$ 时，对函数 f 在区间 $[x_0,x]$ 上应用拉格朗日中值定理得

$$\frac{f(x)-f(x_0)}{x-x_0}=f'(\xi)\geqslant f'(x_0)\ (x_0<\xi<x),$$

即有 $f(x)\geqslant f(x_0)+f'(x_0)(x-x_0)$. 当 $x<x_0$ 时，对函数 f 在区间 $[x,x_0]$ 应用拉格朗日中值定理，同样可知此时有 $f(x)\geqslant f(x_0)+f'(x_0)(x-x_0)$.

(3)⇒(1)：对任何不同两点 $x_1,x_2\in I$ 和正实数 $\lambda<1$, $x=\lambda x_1+(1-\lambda)x_2\in I$. 现在对 x, x_1 应用(3)可得 $f(x_1)\geqslant f(x)+f'(x)(x_1-x)$. 再对 x,x_2 应用(3)又可得 $f(x_2)\geqslant f(x)+f'(x)(x_2-x)$. 于是就有

$$\lambda f(x_1)+(1-\lambda)f(x_2)\geqslant f(x)=f(\lambda x_1+(1-\lambda)x_2).$$

按定义 1.5，函数 f 于区间 I 下凸. □

定理 6.10　设函数 f 于区间 I 二阶可导，则

(1) 函数 f 于区间 I 下凸当且仅当二阶导数 f'' 非负：对任何 $x\in I$, $f''(x)\geqslant 0$.

(2) 函数 f 于区间 I 严格下凸当且仅当二阶导数 f'' 非负并且于 I 的任何子区间上不恒为 0.

证　由定理 6.9 和定理 6.5—6.6 即得. □

例 6.6　设实数 $k>1$，则函数 x^k 于区间 $(0,+\infty)$ 严格下凸.

证　当 $x\in(0,+\infty)$ 时 $(x^k)''=k(k-1)x^{k-2}>0$，因此由定理 6.10 即得. □

例 6.7　函数 $\ln x$ 于区间 $(0,+\infty)$ 严格上凸.

证　当 $x\in(0,+\infty)$ 时有 $(\ln x)''=-x^{-2}<0$，因此函数 $\ln x$ 于区间 $(0,+\infty)$ 严格上凸. □

现在我们用函数的凹凸性来给出稳定点成为极值点的充分条件. 为方便起见，我们称函数 f 在点 x_0 处凸(下凸)，如果函数 f 在点 x_0 的某邻域内凸(下凸). 同样可定义函数 f 在点 x_0 处凹(上凸).

定理 6.11　设函数 f 在 x_0 的某邻域内可导并且 $f'(x_0)=0$. 如果函数 f 在点 x_0 处凸，则点 x_0 为极小值点；如果函数 f 在点 x_0 处凹，则点 x_0 为极大值点.

证　设函数 f 在点 x_0 处凸，则对任何给定的 $x\in U(x_0)$，由定理 6.9(3)即知

$$f(x)\geqslant f(x_0)+f'(x_0)(x-x_0)=f(x_0).$$

这就证明了点 x_0 为极小值点. □

定理 6.11 的结论可简单叙述为凸稳定点为极小值点；凹稳定点为极大值点. 定理6.10 说明函数的凹凸性可用二阶导函数来判定，也因此稳定点是否是极值点可用二阶导函数来判定. 下个定理进一步说明，我们只需要稳定点处有非零二阶导数值就能断定其是极值点.

定理 6.12　设函数 f 在 x_0 的某邻域 $U(x_0)$ 内可导并且 $f'(x_0)=0$. 如果函数 f 在 x_0 处二阶可导并且 $f''(x_0)\neq 0$，则 x_0 必为极值点：

(1) 当 $f''(x_0)>0$ 时，x_0 为极小值点；

(2) 当 $f''(x_0)<0$ 时，x_0 为极大值点.

证　只证明(1). 由于 $f'(x_0)=0$,

$$\lim_{x\to x_0}\frac{f'(x)}{x-x_0}=\lim_{x\to x_0}\frac{f'(x)-f'(x_0)}{x-x_0}=f''(x_0)>0.$$

由极限保号性,在某$U^\circ(x_0,\delta)\subset U(x_0)$内$\dfrac{f'(x)}{x-x_0}>0$. 于是当$x_0-\delta<x<x_0$时$f'(x)<0$;当$x_0<x<x_0+\delta$时$f'(x)>0$. 再由定理6.7就知$x_0$为极小值点. □

例 6.8 讨论函数$y=(x-5)\sqrt[3]{x^2}$的上下凸区间和极值.

解 所给函数$y=(x-5)\sqrt[3]{x^2}=x^{\frac{5}{3}}-5x^{\frac{2}{3}}$在整个实轴上连续,在$x=0$处不可导. 当$x\neq 0$时,

$$y'=\frac{5}{3}x^{\frac{2}{3}}-\frac{10}{3}x^{-\frac{1}{3}}=\frac{5x-10}{3\sqrt[3]{x}},$$

因此有稳定点$x=2$. 由于在$(-\infty,0)$内$y'>0$,而在$(0,2)$内$y'<0$,不可导点0是极大值点,极大值为$y(0)=0$. 在稳定点2处,由

$$y''=\frac{10}{9}x^{-\frac{1}{3}}+\frac{10}{9}x^{-\frac{4}{3}}=\frac{10}{9}x^{-\frac{4}{3}}(x+1)\quad(x\neq 0)$$

知$y''(2)>0$,因此稳定点2为极小值点,极小值为$y(2)=-3\sqrt[3]{4}$.

由于在$x=0$处不可导以及当$x\neq 0$时$y''=\dfrac{10}{9}x^{-\frac{4}{3}}(x+1)$,当$x\in(-\infty,-1)$时,$y''<0$,即函数的上凸区间为$(-\infty,-1]$;当$x\in(-1,0)$和$x\in(0,+\infty)$时$y''>0$,即函数的下凸区间为$[-1,0]$和$[0,+\infty)$. □

注 例6.8中这个函数,如图6.5所示,在区间$[-1,+\infty)$上不是下凸的. 因此,一般而言不能将有公共端点的相同凸性的区间合并成一个凸区间.

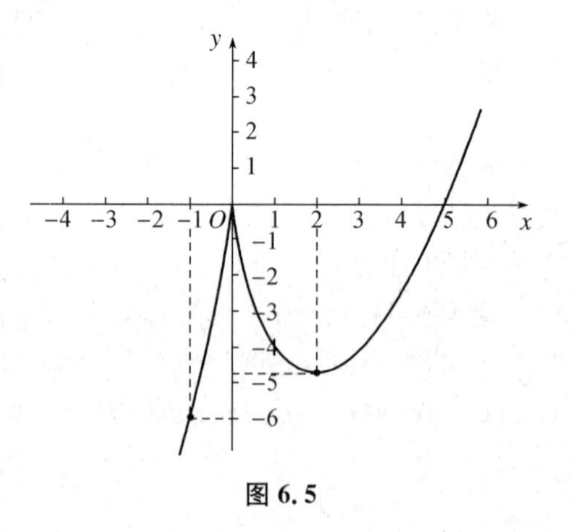

图 6.5

在二阶导数为0的稳定点处,函数可能取极值也可能不取极值,这可从幂函数x^3和x^4看出. 此时,需要借助更高阶导数来判断其是否是极值点.

定理 6.13 设函数f在x_0处$n\geqslant 2$阶可导并且$f^{(k)}(x_0)=0,1\leqslant k\leqslant n-1$及$f^{(n)}(x_0)\neq 0$,则

(1) 当n为偶数时,x_0为f的极值点:当$f^{(n)}(x_0)>0$时,$x_0\in I$为极小值点;当$f^{(n)}(x_0)<0$时,$x_0\in I$为极大值点;

(2) 当n为奇数时,x_0不为f的极值点.

证* 不妨设$f^{(n)}(x_0)>0$. 由于$f^{(n-1)}(x_0)=0$,

$$\lim_{x\to x_0}\frac{f^{(n-1)}(x)}{x-x_0}=\lim_{x\to x_0}\frac{f^{(n-1)}(x)-f^{(n-1)}(x_0)}{x-x_0}=f^{(n)}(x_0)>0.$$

根据极限保号性,在某空心邻域$U^\circ(x_0,\delta)\subset U(x_0)$内$\dfrac{f^{(n-1)}(x)}{x-x_0}>0$. 于是当$x>x_0$时,$f^{(n-1)}$

$(x)>0$；当 $x<x_0$ 时，$f^{(n-1)}(x)<0$. 这说明函数 $f^{(n-2)}(x)$ 于 $U_+(x_0,\delta)$ 严格递增，于 $U_-(x_0,\delta)$ 严格递减. 于是，当 $x>x_0$ 时，有 $f^{(n-2)}(x)>f^{(n-2)}(x_0)=0$；当 $x<x_0$ 时，$f^{(n-2)}(x)>f^{(n-2)}(x_0)=0$. 这说明函数 $f^{(n-3)}(x)$ 于 $U(x_0,\delta)$ 严格递增. 于是，当 $x>x_0$ 时，有 $f^{(n-3)}(x)>f^{(n-3)}(x_0)=0$；当 $x<x_0$ 时，$f^{(n-3)}(x)<f^{(n-3)}(x_0)=0$. 这说明函数 $f^{(n-4)}(x)$ 于 $U_+(x_0,\delta)$ 严格递增，于 $U_-(x_0,\delta)$ 严格递减. 重复上述过程，我们可知，当 n 为偶数时，$f(x)=f^{(n-n)}(x)$ 于 $U_+(x_0,\delta)$ 严格递增，于 $U_-(x_0,\delta)$ 严格递减，从而 x_0 为函数 f 的极小值点；当 n 为奇数时，函数 $f(x)=f^{(n-n)}(x)$ 于 $U(x_0,\delta)$ 严格递增，因而 x_0 不是函数 f 的极值点. □

注　存在非常数函数，其在极值点处的任意阶导数都等于 0. 例如，函数

$$f(x)=\begin{cases} e^{-\frac{1}{x^2}}, & x\neq 0 \\ 0, & x=0 \end{cases}$$

在点 0 处取极小值并且任意阶导数为 0：$f^{(k)}(0)=0, k=1,2,\cdots$.

最后，我们再看一下一般连续函数的图像. 例如，函数 $y=x^3$ 的图像. 可以看到，在原点 $O(0,0)$ 的左边函数是严格上凸的，而在右边函数是严格下凸的. 我们把函数图像曲线上左右两边分别严格上凸和严格下凸的连续点称为**拐点**. 如果函数 $y=f(x)$ 在拐点 (x_0,y_0) 处对应的二阶导数 $f''(x_0)$ 存在，则必有 $f''(x_0)=0$. 但一般而言，二阶导数为 0 的点 x_0 所对应的曲线上点 (x_0,y_0) 未必是拐点. 例如，$y=x^4$ 满足 $y''(0)=0$，但对应的曲线上点 $O(0,0)$ 不是拐点. 事实上，该函数于整个 $(-\infty,+\infty)$ 下凸. 另外要注意，函数 $y=f(x)$ 图像曲线有拐点 (x_0,y_0) 时，所对应的二阶导数 $f''(x_0)$ 甚至一阶导数 $f'(x_0)$ 未必存在. 例如，函数 $y=\sqrt[3]{x}$ 以 $O(0,0)$ 为拐点，但在点 0 处不可导. 综上所述，连续函数的拐点，来自该函数的一阶不可导点、二阶不可导点和二阶导数为 0 的点. 当然，这些点未必是拐点.

习题 6.4

1. 讨论下列函数的凹凸区间与拐点：

(1) $y=3x^2-x^3$，　　(2) $y=\dfrac{x^3+1}{x}$，

(3) $y=\dfrac{x^4}{x+3}$，　　(4) $y=xe^{-x}$.

2. 求上一题中各函数的稳定点，并用二阶或高阶导数判断是否为极值点.

3. 证明函数 $\arctan x$ 于区间 $(0,+\infty)$ 为下凸(凹)函数，并且由此证明对任何正数 x，y 有

$$\arctan x+\arctan y\leqslant 2\arctan\frac{x+y}{2}.$$

4. 证明：如果函数 $y=f(x)$ 在拐点 (x_0,y_0) 处对应的二阶导数 $f''(x_0)$ 存在，则必有 $f''(x_0)=0$.

5. 设函数 $y=f(x)$ 于 $(-\infty,+\infty)$ 二阶可导并且满足方程

$$xf''(x)+3x[f'(x)]^2=1-e^{-x}.$$

证明:若 $f(x)$有极值点 c,则点 c 必定是极小值点.

§6.5 函数在定义域端点处的极限和性态
——洛必达法则及其应用

许多函数的定义域或连续点的集合不是闭区间. 例如,由两初等函数的商所表示的函数,分母的零点不在定义域内. 因此就要研究当自变量趋于这种区间的端点时函数具有什么样的性态,例如,极限是否存在等问题. 这类问题大量地表现为所谓的不定式极限问题. 本节将介绍用导数来处理这种不定式极限的有力工具——洛必达法则.

首先,我们需要拉格朗日中值定理的推广:柯西中值定理,它是洛必达法则的理论依据.

6.5.1 柯西中值定理

定理 6.14(柯西中值定理) 设函数 f 和 g 满足:

(1) 在闭区间$[a,b]$上连续;

(2) 在开区间(a,b)内可导并且导数不同时为 0;

(3) $g(a)\neq g(b)$,

则存在点 $\xi\in(a,b)$使得

$$\frac{f'(\xi)}{g'(\xi)}=\frac{f(b)-f(a)}{g(b)-g(a)}.$$

证 由条件(3),可作辅助函数

$$F(x)=f(x)-f(a)-\frac{f(b)-f(a)}{g(b)-g(a)}[g(x)-g(a)].$$

按条件(1)和(2),函数 F 于闭区间$[a,b]$上连续,于开区间(a,b)内可导并且易见 $F(a)=F(b)$. 于是,根据罗尔中值定理,存在点 $\xi\in(a,b)$使得 $F'(\xi)=0$,即有

$$f'(\xi)-\frac{f(b)-f(a)}{g(b)-g(a)}g'(\xi)=0.$$

由于函数 f 和 g 的导数不同时为 0,必有$g'(\xi)\neq 0$. 这样上式两边除以 $g'(\xi)$,再适当整理即得所要结论. □

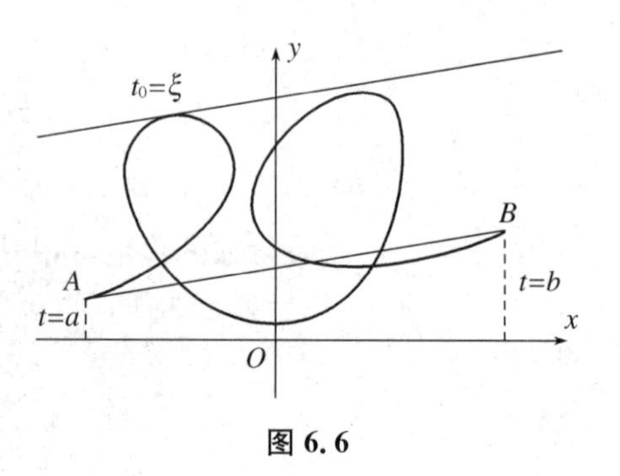

图 6.6

柯西中值定理的几何意义:光滑曲线段$\overset{\frown}{AB}$:

$$\begin{cases}x=g(t)\\ y=f(t)\end{cases}$$

上有一条切线平行于两端点连线 AB. 从而与拉格朗日中值定理表示同样的几何意义.

6.5.2　不定式极限

我们先考虑由两个无穷小(大)量即极限为 0(∞)的函数的商表示的表达式的极限问题,常称为$\frac{0}{0}$型或$\frac{\infty}{\infty}$型不定式极限.

定理 6.15($\frac{0}{0}$型洛必达法则)　设函数 f 和 g 在点 x_0 处满足:

(1) $\lim\limits_{x\to x_0^+} f(x)=\lim\limits_{x\to x_0^+} g(x)=0$;

(2) 在点 x_0 的某右空心邻域$(x_0,x_0+\delta_0)$内都可导,并且 $g'\neq 0$;

(3) $\lim\limits_{x\to x_0^+}\frac{f'(x)}{g'(x)}=A$($A$ 为有限数或$\pm\infty$或∞),

则

$$\lim_{x\to x_0^+}\frac{f(x)}{g(x)}=A.$$

证　由条件(1),可设 $f(x_0)=g(x_0)=0$,从而两函数在点 x_0 处右连续,进而由条件(2)知两函数在 x_0 的右邻域$[x_0,x_0+\delta_0)$连续. 于是对任何 $x\in(x_0,x_0+\delta_0)$,函数 f 和 g 在区间$[x_0,x]$上满足柯西中值定理之条件,因此存在 $\xi\in(x_0,x)$使得

$$\frac{f(x)}{g(x)}=\frac{f(x)-f(x_0)}{g(x)-g(x_0)}=\frac{f'(\xi)}{g'(\xi)}.$$

由于 $\xi\in(x_0,x)$,当 $x\to x_0^+$ 时,必有 $\xi\to x_0^+$,从而由条件(3)就有

$$\lim_{x\to x_0^+}\frac{f(x)}{g(x)}=\lim_{x\to x_0^+}\frac{f'(\xi)}{g'(\xi)}=A.$$ □

定理 6.15 处理了 $x\to x_0^+$ 时的$\frac{0}{0}$型不定式极限. 对 $x\to x_0^-$,$x\to x_0$,$x\to\pm\infty$以及 $x\to\infty$ 也都有相应的结果,只要适当修改定理 6.15 之条件. 例如,对 $x\to+\infty$有以下定理.

定理 6.16　设函数 f 和 g 满足:

(1) $\lim\limits_{x\to+\infty} f(x)=\lim\limits_{x\to+\infty} g(x)=0$;

(2) 在$+\infty$的某邻域$(M,+\infty)$内都可导,并且 $g'\neq 0$;

(3) $\lim\limits_{x\to+\infty}\frac{f'(x)}{g'(x)}=A$($A$ 为有限数或$\pm\infty$或∞),

则

$$\lim_{x\to+\infty}\frac{f(x)}{g(x)}=A.$$

证　记 $F(x)=f\left(\frac{1}{x}\right)$,$G(x)=g\left(\frac{1}{x}\right)$,则由条件(1)—(3)知函数 F 和 G 在点 0 处满足定理 6.15 之条件,因此

$$\lim_{x\to+\infty}\frac{f(x)}{g(x)}=\lim_{x\to 0^+}\frac{F(x)}{G(x)}=A.$$ □

例 6.9 求极限 $\lim\limits_{x\to1^-}\dfrac{\ln x}{\sqrt{1-x^2}}$.

解 根据洛必达法则有

$$\lim_{x\to1^-}\frac{\ln x}{\sqrt{1-x^2}}=\lim_{x\to1^-}\frac{\dfrac{1}{x}}{\dfrac{1}{2}(1-x^2)^{-\frac{1}{2}}\cdot(-2x)}=-\lim_{x\to1^-}\frac{\sqrt{1-x^2}}{x^2}=0.\qquad\square$$

洛必达法则可以连续使用,只要求导后的极限 $\lim\dfrac{f'(x)}{g'(x)}$ 所涉及的两导函数仍然满足相应的条件.

例 6.10 求极限 $\lim\limits_{x\to0}\dfrac{x\ln(1+x^2)}{x-\sin x}$.

解 根据洛必达法则有

$$\lim_{x\to0}\frac{x\ln(1+x^2)}{x-\sin x}=\lim_{x\to0}\frac{\ln(1+x^2)+\dfrac{2x^2}{1+x^2}}{1-\cos x}=\lim_{x\to0}\frac{\dfrac{2x}{1+x^2}+\dfrac{4x}{(1+x^2)^2}}{\sin x}$$

$$=\lim_{x\to0}\left[\frac{2}{1+x^2}+\frac{4}{(1+x^2)^2}\right]\frac{x}{\sin x}=6.\qquad\square$$

例 6.10 解答中最后一步用了重要极限.这提示我们在求一些较复杂的函数极限时,尽量灵活运用一些已知极限来可以降低运算量.例如,就此例,还可做如下的解答:

$$\lim_{x\to0}\frac{x\ln(1+x^2)}{x-\sin x}=\lim_{x\to0}\frac{x^3}{x-\sin x}=\lim_{x\to0}\frac{3x^2}{1-\cos x}=\lim_{x\to0}\frac{6x}{\sin x}=6.$$

定理 6.17($\dfrac{\infty}{\infty}$型洛必达法则) 设函数 f 和 g 在点 x_0 处满足:

(1) $\lim\limits_{x\to x_0^+}f(x)=\lim\limits_{x\to x_0^+}g(x)=\infty$;

(2) 在点 x_0 的某右空心邻域 $(x_0,x_0+\delta_0)$ 内都可导,并且 $g'\neq0$;

(3) $\lim\limits_{x\to x_0^+}\dfrac{f'(x)}{g'(x)}=A$($A$ 为有限数或 $\pm\infty$ 或 ∞),

则

$$\lim_{x\to x_0^+}\frac{f(x)}{g(x)}=A.$$

证 只证条件(3)中的 A 是有限数的情形.对任何给定的正数 ε,由条件(3)知,存在正数 $\delta_1<\delta_0$ 使得当 $x_0<x<x_0+\delta_1$ 时,有

$$\left|\frac{f'(x)}{g'(x)}-A\right|<\frac{\varepsilon}{2}.$$

取定一点 $x_1\in(x_0,x_0+\delta_1)$,如 $x_1=x_0+\dfrac{\delta_1}{2}$,则对任何给定的 $x\in(x_0,x_1)$,在区间 $[x,x_1]$ 上可应用柯西中值定理,从而存在 ξ:$x<\xi<x_1$ 使得

$$\frac{f(x_1)-f(x)}{g(x_1)-g(x)}=\frac{f'(\xi)}{g'(\xi)}.$$

由此可得

$$\frac{f(x)}{g(x)}=\frac{g(x_1)-g(x)}{g(x)}\cdot\frac{f(x)}{f(x_1)-f(x)}\cdot\frac{f(x_1)-f(x)}{g(x_1)-g(x)}=H(x)\cdot\frac{f'(\xi)}{g'(\xi)},$$

其中 $H(x)=\dfrac{1-\dfrac{g(x_1)}{g(x)}}{1-\dfrac{f(x_1)}{f(x)}}$. 由条件(1)知有 $\lim\limits_{x\to x_0^+}H(x)=1$. 于是,我们得到

$$\left|\frac{f(x)}{g(x)}-A\right|=\left|H(x)\cdot\frac{f'(\xi)}{g'(\xi)}-A\right|=\left|H(x)\cdot\left[\frac{f'(\xi)}{g'(\xi)}-A\right]+A[H(x)-1]\right|$$

$$\leqslant|H(x)|\frac{\varepsilon}{2}+|A|\,|H(x)-1|.$$

上式右边当 $x\to x_0^+$ 时极限为$\frac{\varepsilon}{2}$,因此存在正数 $\delta\left(<\frac{\delta_1}{2}\right)$使得当 $x_0<x<x_0+\delta$ 时,有

$$\left|\frac{f(x)}{g(x)}-A\right|\leqslant|H(x)|\frac{\varepsilon}{2}+|A|\,|H(x)-1|<\varepsilon.$$

这就证明了 $\lim\limits_{x\to x_0^+}\dfrac{f(x)}{g(x)}=A$. □

同样地,定理 6.17 对 $x\to x_0^-$, $x\to x_0$, $x\to\pm\infty$ 以及 $x\to\infty$ 也都有相应的结果,只要适当修改定理 6.17 之条件.

例 6.11　求极限 $\lim\limits_{x\to 0^+}\dfrac{\ln(\sin x)}{\ln x}$.

解　这是$\frac{\infty}{\infty}$型极限,满足定理 6.17 的条件,因此

$$\lim_{x\to 0^+}\frac{\ln(\sin x)}{\ln x}=\lim_{x\to 0^+}\frac{\frac{\cos x}{\sin x}}{\frac{1}{x}}=\lim_{x\to 0^+}\left(\cos x\cdot\frac{x}{\sin x}\right)=1.$$ □

例 6.12　求极限 $\lim\limits_{x\to+\infty}\dfrac{\ln x}{x}$.

解　$\lim\limits_{x\to+\infty}\dfrac{\ln x}{x}=\lim\limits_{x\to+\infty}\dfrac{\frac{1}{x}}{1}=0.$ □

例 6.13　求极限 $\lim\limits_{x\to+\infty}\dfrac{x^{\sqrt{2}}}{e^x}$.

解　$\lim\limits_{x\to+\infty}\dfrac{x^{\sqrt{2}}}{e^x}=\lim\limits_{x\to+\infty}\dfrac{\sqrt{2}x^{\sqrt{2}-1}}{e^x}=\lim\limits_{x\to+\infty}\dfrac{\sqrt{2}(\sqrt{2}-1)x^{\sqrt{2}-2}}{e^x}=\lim\limits_{x\to+\infty}\dfrac{\sqrt{2}(\sqrt{2}-1)}{x^{2-\sqrt{2}}e^x}=0.$ □

注意,在应用洛必达法则时要时刻注意条件是否满足,特别是条件(3)明确了只有在导数商的极限存在的前提下才可应用,否则就可能出错. 例如,$\frac{\infty}{\infty}$型极限

$$\lim_{x\to\infty}\frac{x+\sin x}{x}$$

就不能用洛必达法则来求.原因是导数商的极限$\lim\limits_{x\to\infty}\frac{1+\cos x}{1}$不存在,所以对这个极限不能使用定理6.17.但事实上,这个极限存在:$\lim\limits_{x\to\infty}\frac{x+\sin x}{x}=1$.

对其他的如$0\cdot\infty$、1^{∞}、0^0、∞^0、$\infty-\infty$等不定式极限,通常可转化为$\frac{0}{0}$或$\frac{\infty}{\infty}$型来计算:

$$0\cdot\infty=\frac{0}{\frac{1}{\infty}}=\frac{0}{0}\text{或}\ 0\cdot\infty=\frac{\infty}{\frac{1}{0}}=\frac{\infty}{\infty};$$

$$1^{\infty}=e^{\infty\cdot\ln 1}=e^{\infty\cdot 0},0^0=e^{0\cdot\ln 0}=e^{0\cdot\infty},\infty^0=e^{0\cdot\ln\infty}=e^{0\cdot\infty};$$

$\infty-\infty$型不定式通常需要做通分运算而化为$\frac{0}{0}$或$\frac{\infty}{\infty}$型.

例 6.14 求极限$\lim\limits_{x\to 0^+}x\ln x$.($0\cdot\infty$型)

解 $\lim\limits_{x\to 0^+}x\ln x=\lim\limits_{x\to 0^+}\frac{\ln x}{\frac{1}{x}}=\lim\limits_{x\to 0^+}\frac{\frac{1}{x}}{-\frac{1}{x^2}}=-\lim\limits_{x\to 0^+}x=0.$ □

例 6.15 求极限$\lim\limits_{x\to 0}(1+x+x^2)^{\frac{1}{x}}$.($1^{\infty}$型)

解 由于$(1+x+x^2)^{\frac{1}{x}}=e^{\frac{1}{x}\ln(1+x+x^2)}$,并且

$$\lim_{x\to 0}\frac{\ln(1+x+x^2)}{x}=\lim_{x\to 0}\frac{\frac{1+2x}{1+x+x^2}}{1}=1,$$

原极限

$$\lim_{x\to 0}(1+x+x^2)^{\frac{1}{x}}=\lim_{x\to 0}e^{\frac{1}{x}\ln(1+x+x^2)}=e^{\lim\limits_{x\to 0}\frac{1}{x}\ln(1+x+x^2)}=e^1=e.$$ □

例 6.16 求极限 $\lim\limits_{x\to 0^+}(\sin x)^{\sin x}$.($0^0$ 型)

解 由于

$$\lim_{x\to 0^+}\sin x\ln(\sin x)=\lim_{x\to 0^+}\frac{\ln(\sin x)}{\frac{1}{\sin x}}=\lim_{x\to 0^+}\frac{\frac{\cos x}{\sin x}}{-\frac{\cos x}{\sin^2 x}}=-\lim_{x\to 0^+}\sin x=0,$$

原极限为$\lim\limits_{x\to 0^+}(\sin x)^{\sin x}=\lim\limits_{x\to 0^+}e^{\sin x\ln(\sin x)}=e^0=1.$ □

例 6.17 求极限$\lim\limits_{x\to 0^+}\left(\ln\frac{1}{x}\right)^x$.($\infty^0$ 型)

解 由于

$$\lim_{x\to 0^+}x\ln\ln\frac{1}{x}=\lim_{x\to 0^+}\frac{\ln\ln\frac{1}{x}}{\frac{1}{x}}=\lim_{x\to 0^+}\frac{\frac{1}{x\ln x}}{-\frac{1}{x^2}}=-\lim_{x\to 0^+}\frac{x}{\ln x}=0,$$

所求极限

$$\lim_{x\to0^+}\left(\ln\frac{1}{x}\right)^x=\lim_{x\to0^+}\mathrm{e}^{x\ln\ln\frac{1}{x}}=\mathrm{e}^0=1.$$ □

例 6.18　求极限$\lim\limits_{x\to0}\left[\frac{1}{x}-\frac{1}{\ln(1+x)}\right]$.（$\infty-\infty$型）

解　$\lim\limits_{x\to0}\left[\frac{1}{x}-\frac{1}{\ln(1+x)}\right]=\lim\limits_{x\to0}\frac{\ln(1+x)-x}{x\ln(1+x)}$

$$=\lim_{x\to0}\frac{\frac{1}{1+x}-1}{\ln(1+x)+\frac{x}{1+x}}=-\lim_{x\to0}\frac{1}{(1+x)\frac{\ln(1+x)}{x}+1}=-\frac{1}{2}.$$ □

例 6.19　求极限$\lim\limits_{x\to\infty}\left(x-x^2\ln\frac{x+1}{x}\right)$.（$\infty-\infty$型）

解　由于$\lim\limits_{x\to\infty}\left(x-x^2\ln\frac{x+1}{x}\right)=\lim\limits_{x\to\infty}x^2\left[\frac{1}{x}-\ln\left(1+\frac{1}{x}\right)\right]$，作代换 $t=\frac{1}{x}$，则所求极限等于$\lim\limits_{t\to0}\frac{t-\ln(1+t)}{t^2}=\lim\limits_{t\to0}\frac{1-\frac{1}{1+t}}{2t}=\lim\limits_{t\to0}\frac{1}{2(1+t)}=\frac{1}{2}$. □

例 6.20　求极限$\lim\limits_{n\to\infty}n\ln\left(1-\ln\frac{n+1}{n}\right)$.

注　这是数列极限，因此不能直接用洛必达法则. 需先将其转换为函数极限，通常方式有二：一是将数列表达式中 n 直接换成 x；二是将数列表达式中 n 直接换成$\frac{1}{x}$. 在求得函数极限后，再根据归结原则得到所求数列的极限.

解　先求函数极限：

$$\lim_{x\to0^+}\frac{1}{x}\ln(1-\ln(1+x))=\lim_{x\to0^+}\frac{\ln(1-\ln(1+x))}{x}=\lim_{x\to0^+}\frac{-\frac{1}{x+1}}{1-\ln(1+x)}=-1.$$

因此，根据归结原则，由$\frac{1}{n}\to0$ 知所求数列极限为-1：

$$\lim_{n\to\infty}n\ln\left(1-\ln\frac{n+1}{n}\right)=\lim_{n\to\infty}n\ln\left(1-\ln\left(1+\frac{1}{n}\right)\right)=-1.$$ □

6.5.3　曲线渐近线

这里对曲线的渐近线做一些补充说明. 关于渐近线，我们熟知双曲线$\frac{x^2}{a^2}-\frac{y^2}{b^2}=\pm1$ 有两条渐近线$\frac{x}{a}\pm\frac{y}{b}=0$. 对一般的无界曲线 Γ，它的**渐近线**定义为这样的直线 l 使得动点 P 沿曲线 Γ 无限远离原点时与直线 l 的距离趋于 0. 现在设无界曲线 Γ 是函数 $y=f(x),x\in I$ 的图像，则定义域 I 是无界的，或者函数值域是无界的. 如果渐近线 l 的方程为 $y=kx+b$，称为**斜渐近线**，则按照点到直线的距离公式可知有

$$\lim_{x\to(\pm)\infty}[f(x)-(kx+b)]=0.$$

由此可得关于斜率 k 和截距 b 的公式：

$$k=\lim_{x\to(\pm)\infty}\frac{f(x)}{x},b=\lim_{x\to(\pm)\infty}[f(x)-kx].$$

如果渐近线 l 是所谓的**垂直渐近线** $x=x_0$,此时函数 $f(x)$ 当 $x\to x_0^{(\pm)}$ 时,有所谓的非正常极限∞.

例 6.21 求曲线 $y=\ln(\mathrm{e}^x-1)$ 的渐近线.

解 函数 $f(x)=\ln(\mathrm{e}^x-1)$ 的存在域为 $(0,+\infty)$,于存在域上连续可导.

当 $x\to 0$ 时,$f(x)=\ln(\mathrm{e}^x-1)\to-\infty$,因此有垂直渐近线 $x=0$.

又根据洛必达法则有 $\lim\limits_{x\to+\infty}\frac{f(x)}{x}=\lim\limits_{x\to+\infty}\frac{\ln(\mathrm{e}^x-1)}{x}=\lim\limits_{x\to+\infty}\frac{\mathrm{e}^x}{\mathrm{e}^x-1}=1$,以及 $\lim\limits_{x\to+\infty}[f(x)-x]=\lim\limits_{x\to+\infty}\ln(1-\mathrm{e}^{-x})=0$,因此有斜渐近线 $y=x$. □

习题 6.5

1. 设 $a<b$ 为正数,证明存在 $\xi\in(a,b)$ 使得 $a\mathrm{e}^b-b\mathrm{e}^a=(1-\xi)\mathrm{e}^\xi(a-b)$.

2. 设 $a<b$ 为正数,函数 f 于区间 $[a,b]$ 连续,于 (a,b) 可导.证明存在点 $\xi\in(a,b)$ 使得

$$\frac{bf(a)-af(b)}{b-a}=f(\xi)-\xi f'(\xi).$$

3. 求下列极限:

(1) $\lim\limits_{x\to 0}\frac{\tan x-x}{x-\sin x}$, (2) $\lim\limits_{x\to 0}\frac{x-\ln(1+x)}{x^2}$,

(3) $\lim\limits_{t\to 0}\left(\frac{1}{\mathrm{e}^t-1}-\frac{1}{t}\right)$, (4) $\lim\limits_{x\to 1}\frac{1-x+\ln x}{x-x^x}$,

(5) $\lim\limits_{x\to+\infty}\left(\frac{\pi}{2}-\arctan x\right)^{\frac{1}{x}}$, (6) $\lim\limits_{n\to\infty}n\left[\mathrm{e}-\left(1+\frac{1}{n}\right)^n\right]$.

4. 求下列曲线的渐近线:

(1) $y=\frac{x^3}{x^2+x-2}$, (2) $y=\frac{x^2}{x+1}+\arccos\frac{1}{x}$.

§6.6* 曲线弯曲度

函数的上下凸性或者凹凸性表现了图像曲线呈现弯曲的形状.现在我们利用几何的直观性来考虑曲线的弯曲程度.

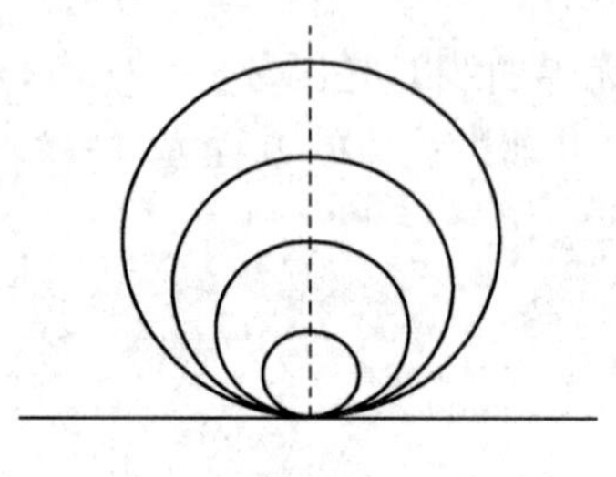

图 6.7

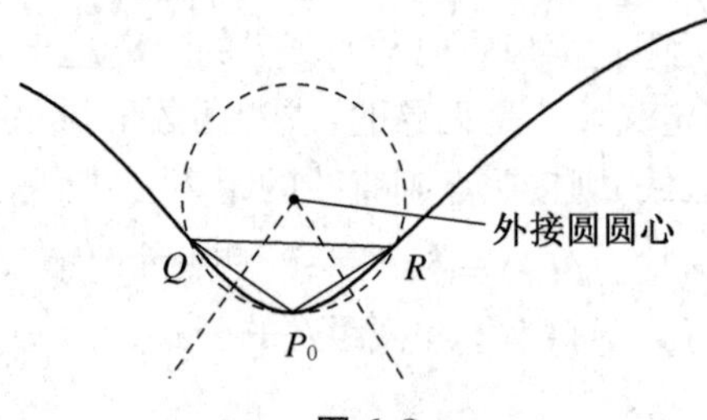

图 6.8

在各种曲线中，直线自然可以认为是没有弯曲的. 对另外一种完美的曲线——圆来说，同一个圆上每个点处的弯曲程度自然应该是一样的，但不同圆的弯曲程度在直观上显示出与圆的半径相关，如图6.7所示，半径越大，弯曲程度越小. 因此，我们将借助圆来讨论一般曲线的弯曲程度. 先定义曲线Γ在指定点$P_0\in\Gamma$处的**密切圆**：如果曲线Γ上的定点P_0与两个动点Q,R不共线时三角形$\triangle P_0QR$的外接圆，在动点Q,R沿曲线Γ趋于P_0时有极限位置，则称这个极限位置的圆为曲线Γ在点$P_0\in\Gamma$处的**密切圆**. 显然，如果曲线Γ本身是一个圆，则其上每一点处的密切圆都是它自身. 因此，密切圆很好地刻画了曲线的弯曲程度. 密切圆的半径越大，相应的弯曲程度就越小.

定理6.18　设函数f在x_0处二阶可导并且$f''(x_0)\neq 0$，记$y_0=f(x_0)$，则其图像曲线Γ上点$P_0(x_0,y_0)$处的密切圆半径为

$$r=\frac{\{1+[f'(x_0)]^2\}^{\frac{3}{2}}}{|f''(x_0)|}.$$

密切圆圆心为(x^*,y^*)，其中：

$$x^*=x_0-f'(x_0)(y^*-y_0),\ y^*=y_0+\frac{1+[f'(x_0)]^2}{f''(x_0)}.$$

证　不妨设$P_0(x_0,y_0)=O(0,0)$. 设动点$Q(x_1,y_1)$，$R(x_2,y_2)$，$y_1=f(x_1)$，$y_2=f(x_2)$. 先确定$\triangle P_0QR$的外接圆圆心. 该圆心为弦P_0Q和P_0R的中垂线交点，因此可解联立方程组

$$\begin{cases} y-\dfrac{1}{2}y_1=-\dfrac{x_1}{y_1}\left(x-\dfrac{1}{2}x_1\right) \\ y-\dfrac{1}{2}y_2=-\dfrac{x_2}{y_2}\left(x-\dfrac{1}{2}x_2\right) \end{cases},$$

而得出$\triangle P_0QR$的外接圆圆心坐标. 解上述方程组得圆心纵坐标为

$$y_{心}=\frac{1}{2}\cdot\frac{x_2+\dfrac{y_2^2}{x_2}-x_1-\dfrac{y_1^2}{x_1}}{\dfrac{y_2}{x_2}-\dfrac{y_1}{x_1}}=\frac{1}{2}\cdot\frac{H(x_2)-H(x_1)}{h(x_2)-h(x_1)},$$

其中，$h(x)=\dfrac{f(x)}{x}$，$H(x)=x+\dfrac{f^2(x)}{x}=x[1+h^2(x)]$.

由假设，函数f在0处二阶可导并且$f(0)=0$，$f''(0)\neq 0$，从而函数$h(x)=\dfrac{f(x)}{x}$在0处连续并且可导：$h(0)=f'(0)$以及

$$h'(0)=\lim_{x\to 0}\frac{h(x)-h(0)}{x}=\lim_{x\to 0}\frac{f(x)-f'(0)x}{x^2}=\lim_{x\to 0}\frac{f'(x)-f'(0)}{2x}=\frac{1}{2}f''(0).$$

当$x\neq 0$时，$h'(x)=\dfrac{f'(x)}{x}-\dfrac{f(x)}{x^2}=\dfrac{f'(x)-f'(0)}{x}-\dfrac{f(x)-f'(0)x}{x^2}$. 由于

$$\lim_{x\to 0}\frac{f'(x)-f'(0)}{x}=f''(0),\ \lim_{x\to 0}\frac{f(x)-f'(0)x}{x^2}=\lim_{x\to 0}\frac{f'(x)-f'(0)}{2x}=\frac{1}{2}f''(0),$$

$\lim\limits_{x\to 0}h'(x)=\dfrac{1}{2}f''(0)$. 于是由 $f''(0)\neq 0$ 知在 0 的某邻域 $U(0)$ 内 $h'(x)\neq 0$. 由 $H(x)=x[1+h^2(x)]$知函数 H 于 $U(0)$ 也可导,并且

$$H'(0)=\lim_{x\to 0}\frac{H(x)-H(0)}{x}=1+h^2(0)=1+[f'(0)]^2.$$

故可应用柯西中值定理而知$\triangle P_0QR$ 的外接圆圆心纵坐标满足

$$y_{心}=\frac{1}{2}\cdot\frac{H(x_2)-H(x_1)}{h(x_2)-h(x_1)}=\frac{1}{2}\cdot\frac{H'(\tau)}{h'(\tau)},\tau \text{ 介于 } x_1,x_2 \text{ 之间}.$$

于是,当 x_1,x_2 趋于 0 时圆心纵坐标有极限:

$$y_{心}\to y^*=\frac{1+[f'(0)]^2}{f''(0)}.$$

进而$\triangle P_0QR$ 的外接圆圆心横坐标满足:

$$x_{心}=\frac{1}{2}x_1-\frac{f(x_1)}{x_1}\left[y_{心}-\frac{1}{2}f(x_1)\right]\to x^*=-f'(0)y^*.$$

于是,密切圆圆心坐标为(x^*,y^*),进而密切圆半径为

$$r=\sqrt{(x^*)^2+(y^*)^2}=\frac{\{1+[f'(0)]^2\}^{\frac{3}{2}}}{|f''(0)|}.$$ □

曲线 Γ 在点 $P_0\in\Gamma$ 处的密切圆半径的倒数:

$$\kappa=\frac{|f''(x_0)|}{\{1+[f'(x_0)]^2\}^{\frac{3}{2}}}.$$

称为曲线 Γ 在点 $P_0\in\Gamma$ 处的**曲率**. 于是,曲率越大,弯曲程度越高;反之,曲率越小,弯曲程度越低.

例 6.22 证明抛物线 $y=x^2$ 在其顶点处曲率最大.

证 抛物线 $y=x^2$ 上任一点(x_0,y_0)处的曲率为 $\kappa=\dfrac{2}{(1+4x_0^2)^{\frac{3}{2}}}$,其显然在 $x_0=0$ 时达到最大. □

习题 6.6

1. 求下列曲线在指定点处的密切圆:

(1) $y=x^3$ 于点 $P_0(1,1)$; (2) $y=\ln x$ 于点 $P_0(\mathrm{e},1)$.

2. 设函数 f 于开区间 I 三阶可导,证明在曲线 $y=f(x),x\in I$ 的密切圆半径极小的点处满足:

$$3f'(x)[f''(x)]^2=f'''(x)\{1+[f'(x)]^2\}.$$

§6.7　函数图像

根据以上关于函数单调性和极值、凸性和拐点以及定义域端点处极限值等知识，我们现在可以作出函数特别是初等函数的较准确的图像，使其能够较确切地反映函数的各种性态，比简单使用列表描点法作出的函数图像更准确.

作函数图像时，一般的过程如下：

(1) 确定函数定义域；

(2) 考察函数具有的一些特殊性质：奇偶性、周期性、有界性等；

(3) 确定函数的一些特殊点：不连续点、不可导点、图像曲线与坐标轴的交点等；

(4) 确定函数的稳定点与单调区间、凸性区间与图像曲线的拐点等；

(5) 考察函数在定义域端点等特殊点处的性态，包括渐近线等；

(6) 作出函数的图形.

例 6.23　通过讨论，作出函数

$$y=x\sqrt{\frac{x}{x-2}}$$

的图像.

解　首先函数的定义域为$(-\infty,0]\cup(2,+\infty)$，并且连续，在 0 处左连续、左可导，图像经过原点 $O(0,0)$. 由于

$$y'=\sqrt{\frac{x}{x-2}}+x\cdot\frac{1}{2}\left(\frac{x}{x-2}\right)^{-\frac{1}{2}}\left(\frac{x}{x-2}\right)'=\frac{x-3}{x-2}\sqrt{\frac{x}{x-2}},$$

$$y''=\left(\frac{x-3}{x-2}\right)'\sqrt{\frac{x}{x-2}}+\frac{x-3}{x-2}\cdot\frac{1}{2}\left(\frac{x}{x-2}\right)^{-\frac{1}{2}}\left(\frac{x}{x-2}\right)'=\frac{3}{x(x-2)^2}\sqrt{\frac{x}{x-2}}.$$

函数的单调区间：于$(-\infty,0]$递增；于$(2,3]$递减；于$[3,+\infty)$递增. 3 为极小值点，极小值为 $y(3)=3\sqrt{3}$. 凹凸性区间：于$(-\infty,0]$凹(上凸)；于$(2,+\infty)$凸(下凸).

最后，再考虑当自变量 x 趋于定义域两端点 0,2 和$\pm\infty$时，函数的渐近状态. 当 $x\to0^-$ 时，$y\sim-\frac{1}{\sqrt{2}}\sqrt{(-x)^3}$，并且 $y>-\frac{1}{\sqrt{2}}\sqrt{(-x)^3}$. 当 $x\to2^+$ 时，有垂直渐近线 $x=2$. 当 $x\to\infty$ 时，由于$\frac{y}{x}=\sqrt{\frac{x}{x-2}}\to1$，并且

$$y-x=x\left(\sqrt{\frac{x}{x-2}}-1\right)=\frac{\frac{2x}{x-2}}{\sqrt{\frac{x}{x-2}}+1}\to1,$$

于是有斜渐近线 $y=x+1$. 并且当 $x<0$ 时 $y<x+1$;当$x>2$ 时 $y>x+1$. 根据上述分析,函数图像就可较准确地作出,如图 6.9 所示. □

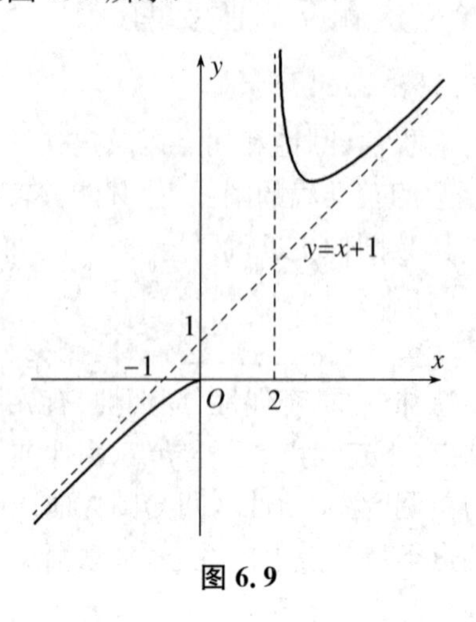

图 6.9

习题 6.7

试画出下列函数的图像:

(1) $y=\dfrac{x^2}{1+x}$, (2) $y=x-2\arctan x$,

(3) $y=|x|^{\frac{2}{3}}(x-2)^2$.

第七章　不定积分

微分学的基本问题是对给定的函数，求出该函数的导函数. 这一章中，我们考虑微分学基本问题的反问题. 这个反问题，除了自身的数学意义以外，也出现在其他学科的很多实际问题中，因此同样非常重要. 事实上，为解决反问题而诞生的积分学和微分学一起构成了完整的微积分学.

§7.1　原函数与不定积分的定义

微分学中，给定一个区间 I 上的函数 f，在适当条件下，我们可以得到一个导函数 f'. 例如，函数 $f(x)=x^n$ 有导函数 $f'(x)=nx^{n-1}$；函数 $f(x)=\arctan x$ 有导函数 $f'(x)=\dfrac{1}{1+x^2}$. 我们这里考虑反问题：给了一个区间 I 上的函数 f，求出一个区间 I 上的可导函数 F 使得导函数 $F'\equiv f$. 这一微分学基本问题的反问题就是积分学的第一基本问题.

定义 7.1　设函数 f 在区间 I 上有定义. 如果存在一个区间 I 上的可导函数 F 使得导函数

$$F'(x)=f(x),x\in I, \tag{7.1}$$

则称函数 F 是函数 f 在区间 I 上的一个**原函数**，也称函数 f 在区间 I 上有原函数 F. □

例如，当 n 是正整数时，函数 x^n 在区间$(-\infty,+\infty)$上有原函数 $F(x)=\dfrac{1}{n+1}x^{n+1}$；函数 $f(x)=\dfrac{1}{1+x^2}$在区间$(-\infty,+\infty)$上有原函数 $F(x)=\arctan x$. 事实上，按照基本求导公式，我们可以得到很多较简单函数的原函数. 那么自然地，对基本求导公式之外的复杂函数，就有原函数是否存在，以及存在时如何求出的问题.

当然，存在性问题总是根本性问题，所以我们先讨论. 按定义，一个函数的原函数存在意味着该函数一定是某个函数的导函数. 因此，如果一个函数不具有导函数应该有的性质，例如介值性，那么这个函数就没有原函数. 例如，符号函数 $\operatorname{sgn}(x)$于整个实轴$(-\infty,+\infty)$就没有原函数. 然而，如果是连续函数，那么原函数就一定存在. 这个结论的证明要在下一章才能完成，所以这里仅将其作为定理列出.

定理 7.1　设函数 f 在区间 I 上连续，则函数 f 在区间 I 上有原函数 F：存在一个区间 I 上的可导函数 F 使得导函数 $F'=f$. □

由于初等函数在其存在域内都是连续的，定理 7.1 的一个重要推论就是**所有初等函数在其存在域内都有原函数**. 解决了存在性问题后，就要进一步地考虑唯一性问题. 显然，如果函数 f 在区间 I 上有原函数 F，那么对任何常数 C，函数 $F+C$ 都是 f 在区间 I 上的原函数.

下述结论表明这些函数构成了函数 f 在区间 I 上的所有原函数.

定理 7.2 如果函数 f 在区间 I 上有原函数 F,那么函数 f 在区间 I 上的任一原函数都可表示为 $F+C$ 的形式,其中 C 为常数.

证 设函数 G 是函数 f 在区间 I 上的一个原函数,即于区间 I 上有 $G'=f$. 由于函数 f 在区间 I 上有原函数 F,也有 $F'=f$. 于是 $G'=F'$,从而存在某常数 C 使得 $G=F+C$. □

定义 7.2 函数 f 在区间 I 上的全体原函数称为函数 f 在区间 I 上的**不定积分**,记为

$$\int f(x)\mathrm{d}x \quad (x\in I). \tag{7.2}$$

其中,$\int$ 为**积分号**,$f(x)$ 为**被积函数**,$f(x)\mathrm{d}x$ 为**被积表达式**,x 为**积分变量**. □

根据定理 7.2,如果函数 f 在区间 I 上有原函数 F,则

$$\int f(x)\mathrm{d}x=\{F(x)+C:C\text{ 为任意常数}\}.$$

为方便记,常写成

$$\int f(x)\mathrm{d}x=F(x)+C. \tag{7.3}$$

此时,任意常数 C 亦称为**积分常数**,式(7.3)左端的不定积分同时也表示函数 f 的一个原函数. 于是有

$$\left[\int f(x)\mathrm{d}x\right]'=f(x),\quad \mathrm{d}\int f(x)\mathrm{d}x=f(x)\mathrm{d}x. \tag{7.4}$$

这说明积分与求导或微分是互逆运算.

例如,由于 $f(x)=x^n$ 有原函数 $F(x)=\frac{1}{n+1}x^{n+1}$,可得

$$\int x^n\mathrm{d}x=\frac{1}{n+1}x^{n+1}+C.$$

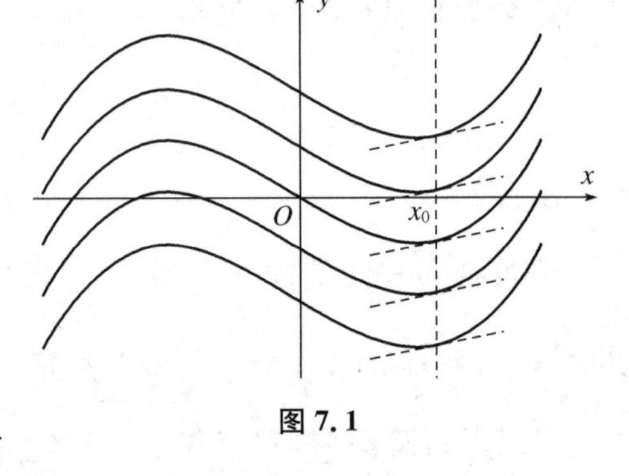

图 7.1

现在来考察不定积分的几何意义. 称函数 f 在区间 I 上的原函数 F 的图像,即 $y=F(x)$ 的图像曲线为函数 f 的一条**积分曲线**. 于是不定积分就表示由一条积分曲线沿纵轴上下任意平移所得的**平行积分曲线族**. 这里平行是指在横坐标相同的点处,各条积分曲线的切线平行. 如果要求一条通过已知点 (x_0,y_0) 的积分曲线,则可通过 $y_0=F(x_0)+C$ 解出常数 $C=y_0-F(x_0)$,从而得到所求积分曲线为 $y=F(x)+y_0-F(x_0)$. 确定积分常数的条件称为**初值条件**,可写为

$$y|_{x=x_0}=y_0,\quad \text{或}\quad y(x_0)=y_0.$$

例 7.1 在切线斜率为 $3x^2$ 的积分曲线族中,求通过点(1,−2)的积分曲线.

解 设所求曲线为 $y=y(x)$. 按条件,$y'(x)=3x^2$. 于是,

$$y(x)=\int 3x^2\mathrm{d}x=x^3+C.$$

由于根据条件有 $y(1)=-2$,可求得常数 $C=-3$. 于是所求积分曲线为 $y=x^3-3$. □

习题 7.1

1. 求下列不定积分:

(1) $\int x^n \mathrm{d}x$,n 为正整数,　　(2) $\int \cos x \mathrm{d}x$,

(3) $\int \mathrm{e}^x \mathrm{d}x$,　　(4) $\int \frac{1}{1+x^2} \mathrm{d}x$.

2. 求函数 $y=x^2$ 的一条通过点 $(0,1)$ 的积分曲线.

§7.2　基本积分表与不定积分线性运算法则

为有效计算不定积分,必须掌握一张基本积分表和一些运算法则. 由于积分是求导的逆运算,逆转基本导数公式表,就可获得一张基本积分公式表;把求导的运算法则逆转过来,就获得求不定积分的运算法则.

7.2.1　基本积分表

1. $\int 0 \mathrm{d}x = C$.

2. $\int 1 \mathrm{d}x = x + C$.

3. $\int x^{\alpha} \mathrm{d}x = \frac{1}{\alpha+1} x^{\alpha+1} + C \quad (\alpha \neq -1, x > 0)$.

4. $\int \frac{1}{x} \mathrm{d}x = \ln |x| + C \quad (x \neq 0)$.

5. $\int \mathrm{e}^x \mathrm{d}x = \mathrm{e}^x + C$.

6. $\int a^x \mathrm{d}x = \frac{a^x}{\ln a} + C \quad (a > 0, a \neq 1)$.

7. $\int \cos(ax) \mathrm{d}x = \frac{\sin(ax)}{a} + C \quad (a \neq 0)$.

8. $\int \sin(ax) \mathrm{d}x = -\frac{\cos(ax)}{a} + C \quad (a \neq 0)$.

9. $\int \frac{1}{\cos^2 x} \mathrm{d}x = \int \sec^2 x \mathrm{d}x = \tan x + C$.

10. $\int \frac{1}{\sin^2 x} \mathrm{d}x = \int \csc^2 x \mathrm{d}x = -\cot x + C$.

11. $\int \frac{1}{\sqrt{1-x^2}} \mathrm{d}x = \arcsin x + C$.

12. $\int \frac{1}{1+x^2}\mathrm{d}x = \arctan x + C.$

注 关于幂函数的不定积分公式 3 中变量 x 的范围，当 α 是正整数时，可扩大为整个实轴；当 $\alpha \neq -1$ 是负整数时，可扩大为除原点外的整个实轴.

7.2.2 线性运算法则

将求导线性运算法则反转就得到不定积分的线性运算法则.

定理 7.3 设函数 f 和 g 在区间 I 上分别有原函数 F 和 G，则对任何常数 α,β，线性组合 $\alpha f+\beta g$ 在区间 I 上有原函数 $\alpha F+\beta G$；当 α,β 不全为 0 时有

$$\int [\alpha f(x)+\beta g(x)]\mathrm{d}x = \alpha\int f(x)\mathrm{d}x + \beta\int g(x)\mathrm{d}x. \tag{7.5}$$

证 由于 $(\alpha F+\beta G)' = \alpha F' + \beta G' = \alpha f+\beta g$，$\alpha f+\beta g$ 在区间 I 上有原函数 $\alpha F+\beta G$. □

线性法则式(7.5)可推广到有限个函数的形式：

$$\int \left[\sum_{i=1}^{k}\alpha_i f_i(x)\right]\mathrm{d}x = \sum_{i=1}^{k}\alpha_i\int f_i(x)\mathrm{d}x.$$

根据线性运算法则和基本积分公式表，就可以求一些稍微复杂的不定积分了.

例 7.2 $\int 3x^4\mathrm{d}x = 3\int x^4\mathrm{d}x = 3\left(\frac{1}{5}x^5 + C_1\right) = \frac{3}{5}x^5 + 3C_1 = \frac{3}{5}x^5 + C.$ □

例 7.3 计算

$$\begin{aligned}&\int\left(\mathrm{e}^x - 2\cos x + \frac{1}{1+x^2}\right)\mathrm{d}x\\ &= \int \mathrm{e}^x\mathrm{d}x - 2\int\cos x\mathrm{d}x + \int\frac{1}{1+x^2}\mathrm{d}x\\ &= \mathrm{e}^x + C_1 - 2(\sin x + C_2) + \arctan x + C_3\\ &= \mathrm{e}^x - 2\sin x + \arctan x + C.\end{aligned}$$
□

注 以后计算不定积分时，若涉及多个不定积分的组合计算，可以先计算各自的一个原函数，然后在最后写上积分常数 C. 例如，刚才的积分可写成

$$\begin{aligned}\int\left(\mathrm{e}^x - 2\cos x + \frac{1}{1+x^2}\right)\mathrm{d}x &= \int \mathrm{e}^x\mathrm{d}x - 2\int\cos x\mathrm{d}x + \int\frac{1}{1+x^2}\mathrm{d}x\\ &= \mathrm{e}^x - 2\sin x + \arctan x + C.\end{aligned}$$

例 7.4 计算

$$\begin{aligned}\int(3^x - 2^x)^2\mathrm{d}x &= \int(3^{2x} - 2\cdot 3^x\cdot 2^x + 2^{2x})\mathrm{d}x\\ &= \int(9^x - 2\cdot 6^x + 4^x)\mathrm{d}x\\ &= \frac{9^x}{\ln 9} - \frac{2}{\ln 6}\cdot 6^x + \frac{4^x}{\ln 4} + C.\end{aligned}$$
□

例 7.5 计算

$$\int\tan^2 x\mathrm{d}x = \int\frac{\sin^2 x}{\cos^2 x}\mathrm{d}x = \int\left(\frac{1}{\cos^2 x} - 1\right)\mathrm{d}x$$

$$= \tan x - x + C. \qquad \square$$

例 7.6　计算

$$\int \frac{\mathrm{d}x}{x^4+x^6} = \int \frac{\mathrm{d}x}{x^4(1+x^2)} = \int \left(\frac{1}{x^4} - \frac{1}{x^2} + \frac{1}{1+x^2}\right)\mathrm{d}x$$

$$= -\frac{1}{3} \cdot x^{-3} + \frac{1}{x} + \arctan x + C. \qquad \square$$

注　例 7.6 中将被积函数拆成若干函数的和来求不定积分的方法叫作**分项积分法**.

习题 7.2

1. 求下列不定积分：

(1) $\int \sqrt{3x}\,\mathrm{d}x$，　　(2) $\int t^2\,\mathrm{d}t$，

(3) $\int \frac{1}{\sqrt{h}}\mathrm{d}h$，　　(4) $\int \frac{1}{\cos^2 s}\mathrm{d}s$，

(5) $\int \frac{1}{\sqrt{1-v^2}}\mathrm{d}v$，　　(6) $\int x(1-x^3)^2\,\mathrm{d}x$，

(7) $\int \frac{1-\sin^3 x}{\sin^2 x}\mathrm{d}x$，　　(8) $\int \frac{2+x^2}{1+x^2}\mathrm{d}x$，

(9) $\int \frac{1}{x^2(1+x^2)}\mathrm{d}x$.

§7.3　分部积分法与换元积分法

利用线性运算法则和基本公式表，我们已经可以求出一些看似复杂的不定积分. 然而，对一些看似并不复杂的积分，如：$\int x\mathrm{e}^{x^2}\mathrm{d}x$，$\int \sqrt{1-x^2}\,\mathrm{d}x$，$\int x\mathrm{e}^x\mathrm{d}x$，$\int \ln x\mathrm{d}x$ 等，却还不能求出. 因此，我们需要找到其他的积分法. 如前所述，积分是求导的逆运算，因此我们从求导运算法则出发去寻找.

7.3.1　分部积分法

求导运算乘法法则为

$$[u(x)v(x)]' = u'(x)v(x) + u(x)v'(x).$$

用原函数的话来说，就是上式右端两项之和有原函数 $u(x)v(x)$. 因此若两项中有一项存在原函数，那么另外一项一定也有原函数，而且两项的原函数之和为 $u(x)v(x)$. 用不定积分来表示原函数，就得到如下的分部积分公式.

定理 7.4　若函数 $u(x)$，$v(x)$ 可导并且不定积分 $\int u'(x)v(x)\mathrm{d}x$ 存在，则 $\int u(x)v'(x)\mathrm{d}x$

也存在并且满足

$$\int u(x)v'(x)\mathrm{d}x = u(x)v(x) - \int u'(x)v(x)\mathrm{d}x. \tag{7.6}$$

证 由 $u(x)v'(x)=[u(x)v(x)]'-u'(x)v(x)$,两边求不定积分即得. □

公式(7.6)称为**分部积分公式**,常简写为

$$\int u\mathrm{d}v = uv - \int v\mathrm{d}u. \tag{7.7}$$

运用分部积分公式时,应当先适当选取函数 u 和微分 $\mathrm{d}v$,将所求积分化为 $\int u\mathrm{d}v$,然后用公式转化为相对容易计算的积分 $\int v\mathrm{d}u$ 的计算.

例 7.7 计算

$$\int x\cos x\mathrm{d}x = \int x\mathrm{d}(\sin x) = x\sin x - \int \sin x\mathrm{d}x = x\sin x + \cos x + C.$$ □

例 7.8 计算

$$\int x\mathrm{e}^x\mathrm{d}x = \int x\mathrm{d}(\mathrm{e}^x) = x\mathrm{e}^x - \int \mathrm{e}^x\mathrm{d}x = x\mathrm{e}^x - \mathrm{e}^x + C.$$ □

例 7.9 计算

$$\int \ln x\mathrm{d}x = x\ln x - \int x\mathrm{d}(\ln x) = x\ln x - \int x\cdot\frac{1}{x}\mathrm{d}x = x\ln x - x + C.$$ □

对有些不定积分,可能要用多次分部积分公式.

例 7.10 计算

$$\begin{aligned}\int x^2\sin x\mathrm{d}x &= -\int x^2\mathrm{d}(\cos x) = -x^2\cos x + \int \cos x\mathrm{d}(x^2)\\ &= -x^2\cos x + 2\int x\cos x\mathrm{d}x\\ &= -x^2\cos x + 2(x\sin x + \cos x) + C\\ &= -x^2\cos x + 2x\sin x + 2\cos x + C.\end{aligned}$$ □

例 7.11 计算

$$\begin{aligned}\int \mathrm{e}^x\sin x\mathrm{d}x &= \int \sin x\mathrm{d}(\mathrm{e}^x) = \mathrm{e}^x\sin x - \int \mathrm{e}^x\mathrm{d}(\sin x)\\ &= \mathrm{e}^x\sin x - \int \mathrm{e}^x\cos x\mathrm{d}x.\end{aligned}$$

$$\begin{aligned}\int \mathrm{e}^x\cos x\mathrm{d}x &= \int \cos x\mathrm{d}(\mathrm{e}^x) = \mathrm{e}^x\cos x - \int \mathrm{e}^x\mathrm{d}(\cos x)\\ &= \mathrm{e}^x\cos x + \int \mathrm{e}^x\sin x\mathrm{d}x.\end{aligned}$$

将后一式代入前一式,就得

$$\int \mathrm{e}^x\sin x\mathrm{d}x = \mathrm{e}^x\sin x - \mathrm{e}^x\cos x - \int \mathrm{e}^x\sin x\mathrm{d}x.$$

由此可知

$$\int e^x \sin x \mathrm{d}x = \frac{1}{2}(e^x \sin x - e^x \cos x) + C. \qquad \square$$

7.3.2　换元积分法

现在我们考虑求导的复合运算法则：

$$[f(g(x))]' = f'(g(x))g'(x).$$

此式用原函数来说，就是右边函数 $f'(g(x))g'(x)$ 有原函数 $f(g(x))$，转换成不定积分就得

$$\int f'(g(x))g'(x)\mathrm{d}x = f(g(x)) + C.$$

注意到上式中函数 f 和导函数 f'，我们就有如下公式：若函数 f 有原函数 F：$F' = f$，则

$$\int f(g(x))g'(x)\mathrm{d}x = F(g(x)) + C.$$

记 $u = g(x)$，则上式右端为 $F(u) + C$，而左端为

$$\int f(g(x))g'(x)\mathrm{d}x = \int f(g(x))\mathrm{d}g(x) = \int f(u)\mathrm{d}u.$$

因此得到

$$\begin{array}{ccc} \displaystyle\int f(g(x))g'(x)\mathrm{d}x & = & F(g(x)) + C. \\ \| & & \| \\ \displaystyle\int f(u)\mathrm{d}u & = & F(u) + C. \end{array}$$

求积分 $\int f(g(x))g'(x)\mathrm{d}x$ 时，逆时针进行：通过 $g(x) = u$ 转换成左下角积分 $\int f(u)\mathrm{d}u$ 计算，称为**第一类换元法或凑微分法**；相反，计算积分 $\int f(u)\mathrm{d}u$ 时，则顺时针通过替代 $u = g(x)$ 转换成积分 $\int f(g(x))g'(x)\mathrm{d}x$ 再计算. 此时称为**第二类换元法**. 上面所示的第二类换元的积分变量是 u，最后求出不定积分时的表达式也要用 u 表示出来. 因此在获得 x 的表达式 $F(g(x)) + C$ 以后，要由 $u = g(x)$ 解出 $x = g^{-1}(u)$ 并且代入而得，也即函数 g 要有反函数.

现在，我们通过具体例子来体会上述所说的计算过程.

例 7.12　设 $a \neq 0$ 为常数，计算

$$\int e^{ax}\mathrm{d}x = \frac{1}{a}\int e^{ax}\mathrm{d}(ax) = \frac{1}{a}\int e^u \mathrm{d}u = \frac{1}{a}e^u + C = \frac{1}{a}e^{ax} + C. \qquad \square$$

例 7.13　计算

$$\int \tan x \mathrm{d}x = \int \frac{\sin x}{\cos x}\mathrm{d}x = -\int \frac{1}{\cos x}\mathrm{d}(\cos x) = -\ln|\cos x| + C. \qquad \square$$

注　第一换元法熟悉以后，就像例 7.13 中那样，可以不用将代换 $u = \cos x$ 写出来.

例 7.14 计算

$$\int \frac{x}{\sqrt{1+x^2}}\mathrm{d}x = \frac{1}{2}\int \frac{\mathrm{d}(x^2)}{\sqrt{1+x^2}} = \frac{1}{2}\int \frac{\mathrm{d}(1+x^2)}{\sqrt{1+x^2}} = \sqrt{1+x^2}+C. \qquad \square$$

例 7.15 计算

$$\int \frac{\ln x}{x}\mathrm{d}x = \int \ln x \mathrm{d}(\ln x) = \frac{1}{2}\ln^2 x + C. \qquad \square$$

例 7.16 设 $a\neq 0$ 为常数,计算

$$\begin{aligned}\int \frac{\mathrm{d}x}{a^2-x^2} &= \int \frac{\mathrm{d}x}{(a-x)(a+x)} = \frac{1}{2a}\int\left(\frac{1}{a-x}+\frac{1}{a+x}\right)\mathrm{d}x \\ &= -\frac{1}{2a}\int\frac{\mathrm{d}(x-a)}{x-a}+\frac{1}{2a}\int\frac{\mathrm{d}(x+a)}{x+a} \\ &= -\frac{1}{2a}\ln|x-a|+\frac{1}{2a}\ln|x+a|+C \\ &= \frac{1}{2a}\ln\left|\frac{x+a}{x-a}\right|+C. \qquad \square\end{aligned}$$

例 7.17 计算

$$\int \sec x \mathrm{d}x = \int \frac{\cos x}{\cos^2 x}\mathrm{d}x = \int \frac{\mathrm{d}(\sin x)}{1-\sin^2 x} = \frac{1}{2}\ln\frac{1+\sin x}{1-\sin x}+C. \qquad \square$$

以上各例的计算都应用了积分的第一换元法. 现在我们再看如下几个不定积分的计算.

例 7.18 计算 $\int \frac{\mathrm{d}u}{1+\sqrt{u}}$.

解 作换元 $u=x^2$,有反函数 $x=\sqrt{u}$. 于是,

$$\begin{aligned}\int \frac{\mathrm{d}u}{1+\sqrt{u}} &= \int \frac{2x\mathrm{d}x}{1+x} \\ &= \int\left(2-\frac{2}{x+1}\right)\mathrm{d}x = 2x-2\ln|x+1|+C \\ &= 2\sqrt{u}-2\ln(\sqrt{u}+1)+C. \qquad \square\end{aligned}$$

这里要注意最后一步,一定要将 $x=\sqrt{u}$ 代入,将变量还原为所求不定积分的积分变量.

例 7.19 计算 $\int \frac{x+1}{\sqrt[3]{3x+1}}\mathrm{d}x$.

解 令 $t=\sqrt[3]{3x+1}$,即 $x=\frac{t^3-1}{3}$. 于是,

$$\begin{aligned}\int \frac{x+1}{\sqrt[3]{3x+1}}\mathrm{d}x &= \int \frac{\frac{t^3-1}{3}+1}{t}t^2\mathrm{d}t = \frac{1}{3}\int(t^4+2t)\mathrm{d}t \\ &= \frac{1}{15}t^5+\frac{1}{3}t^2+C\end{aligned}$$

$$= \frac{1}{15}(3x+1)^{\frac{5}{3}} + \frac{1}{3}(3x+1)^{\frac{2}{3}} + C.$$ □

例 7.20　设 $a>0$ 为常数,计算 $\int \sqrt{a^2-x^2}\,\mathrm{d}x$.

解　作代换 $x=a\sin t, t\in\left[-\frac{\pi}{2},\frac{\pi}{2}\right]$,则有逆变换(反函数)$t=\arcsin\frac{x}{a}$. 于是,

$$\begin{aligned}\int \sqrt{a^2-x^2}\,\mathrm{d}x &= \int a\cos t\,\mathrm{d}(a\sin t) = a^2\int\cos^2 t\,\mathrm{d}t \\ &= \frac{a^2}{2}\int(1+\cos 2t)\,\mathrm{d}t = \frac{a^2}{2}\left(t+\frac{\sin 2t}{2}\right)+C \\ &= \frac{a^2}{2}\left[\arcsin\frac{x}{a}+\frac{x}{a}\sqrt{1-\left(\frac{x}{a}\right)^2}\right]+C \\ &= \frac{a^2}{2}\arcsin\frac{x}{a}+\frac{1}{2}x\sqrt{a^2-x^2}+C.\end{aligned}$$ □

例 7.21　设 $a>0$ 为常数,计算 $\int \frac{1}{\sqrt{a^2+x^2}}\,\mathrm{d}x$.

解　作代换 $x=a\tan t, -\frac{\pi}{2}<t<\frac{\pi}{2}$,则 $t=\arctan\frac{x}{a}$. 于是

$$\begin{aligned}\int \frac{1}{\sqrt{a^2+x^2}}\,\mathrm{d}x &= \int \frac{1}{\frac{a}{\cos t}}\cdot\frac{a}{\cos^2 t}\,\mathrm{d}t = \int\frac{\mathrm{d}t}{\cos t} \\ &= \ln|\sec t+\tan t|+C.\end{aligned}$$

由于 $\sec t=\frac{1}{\cos t}=\frac{\sqrt{a^2+x^2}}{a}$,得

$$\int \frac{1}{\sqrt{a^2+x^2}}\,\mathrm{d}x = \ln(x+\sqrt{a^2+x^2})+C.$$ □

分部积分法与换元积分法经常会结合一起使用.

例 7.22　计算 $\int \arctan x\,\mathrm{d}x$.

解　首先用分部积分得

$$\int\arctan x\,\mathrm{d}x = x\arctan x-\int\frac{x}{1+x^2}\,\mathrm{d}x.$$

再对上式右端的积分应用换元法得

$$\int\frac{x}{1+x^2}\,\mathrm{d}x = \frac{1}{2}\int\frac{1}{1+x^2}\,\mathrm{d}(1+x^2) = \frac{1}{2}\ln(1+x^2)+C.$$

于是所求积分

$$\int\arctan x\,\mathrm{d}x = x\arctan x-\frac{1}{2}\ln(1+x^2)+C.$$ □

习题 7.3

1. 用分部积分法求下列不定积分：

(1) $\int x\sin x\mathrm{d}x$,

(2) $\int x\mathrm{e}^{-x}\mathrm{d}x$,

(3) $\int x\sec^2 x\mathrm{d}x$,

(4) $\int \arcsin x\mathrm{d}x$,

(5) $\int \frac{\arcsin x}{x^2}\mathrm{d}x$,

(6) $\int \frac{\arctan x}{x^2}\mathrm{d}x$,

(7) $\int x^5\ln x\mathrm{d}x$,

(8) $\int \frac{\ln x}{x^5}\mathrm{d}x$,

(9) $\int \sin x\ln(\tan x)\mathrm{d}x$,

(10) $\int \sqrt{x}\ln^2 x\mathrm{d}x$,

(11) $\int x^2\cos(5x)\mathrm{d}x$,

(12) $\int \arctan\sqrt{x}\mathrm{d}x$,

(13) $\int \ln^2 x\mathrm{d}x$,

(14) $\int \ln(x+\sqrt{1+x^2})\mathrm{d}x$,

(15) $\int (\arcsin x)^2\mathrm{d}x$,

(16) $\int \sin(\ln x)\mathrm{d}x$,

(17) $\int \frac{\ln\ln x}{x}\mathrm{d}x$,

(18) $\int x\sin\sqrt{x}\mathrm{d}x$,

(19) $\int \frac{x^2\arctan x}{1+x^2}\mathrm{d}x$,

(20) $\int \frac{\arcsin x}{\sqrt{(1-x^2)^3}}\mathrm{d}x$.

2. 用换元法求下列不定积分：

(1) $\int \frac{\mathrm{d}x}{1+\sqrt[3]{x}}$,

(2) $\int \frac{x}{\sqrt[3]{1-x}}\mathrm{d}x$,

(3) $\int \frac{\sqrt{x^2-a^2}}{x}\mathrm{d}x$,

(4) $\int \frac{\sqrt{a^2-x^2}}{x}\mathrm{d}x$,

(5) $\int \frac{x^2}{\sqrt{a^2-x^2}}\mathrm{d}x$,

(6) $\int \frac{1}{x^4\sqrt{a^2+x^2}}\mathrm{d}x$,

(7) $\int \frac{\mathrm{d}x}{1+\cos x}$,

(8) $\int \frac{\mathrm{d}x}{1+\sin x}$,

(9) $\int \frac{x}{4+x^4}\mathrm{d}x$,

(10) $\int \frac{x^3}{x^8+1}\mathrm{d}x$,

(11) $\int \cos^5 x\mathrm{d}x$,

(12) $\int \frac{\mathrm{d}x}{\mathrm{e}^x+\mathrm{e}^{-x}}$,

(13) $\int \frac{\mathrm{d}x}{x\ln x}$,

(14) $\int \frac{\mathrm{d}x}{x(x^{10}+1)}$,

(15) $\int \frac{\ln(2x)}{x\ln(4x)}\mathrm{d}x$.

§7.4　有理函数不定积分

前面，我们介绍了求不定积分的主要方法，并且求出了许多初等函数的不定积分．这里，“求出不定积分”是指用初等函数将这个不定积分表示出来．在这个意义下，与微分学中初等函数的导数仍然为初等函数不同，积分学中初等函数的不定积分很多不再是初等函数，也就是有很多初等函数的不定积分是求不出的．例如

$$\int\sqrt{x^3+1}\,\mathrm{d}x,\ \int \mathrm{e}^{x^2}\,\mathrm{d}x,\ \int\frac{\mathrm{d}x}{\ln x},\ \int\frac{\sin x}{x}\mathrm{d}x,\ \int\sqrt{1-\kappa^2\sin^2 x}\,\mathrm{d}x\quad(0<\kappa<1)$$

这些看似并不是很复杂的不定积分，都不能用初等函数表示出来．具体证明相当困难，超出了本书的范围．但是，我们将证明有理函数的不定积分是可求的．

利用基本积分公式表和换元及分部积分法，我们已经求过一些有理函数的不定积分．现在考虑一般情形的有理函数．首先，有理函数总可表示为两个多项式的商：

$$R(x)=\frac{P(x)}{Q(x)}=\frac{a_0x^p+a_1x^{p-1}+\cdots+a_p}{b_0x^q+b_1x^{q-1}+\cdots+b_q}.$$

多项式的不定积分容易求得，因此我们总是假定分母不是常数．当分子的多项式次数小于分母的多项式次数时称为**真分式**；否则称为**假分式**．对假分式，由多项式除法，可将其表示为一个多项式与一个真分式的和，因此只需要说明真分式的不定积分可求．以下假定分母的多项式首系 $b_0=1$．

借助于代数知识，可以证明，每个真分式都可表示为若干个如下两种类型的有理函数之和：

$$(1)\ \frac{A}{(x-a)^m},\qquad\qquad (2)\ \frac{Bx+C}{(x^2+\alpha x+\beta)^n}.$$

其中，m,n 是正整数，a,A,B,C,α,β 都是常数，并且 $\alpha^2-4\beta<0$．在所有真分式中，这两种类型是最简单的，因而我们称为**最简分式**．将真分式表示为最简分式之和也称为**部分分式分解**，其过程分为三步：

第一步　将分母因式分解：根据实系数多项式在实数系内的标准分解定理，分母

$$Q(x)=(x-a_1)^{m_1}\cdots(x-a_s)^{m_s}(x^2+\alpha_1x+\beta_1)^{n_1}\cdots(x^2+\alpha_tx+\beta_t)^{n_t},$$

其中 a_i 互不相同，二次因式系数对 (α_i,β_i) 也互不相同，并且满足 $\alpha_i^2-4\beta_i<0$．

一般而言，这一步是相当困难的．实际上，在绝大多数情况下，只是在理论上可以．

第二步　对第一步所获分母的因式分解，因式 $(x-a)^m$ 对应部分分式

$$\frac{A_1}{x-a}+\frac{A_2}{(x-a)^2}+\cdots+\frac{A_m}{(x-a)^m},$$

其中 A_i 为常数；因式 $(x^2+\alpha x+\beta)^n$ 对应部分分式

$$\frac{B_1x+C_1}{x^2+\alpha x+\beta}+\frac{B_2x+C_2}{(x^2+\alpha x+\beta)^2}+\cdots+\frac{B_nx+C_n}{(x^2+\alpha x+\beta)^n},$$

其中 B_i,C_i 是常数. 此时,系数 A_i,B_i,C_i 尚未确定. 由此得到真分式的部分分式分解,系数待定.

这一步相对刻板,就是将真分式的部分分式分解用待定系数写出.

第三步 确定第二步中的待定系数而完成真分式的部分分式分解. 可以证明,待定系数一定是唯一确定的. 在具体演算时可采用相对灵活的方法来确定系数.

例 7.23 分解如下有理函数为最简分式之和:

$$R(x)=\frac{2x+2}{x^5-x^4+2x^3-2x^2+x-1}.$$

解 所给有理函数是真分式,其分母可因式分解为

$$x^5-x^4+2x^3-2x^2+x-1=(x-1)(x^2+1)^2.$$

于是有分解

$$\frac{2x+2}{(x-1)(x^2+1)^2}=\frac{A}{x-1}+\frac{B_1x+C_1}{x^2+1}+\frac{B_2x+C_2}{(x^2+1)^2},$$

其中,A,B_1,B_2,C_1,C_2 为待定常数. 将上式右端通分后再比较两端分子,即得

$$2x+2=A(x^2+1)^2+(B_1x+C_1)(x-1)(x^2+1)+(B_2x+C_2)(x-1). \tag{7.8}$$

将上式右端展开得

$$2x+2=(A+B_1)x^4+(-B_1+C_1)x^3+(2A+B_1-C_1+B_2)x^2+(-B_1+C_1-B_2+C_2)x+A-C_1-C_2.$$

两端比较系数得

$$\begin{cases}A+B_1=0,\\-B_1+C_1=0,\\2A+B_1-C_1+B_2=0,\\-B_1+C_1-B_2+C_2=2,\\A-C_1-C_2=2.\end{cases}$$

解此方程组,得

$$A=1,B_1=-1,C_1=-1,B_2=-2,C_2=0.$$

于是得分解:

$$\frac{2x+2}{(x-1)(x^2+1)^2}=\frac{1}{x-1}-\frac{x+1}{x^2+1}-\frac{2x}{(x^2+1)^2}.$$ □

注 确定式(7.8)中的待定常数,也可采用赋值的方法:在式(7.8)中令 $x=1$,即得 $A=1$. 其余待定常数也可通过赋值,再通过解方程组而获得.

于是,按照真分式的部分分式分解,真分式的不定积分就转化为两种最简分式的不定积分:

$$(1)\int\frac{A}{(x-a)^m}\mathrm{d}x,\qquad (2)\int\frac{Bx+C}{(x^2+\alpha x+\beta)^n}\mathrm{d}x.$$

第一种最简分式的不定积分可直接求得.

$$\int \frac{A}{(x-a)^m}\mathrm{d}x = \begin{cases} A\ln|x-a|+C, & m=1 \\ -\dfrac{A}{m-1}\cdot\dfrac{1}{(x-a)^{m-1}}+C, & m\geqslant 2 \end{cases}.$$

对第二种，此时 $4\beta-\alpha^2>0$，若记 $r=\frac{1}{2}\sqrt{4\beta-\alpha^2}$，则有

$$x^2+\alpha x+\beta=\left(x+\frac{\alpha}{2}\right)^2+\frac{4\beta-\alpha^2}{4}=r^2\left[\left(\frac{x+\frac{\alpha}{2}}{r}\right)^2+1\right],$$

因此，在变换 $t=\dfrac{x+\frac{\alpha}{2}}{r}$ 下，第二种最简分式的积分可化为

$$\int \frac{Bx+C}{(x^2+\alpha x+\beta)^n}\mathrm{d}x = \int \frac{B^* t+C^*}{(t^2+1)^n}\mathrm{d}t = B^*\int \frac{t}{(t^2+1)^n}\mathrm{d}t + C^*\int \frac{1}{(t^2+1)^n}\mathrm{d}t,$$

其中 B^*，C^* 为常数：$B^*=\dfrac{B}{r^{2n-2}}$，$C^*=\dfrac{C-\frac{\alpha}{2}B}{r^{2n-1}}$. 上式右端第一个积分可求：

$$\int \frac{t}{(t^2+1)^n}\mathrm{d}t = \frac{1}{2}\int \frac{\mathrm{d}(t^2+1)}{(t^2+1)^n} = \begin{cases} \dfrac{1}{2}\ln(t^2+1)+C, & n=1 \\ -\dfrac{1}{2(n-1)}\cdot\dfrac{1}{(t^2+1)^{n-1}}+C, & n\geqslant 2 \end{cases}.$$

再看第二个积分，此时

$$I_1=\int \frac{1}{t^2+1}\mathrm{d}t = \arctan t + C.$$

当 $n\geqslant 2$ 时，有

$$\begin{aligned} I_n &= \int \frac{1}{(t^2+1)^n}\mathrm{d}t\text{（作变换 } t=\tan\tau\text{）} \\ &= \int \cos^{2n-2}\tau\mathrm{d}\tau = \int \cos^{2n-3}\tau\mathrm{d}(\sin\tau) \\ &= \cos^{2n-3}\tau\sin\tau - \int \sin\tau\mathrm{d}(\cos^{2n-3}\tau) \\ &= \cos^{2n-3}\tau\sin\tau + (2n-3)\int \cos^{2n-4}\tau\sin^2\tau\mathrm{d}\tau \\ &= \cos^{2n-3}\tau\sin\tau + (2n-3)(I_{n-1}-I_n). \end{aligned}$$

由此可得递推关系式：

$$I_n=\frac{2n-3}{2n-2}I_{n-1}+\frac{\cos^{2n-3}\tau\sin\tau}{2n-2}(n\geqslant 2).$$

由于 $\cos^2\tau=\dfrac{1}{1+t^2}$，$\cos^{2n-3}\tau\sin\tau=\cos^{2n-2}\tau\tan\tau=\dfrac{t}{(t^2+1)^{n-1}}$，从而

$$I_n=\frac{2n-3}{2n-2}I_{n-1}+\frac{1}{2n-2}\cdot\frac{t}{(t^2+1)^{n-1}}(n\geqslant 2).$$

根据上述递推关系式,不定积分 I_n 可求,即可表示为 t 的初等函数. 因 $t=\dfrac{x+\frac{\alpha}{2}}{r}$,故最终不定积分 I_n 可表示为 x 的初等函数而可求.

根据以上分析,任何有理函数的不定积分都是可求的.

例 7.24 求不定积分

$$\int \frac{2x+2}{x^5-x^4+2x^3-2x^2+x-1}\mathrm{d}x.$$

解 根据例 7.23 中被积函数的分解,所求积分等于

$$\int\left[\frac{1}{x-1}-\frac{x+1}{x^2+1}-\frac{2x}{(x^2+1)^2}\right]\mathrm{d}x=\int\frac{\mathrm{d}x}{x-1}-\int\frac{x+1}{x^2+1}\mathrm{d}x-\int\frac{2x}{(x^2+1)^2}\mathrm{d}x.$$

由于

$$\int\frac{\mathrm{d}x}{x-1}=\ln|x-1|+C,$$

$$\begin{aligned}\int\frac{x+1}{x^2+1}\mathrm{d}x&=\int\frac{x}{x^2+1}\mathrm{d}x+\int\frac{1}{x^2+1}\mathrm{d}x\\&=\frac{1}{2}\ln(x^2+1)+\arctan x+C,\end{aligned}$$

$$\int\frac{2x}{(x^2+1)^2}\mathrm{d}x=\int\frac{\mathrm{d}(x^2+1)}{(x^2+1)^2}=-\frac{1}{x^2+1}+C,$$

我们得到所求不定积分为

$$\begin{aligned}&\int\frac{2x+2}{x^5-x^4+2x^3-2x^2+x-1}\mathrm{d}x\\&=\frac{1}{x^2+1}+\ln|x-1|-\frac{1}{2}\ln(x^2+1)-\arctan x+C.\end{aligned}$$ □

由于有理函数不定积分可求,如果一个不定积分能够通过变换转化为有理函数的不定积分,那么这个不定积分也是可求的. 在此,介绍几种与此相关的不定积分.

为了方便,我们用记号 $R(u,v)$ 表示由 u,v 和常数经过有限次四则运算所得表达式,其实际上是 u,v 的二元有理函数.

(a) 三角函数有理式的不定积分

$$\int R(\sin x,\cos x)\mathrm{d}x.$$

可通过万能代换 $t=\tan\dfrac{x}{2}$ 或 $x=2\arctan t$,此时

$$\sin x=\frac{2\tan\frac{x}{2}}{1+\tan^2\frac{x}{2}}=\frac{2t}{1+t^2},$$

$$\cos x=\frac{1-\tan^2\frac{x}{2}}{1+\tan^2\frac{x}{2}}=\frac{1-t^2}{1+t^2},$$

$$dx=\frac{2}{1+t^2}dt,$$

转化为有理函数不定积分

$$\int R\left(\frac{2t}{1+t^2},\frac{1-t^2}{1+t^2}\right)\frac{2}{1+t^2}dt.$$

例 7.25　求不定积分

$$\int\frac{1+\sin x}{\sin x(1+\cos x)}dx.$$

解　作万能代换 $t=\tan\frac{x}{2}$ 或 $x=2\arctan t$，则

$$\begin{aligned}\int\frac{1+\sin x}{\sin x(1+\cos x)}dx&=\int\frac{1+\frac{2t}{1+t^2}}{\frac{2t}{1+t^2}\left(1+\frac{1-t^2}{1+t^2}\right)}\cdot\frac{2}{1+t^2}dt\\&=\frac{1}{2}\int\left(t+2+\frac{1}{t}\right)dt=\frac{1}{2}\left(\frac{1}{2}t^2+2t+\ln|t|\right)+C\\&=\frac{1}{4}\tan^2\frac{x}{2}+\tan\frac{x}{2}+\frac{1}{2}\ln\left|\tan\frac{x}{2}\right|+C.\end{aligned}$$

□

注　对三角函数有理式的不定积分，从理论上来说，万能代换总可将其化为有理函数的不定积分而可求出. 但是，对具体的习题，却不一定非要用万能代换来做. 事实上，在很多情况下，万能代换后所得被积函数往往是比较复杂的有理函数，其积分是比较难求的. 因此，对具体的习题，往往采用不同的方法. 例如，就例 7.25 而言，也可先做如下处理：

$$\int\frac{1+\sin x}{\sin x(1+\cos x)}dx=\int\frac{1}{\sin x(1+\cos x)}dx+\int\frac{1}{1+\cos x}dx.$$

再分别求得两个积分：

$$\begin{aligned}\int\frac{1}{\sin x(1+\cos x)}dx&=-\int\frac{d(\cos x)}{\sin^2x(1+\cos x)}\\&=-\int\frac{dt}{(1-t)(1+t)^2}\text{（代换 }t=\cos x\text{）}\\&=-\int\left[\frac{1}{4}\cdot\frac{1}{1-t}+\frac{1}{4}\cdot\frac{1}{1+t}+\frac{1}{2}\cdot\frac{1}{(1+t)^2}\right]dt\\&=\frac{1}{4}\ln\frac{1-t}{1+t}+\frac{1}{2}\cdot\frac{1}{1+t}+C\\&=\frac{1}{4}\ln\frac{1-\cos x}{1+\cos x}+\frac{1}{2}\cdot\frac{1}{1+\cos x}+C\\&=\frac{1}{2}\ln\left|\tan\frac{x}{2}\right|+\frac{1}{4\cos^2\frac{x}{2}}+C,\end{aligned}$$

$$\int\frac{1}{1+\cos x}dx=\int\frac{1}{2\cos^2\frac{x}{2}}dx=\tan\frac{x}{2}+C.$$

最后，同样得到

$$\int\frac{1+\sin x}{\sin x(1+\cos x)}\mathrm{d}x=\frac{1}{2}\ln\left|\tan\frac{x}{2}\right|+\frac{1}{4\cos^2\frac{x}{2}}+\tan\frac{x}{2}+C.$$

另外,在用换元法时,如果被积函数是 $R(\sin^2 x,\cos^2 x)$ 或者 $R(\tan x)$ 形式的,也可用变换 $t=\tan x$ 或 $x=\arctan t$ 来处理而更简单一些.

(b) 某些根式的有理式的不定积分

(b1) 形如

$$\int R\left(x,\sqrt[n]{\frac{ax+b}{cx+d}}\right)\mathrm{d}x$$

的不定积分,其中常数满足 $ad-bc\neq 0$.

此时,通过变换 $t=\sqrt[n]{\frac{ax+b}{cx+\mathrm{d}}}$ 即可将积分转化为有理函数的不定积分.

例 7.26 求不定积分

$$\int\frac{1}{x^2-1}\sqrt[3]{\frac{x-1}{x+1}}\mathrm{d}x.$$

解 作变换 $t=\sqrt[3]{\frac{x-1}{x+1}}$,则 $x=-\frac{t^3+1}{t^3-1}$,$\mathrm{d}x=\frac{6t^2}{(t^3-1)^2}\mathrm{d}t$,$x^2-1=\frac{4t^3}{(t^3-1)^2}$. 于是,

$$\begin{aligned}\int\frac{1}{x^2-1}\sqrt[3]{\frac{x-1}{x+1}}\mathrm{d}x&=\int\frac{(t^3-1)^2}{4t^3}\cdot t\cdot\frac{6t^2}{(t^3-1)^2}\mathrm{d}t\\&=\int\frac{3}{2}\mathrm{d}t=\frac{3}{2}t+C\\&=\frac{3}{2}\sqrt[3]{\frac{x-1}{x+1}}+C.\end{aligned}$$

(b2) 形如

$$\int R(x,\sqrt{ax^2+bx+c})\mathrm{d}x$$

的不定积分,其中常数满足 $a\neq 0$,$b^2-4ac\neq 0$. 特别地,当 $a<0$ 时,$b^2-4ac>0$.

习惯上,先将此种不定积分通过配方法化为如下三种形式:

$$\int R(x,\sqrt{x^2\pm 1})\mathrm{d}x,\int R(x,\sqrt{1-x^2})\mathrm{d}x.$$

事实上,$a>0$ 时容易得到. 现在设 $a<0$. 记 $a^*=-a>0$,则 $b^2+4a^*c>0$,并且有

$$\begin{aligned}ax^2+bx+c&=\frac{4a^*c+b^2}{4a^*}-a^*\left(x-\frac{b}{2a^*}\right)^2\\&=\frac{4a^*c+b^2}{4a^*}\left[1-\frac{4(a^*)^2}{4a^*c+b^2}\left(x-\frac{b}{2a^*}\right)^2\right],\end{aligned}$$

因此,在变换

$$t=\sqrt{\frac{4(a^*)^2}{4a^*c+b^2}}\left(x-\frac{b}{2a^*}\right)$$

之下，原积分就转化为如下形式的不定积分$\int R(t,\sqrt{1-t^2})\mathrm{d}t$.

现在，对不定积分$\int R(x,\sqrt{x^2\pm 1})\mathrm{d}x$，$\int R(x,\sqrt{1-x^2})\mathrm{d}x$，可分别用$t=\tan x$，$t=\sec x$和$t=\sin x$这三个变换，就可转化为三角函数有理式的不定积分. 按前一情形所示，这些积分均可求.

注意，按照上述过程，形如$\int R(x,\sqrt{ax^2+bx+c})\mathrm{d}x$的不定积分需要通过三次换元才化为有理函数不定积分，因此这个计算一般而言是比较复杂的.

现在，我们来介绍变换，其直接将形如$\int R(x,\sqrt{ax^2+bx+c})\mathrm{d}x$的不定积分转化为有理函数不定积分. 我们分两种情况来讨论.

情形 1　方程$ax^2+bx+c=0$有两个(不等)实根λ,μ. 由于

$$\sqrt{ax^2+bx+c}=\sqrt{a(x-\lambda)(x-\mu)}=\sqrt{\frac{a(x-\lambda)}{x-\mu}(x-\mu)^2},$$

在这种情形下，不定积分可转化为(b1)中的不定积分.

例 7.27　求不定积分

$$\int\frac{\mathrm{d}x}{x\sqrt{-x^2+3x-2}}.$$

解　按运算要求，x要满足$-x^2+3x-2=-(x-1)(x-2)>0$，因此$1<x<2$，从而

$$\sqrt{-x^2+3x-2}=(x-1)\sqrt{-\frac{x-2}{x-1}}.$$

于是作代换$t=\sqrt{-\frac{x-2}{x-1}}$，则$x=\frac{t^2+2}{t^2+1}$，$\sqrt{-x^2+3x-2}=\frac{t}{t^2+1}$，$\mathrm{d}x=-\frac{2t}{(t^2+1)^2}\mathrm{d}t$，从而

$$\begin{aligned}\int\frac{\mathrm{d}x}{x\sqrt{-x^2+3x-2}}&=-\int\frac{t^2+1}{t^2+2}\cdot\frac{t^2+1}{t}\cdot\frac{2t}{(t^2+1)^2}\mathrm{d}t\\&=-\int\frac{2\mathrm{d}t}{t^2+2}=-\sqrt{2}\arctan\frac{t}{\sqrt{2}}+C\\&=-\sqrt{2}\arctan\frac{\sqrt{-\frac{x-2}{x-1}}}{\sqrt{2}}+C.\end{aligned}$$

□

情形 2　方程$ax^2+bx+c=0$没有实根. 此时按开方运算要求，必恒有$ax^2+bx+c>0$. 于是必有$a>0$. 此时，我们作代换

$$t=\sqrt{ax^2+bx+c}\pm\sqrt{a}x,$$

称为**欧拉变换**，则可将(b2)中不定积分转化为有理函数的不定积分.

事实上，对变换$t=\sqrt{ax^2+bx+c}-\sqrt{a}x$，

$$ax^2+bx+c=(t+\sqrt{a}x)^2=t^2+2\sqrt{a}xt+ax^2,$$

因此，

$$x=-\frac{t^2-c}{2\sqrt{a}t-b}.$$

由此可知

$$\sqrt{ax^2+bx+c}=t+\sqrt{a}x=t-\sqrt{a}\cdot\frac{t^2-c}{2\sqrt{a}t-b},$$

$$\mathrm{d}x=-\frac{2\sqrt{a}t^2-2bt+2c\sqrt{a}}{(2\sqrt{a}t-b)^2}\mathrm{d}t.$$

于是,(b2)中不定积分经过一次欧拉变换就转化成了有理函数的不定积分.

例 7.28 求不定积分

$$\int\frac{\mathrm{d}x}{x+\sqrt{x^2-x+1}}.$$

解 作代换 $t=\sqrt{x^2-x+1}+x$,则 $x^2-x+1=(t-x)^2=t^2-2tx+x^2$,从而得 $x=\frac{t^2-1}{2t-1}$. 于是 $\mathrm{d}x=\frac{2t^2-2t+2}{(2t-1)^2}\mathrm{d}t$,从而所求积分

$$\begin{aligned}\int\frac{\mathrm{d}x}{x+\sqrt{x^2-x+1}}&=\int\frac{1}{t}\cdot\frac{2t^2-2t+2}{(2t-1)^2}\mathrm{d}t\\&=\int\left(\frac{2}{t}-\frac{3}{2t-1}+\frac{3}{(2t-1)^2}\right)\mathrm{d}t\\&=2\ln|t|-\frac{3}{2}\ln|2t-1|-\frac{3}{2(2t-1)}+C\\&=2\ln|\sqrt{x^2-x+1}+x|-\frac{3}{2}\ln|2\sqrt{x^2-x+1}+2x-1|-\\&\qquad\frac{3}{4\sqrt{x^2-x+1}+4x-2}+C.\end{aligned}$$

□

习题 7.4

1. 求下列不定积分:

(1) $\int\frac{x^3}{x+3}\mathrm{d}x$,

(2) $\int\frac{(1+x)^3}{1+x^2}\mathrm{d}x$,

(3) $\int\frac{5x+6}{x^2+x+1}\mathrm{d}x$,

(4) $\int\frac{\mathrm{d}x}{x^2+3x+1}$,

(5) $\int\frac{3x}{(x^2+2)(x^2+4)}\mathrm{d}x$,

(6) $\int\frac{\mathrm{d}x}{(x^2+2)(x^2+4)}$,

(7) $\int\frac{x^2+1}{x^2(x+1)}\mathrm{d}x$,

(8) $\int\frac{\mathrm{d}x}{(x+1)(x^2+1)}$,

(9) $\int\frac{\mathrm{d}x}{(x+1)(x^2+1)^2}$,

(10) $\int\frac{2x^2+1}{x^4+x^3-x-1}\mathrm{d}x$,

(11) $\int \frac{dx}{x^4-1}$,　(12) $\int \frac{dx}{x^4+1}$.

2. 求下列不定积分:

(1) $\int \frac{dx}{2+\sin x}$,　(2) $\int \frac{dx}{4-5\cos x}$,

(3) $\int \frac{dx}{\tan x+\sin x}$,　(4) $\int \frac{dx}{(2+\cos x)\sin x}$,

(5) $\int \frac{dx}{3+\sin^2 x}$,　(6) $\int \frac{\cos^2 x}{1+\cos^2 x}dx$,

(7) $\int \frac{\sin^2 x}{1-\tan x}dx$,　(8) $\int \frac{dx}{\sin^2 x+\tan^2 x}$,

(9) $\int \sin^5 x dx$,　(10) $\int \frac{dx}{\sin^5 x}$,

(11) $\int \frac{\sin x\cos x}{1-\cos^4 x}dx$,　(12) $\int \frac{\tan x}{\cos 2x}dx$.

3. 求下列不定积分:

(1) $\int \frac{dx}{\sqrt{x}(1+\sqrt[4]{x})^3}$,　(2) $\int \frac{x-1}{x(\sqrt{x}+\sqrt[3]{x^2})}dx$,

(3) $\int x\sqrt[3]{x+1}\,dx$,　(4) $\int \frac{x}{\sqrt[3]{x+1}}dx$,

(5) $\int \sqrt{\frac{1-x}{x-2}}\,dx$,　(6) $\int \frac{dx}{\sqrt[3]{(x+1)^2(x-1)^4}}$,

(7) $\int \frac{dx}{\sqrt{x^2+x+1}}$,　(8) $\int \sqrt{-1+4x-2x^2}\,dx$,

(9) $\int \frac{dx}{x\sqrt{x^2-2x+3}}$,　(10) $\int \frac{dx}{1+\sqrt{1-2x-x^2}}$.

第八章　定积分

在上一章中讨论的不定积分是求导或微分运算的逆运算,属于积分学第一个基本问题.本章所要论述的定积分属于积分学的第二个基本问题.这类问题的实际背景很多,有几何中平面图形面积问题,有物理中变速直线运动路程问题以及变力做功问题等.表面上,这些问题与微分学和积分学第一基本问题没啥关系;历史上,积分学的发展开始阶段也是完全独立的.直到17世纪,牛顿(Newton)和莱布尼兹(Leibniz)分别独立发现了定积分与不定积分的联系,才极大地推动了积分学的发展,使之成为解决实际问题的强有力工具.

§8.1　定积分概念

8.1.1　定积分的两个模型

定积分概念和导数一样,也是在实际问题的解决过程中逐步形成的.我们分别来看定积分概念的几何模型和物理模型.

(1) 曲边梯形面积

在实际问题中,经常会碰到确定平面图形面积问题.对简单的由直线围成的图形,可通过划分成若干个三角形或四边形而求出面积.然而实际中的图形往往不是直边的,而是由曲线围成的曲边形,例如,测量河水流量时需要计算河床横断面面积.对这种曲边形,一般可用互相垂直的两组直线将图形划分成若干个曲边梯形,如图8.1所示.所谓曲边梯形,就是用一条曲线替换直角梯形的斜边后所得之图形,这条曲线一般与上下底的平行线交于一点.如图8.2所示.因此,问题就转化为求曲边梯形的面积问题.

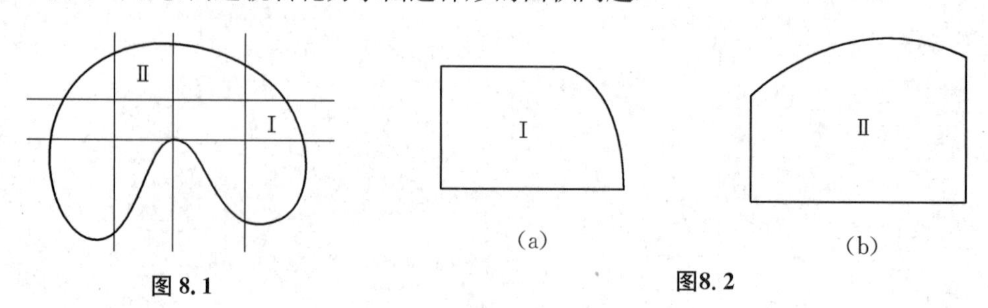

图8.1　　图8.2

由于斜曲边,曲边梯形的精确面积难于求得,故可退而求其次而考虑其近似面积,当然尽可能精确.实际问题中如下的做法给了我们提示:当梯形很窄时,如图8.4所示,可以近似地将其看成是长条矩形来计算.因而对一般的梯形,可以设法将其分割成若干窄长条梯形,然后求出这些窄长条梯形的近似面积的和来作为整个梯形的近似面积.我们将看到,这个做法的数学化就得到了所谓的定积分.

现在我们用数学语言来分析这个问题. 设曲边梯形的曲边在 xOy 平面内是函数 $y=f(x)(\geqslant 0)$, $x\in[a,b]$的图像曲线. 如图 8.3 所示.

当梯形的宽 $b-a$ 非常小时，如图 8.4 所示，可近似看成是长条矩形，其高为任取一点 $\xi\in[a,b]$所对应的函数值 $f(\xi)$. 于是可得近似面积为 $f(\xi)(b-a)$. 可以想象，宽 $b-a$ 越小，近似面积越接近精确面积.

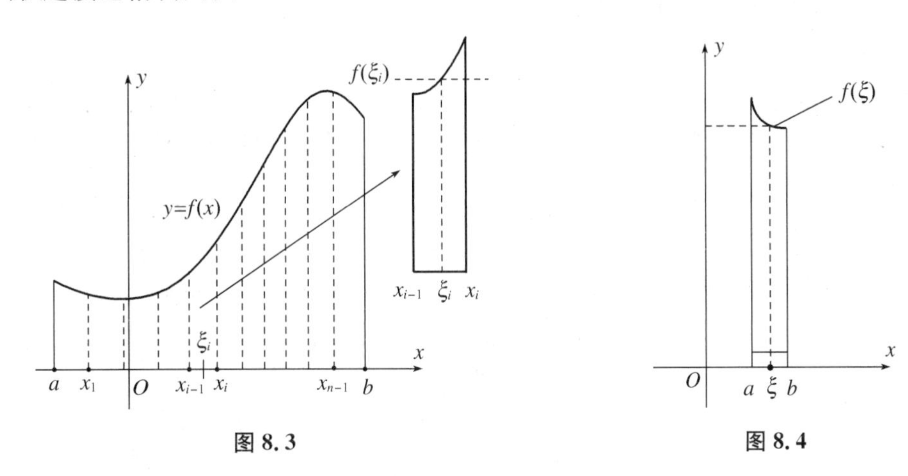

图 8.3　　　　图 8.4

在一般的情形，先将梯形分割成若干窄长条梯形：在 x 轴上从 a 到 b 依次插入 $n-1$ 个点，

$$a=x_0<x_1<x_2<\cdots<x_{n-1}<x_n=b,$$

用 $n-1$ 条直线 $x=x_1, x=x_2, \cdots\cdots, x=x_{n-1}$ 将原曲边梯形分割成 n 个窄长条梯形. 将每个长条梯形近似看作长条矩形，任意取定点 $\xi_i\in[x_{i-1},x_i]$，得第 i 个长条梯形近似面积为 $f(\xi_i)\Delta x_i$，其中 $\Delta x_i=x_i-x_{i-1}$ 为长条梯形的宽度. 将这总共 n 个长条梯形的近似面积相加就得到整个曲边梯形面积的近似值

$$S\approx f(\xi_1)\Delta x_1+f(\xi_2)\Delta x_2+\cdots+f(\xi_n)\Delta x_n=\sum_{i=1}^{n}f(\xi_i)\Delta x_i.$$

如图 8.3 所示. 自然可以想象，分割成的长条都越来越窄时，近似值就越来越精确.

(2) 变速直线运动路程

设某物体做直线运动，但速度不均匀，即速度 v 与时间 t 有关，是时间 t 的函数：$v=v(t)$. 现在要确定该物体在时间间隔$[a,b]$内所走过的路程.

首先，如果时间间隔$[a,b]$很短，那么可任取 $\xi\in[a,b]$而用 $v(\xi)(b-a)$作为路程的近似值，就与精确路程相差无几. 当间隔$[a,b]$较长时，可将其分割成若干小间隔：$[x_0,x_1]$, $[x_1,x_2]$, $\cdots$, $[x_{n-1},x_n]$，这里 $a=x_0$, $x_n=b$. 任意取定 $\xi_i\in[x_{i-1},x_i]$，得每小间隔内的路程近似值为 $v(\xi_i)(x_i-x_{i-1})=v(\xi_i)\Delta x_i$. 于是就得整个路程近似值

$$s\approx v(\xi_1)\Delta x_1+v(\xi_2)\Delta x_2+\cdots+v(\xi_n)\Delta x_n=\sum_{i=1}^{n}v(\xi_i)\Delta x_i.$$

同样，当分割的小间隔都越来越短时，近似值就越来越接近精确路程.

上述两个例子，都通过“**分割、求近似和、取极限**”三步归结为一种特定形和式的极限. 类

似还有诸如密度不均匀分布的长棍质量、变力移动物体所做功等问题都可通过上述三步归结为相同形式的和式极限.将这些问题在数量关系上的共性加以概括和抽象,就得到定积分的概念.

8.1.2 定积分定义

定义 8.1 在闭区间$[a,b]$中依次插入 $n-1$ 个内分点,

$$a=x_0<x_1<x_2<\cdots<x_{n-1}<x_n=b$$

将闭区间$[a,b]$分割成 n 个小闭区间$[x_{i-1},x_i]$.这些小闭区间$\{[x_{i-1},x_i]:1\leqslant i\leqslant n\}$就形成了闭区间$[a,b]$的一个**分割**,记为 $T_{[a,b]}$ 或简记为 T.所有小区间长度 $\Delta x_i=x_i-x_{i-1}$ 的最大值称为分割 T 的**模**或**细度**,记为

$$\|T\|=\max_{1\leqslant i\leqslant n}\Delta x_i.$$

所有小区间长度都满足 $\Delta x_i\leqslant\|T\|$,因此$\|T\|$很好地体现了分割的细密程度.

如果分割的所有小区间的长度都相等,则称为等分分割,此时模$\|T\|=\dfrac{b-a}{n}$,各分点依次为

$$x_i=a+\frac{i}{n}(b-a),i=0,1,2,\cdots,n.$$

再在每个小区间$[x_{i-1},x_i]$上任取一点 $\xi_i\in[x_{i-1},x_i]$,称为该小区间的**标记**.各标记点形成的集合 $\xi=\{\xi_i:1\leqslant i\leqslant n\}$称为分割 T 的一个**标记集**.将闭区间$[a,b]$的带有标记集 ξ 的分割 T 记为$(T_{[a,b]};\xi)$或$(T;\xi)$. □

定义 8.2 设函数 f 于闭区间$[a,b]$有定义,则对$[a,b]$的带有标记集的分割$(T;\xi)$,和式

$$\sum_{i=1}^{n}f(\xi_i)\Delta x_i=f(\xi_1)\Delta x_1+f(\xi_2)\Delta x_2+\cdots+f(\xi_n)\Delta x_n$$

称为函数 f 于闭区间$[a,b]$上的属于分割 T 的一个(黎曼)**积分和**. □

由于标记点 $\xi_i\in[x_{i-1},x_i]$可任意取,属于同一个分割 T 的积分和在形式上有无穷多个.

特别地,等分分割的积分和为

$$\frac{b-a}{n}\sum_{i=1}^{n}f(\xi_i).$$

定义 8.3 设函数 f 于闭区间$[a,b]$有定义.如果存在实数 J 满足:对任何给定的正数 ε,存在正数 δ,使得对$[a,b]$的任何分割 T,只要$\|T\|<\delta$,函数 f 于闭区间$[a,b]$上的属于分割 T 的任何一个积分和都满足

$$\left|\sum_{i=1}^{n}f(\xi_i)\Delta x_i-J\right|<\varepsilon,$$

则称函数 f 于闭区间$[a,b]$(黎曼)**可积**,数 J 称为函数 f 于闭区间$[a,b]$的**定积分**或**黎曼积分**,记为

$$J=\int_a^b f(x)\mathrm{d}x.$$

其中,称函数 f 为**被积函数**,$[a,b]$为**积分区间**,a 及 b 分别为**积分下限**和**积分上限**,x 为**积分变量**. □

注　定积分的定义与函数极限的 $\varepsilon-\delta$ 定义的陈述很相似,因此常借用极限符号来表示定积分:

$$\int_a^b f(x)\mathrm{d}x=\lim_{\|T\|\to 0}\sum_{i=1}^{n}f(\xi_i)\Delta x_i.$$

于是,根据定义,前面所述的曲边梯形的面积和变速直线运动路程就分别是定积分

$$S=\int_a^b f(x)\mathrm{d}x \text{ 和 } s=\int_a^b v(x)\mathrm{d}x.$$

另外,特别要说明的是,定积分是一个数,其值仅与被积函数和积分区间有关,与积分变量用什么字母表示无关,即

$$\int_a^b f(x)\mathrm{d}x=\int_a^b f(t)\mathrm{d}t=\int_a^b f(u)\mathrm{d}u=\cdots.$$

根据定积分的几何模型,我们可以得知定积分有如下的几何意义.

当 $f(x)\geqslant 0$ 时,我们已经知道定积分 $\int_a^b f(x)\mathrm{d}x$ 表示曲边为函数 $y=f(x)$的图像曲线的曲边梯形的面积,如图 8.4 所示.

当 $f(x)\leqslant 0$ 时,曲边梯形的曲边在 x 轴下方. 此时,按定积分的定义,定积分 $\int_a^b f(x)\mathrm{d}x$ 表示曲边梯形面积的负值.

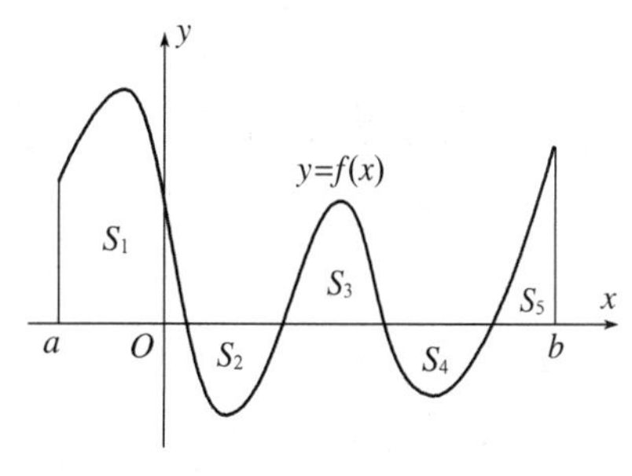

图 8.5

在一般情形,即 $f(x)$于区间$[a,b]$有正有负时,定积分 $\int_a^b f(x)\mathrm{d}x$ 表示曲边梯形的代数面积:x 轴上方图形面积之和与 x 轴下方图形面积之和的差. 如图 8.5 所示情况下,

$$\int_a^b f(x)\mathrm{d}x=S_1-S_2+S_3-S_4+S_5.$$

习题 8.1

设函数 f 于闭区间$[a,b]$有定义. 对闭区间$[a,b]$的一个给定分割 T,证明:函数 f 的属于分割 T 的所有积分和的值形成一有限集,当且仅当值域 $f([a,b])$为有限集.

§8.2 牛顿-莱布尼兹公式

上一节说明定积分有很好的应用背景,因此判断函数是否可积以及如何计算定积分就非常重要,是首先要解决的问题. 我们先看下例.

例 8.1 证明函数 $y=x$ 在闭区间$[0,1]$可积,而且定积分 $\int_0^1 x\mathrm{d}x=\frac{1}{2}$.

证 设闭区间$[0,1]$的分割 T 由依次插入 $n-1$ 个分点,

$$0=x_0<x_1<x_2<\cdots<x_{n-1}<x_n=1$$

而得到. 在每个小区间$[x_{i-1},x_i]$上任取一点 ξ_i 作为标记,得函数 $y=x$ 属于分割 T 的一个积分和

$$\sum_{i=1}^n \xi_i \Delta x_i.$$

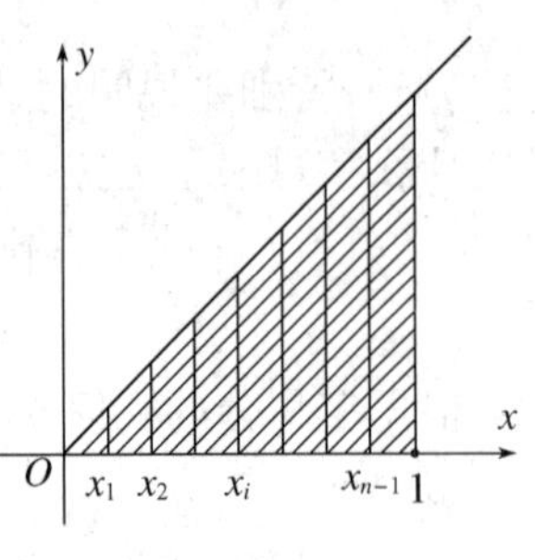

图 8.6

在这些积分和中,有一个非常特殊,其值可准确计算出:取每个标记点 ξ_i 是所在小区间$[x_{i-1},x_i]$的中点$\frac{x_{i-1}+x_i}{2}$,则所得积分和

$$\sum_{i=1}^n \frac{x_{i-1}+x_i}{2}\Delta x_i=\sum_{i=1}^n \frac{x_i^2-x_{i-1}^2}{2}=\frac{1}{2}(x_n^2-x_0^2)=\frac{1}{2}.$$

于是,对任意积分和有

$$\left|\sum_{i=1}^n \xi_i\Delta x_i-\frac{1}{2}\right|=\left|\sum_{i=1}^n \xi_i\Delta x_i-\sum_{i=1}^n \frac{x_{i-1}+x_i}{2}\Delta x_i\right|=\left|\sum_{i=1}^n\left(\xi_i-\frac{x_{i-1}+x_i}{2}\right)\Delta x_i\right|.$$

由于$\left|\xi_i-\frac{x_{i-1}+x_i}{2}\right|\leqslant\Delta x_i\leqslant\|T\|$,由上式有

$$\left|\sum_{i=1}^n \xi_i\Delta x_i-\frac{1}{2}\right|\leqslant\sum_{i=1}^n\left|\xi_i-\frac{x_{i-1}+x_i}{2}\right|\Delta x_i\leqslant\|T\|\sum_{i=1}^n\Delta x_i=\|T\|.$$

由此即知,对任何正数 ε,存在正数 $\delta=\varepsilon$,使得对$[0,1]$的任何分割 T,只要$\|T\|<\delta$,函数 $y=x$ 于闭区间$[0,1]$上的属于分割 T 的任何一个积分和都满足

$$\left|\sum_{i=1}^n \xi_i\Delta x_i-\frac{1}{2}\right|<\varepsilon.$$

按定义,这就证明了函数 $y=x$ 在闭区间$[0,1]$可积,而且定积分 $\int_0^1 x\mathrm{d}x=\frac{1}{2}$. □

例 8.1 说明,定积分的值与三角形的面积公式是一致的. 如图 8.6 所示.

由例 8.1 可看出,即使是很简单的函数,通过定义去验证可积性以及获得定积分值也相当困难. 因此需要寻找计算定积分的有效而简便的统一方法. 仔细回看例 8.1,其中非常关键的一步是在每个小区间$[x_{i-1},x_i]$上可以找到一点$\frac{x_{i-1}+x_i}{2}$使得

$$\frac{x_{i-1}+x_i}{2}\Delta x_i=\frac{x_i^2-x_{i-1}^2}{2},$$

从而得到相应的积分和的值是一个确定的数.因此,我们先考虑具有这种类似性质的函数 f:在每个小区间$[x_{i-1},x_i]$上可以找到一点 η_i 使得

$$f(\eta_i)\Delta x_i=F(x_i)-F(x_{i-1}),$$

这里,F 是某个确定的函数.根据拉格朗日中值定理,只要函数 F 可导,并且 $F'=f$,这就可以做到.换句话说,函数 F 是函数 f 的原函数.这就将定积分与不定积分联系在一起了.

定理 8.1　设函数 f 在闭区间$[a,b]$上连续并且有原函数 F,即 $F'=f$,则函数 f 在闭区间$[a,b]$上可积,并且

$$\int_a^b f(x)\mathrm{d}x=F(b)-F(a). \tag{8.1}$$

上式称为**微积分基本公式**或**牛顿-莱布尼兹公式**,常写成如下形式:

$$\int_a^b f(x)\mathrm{d}x=F(x)\Big|_a^b\ .$$

证　设闭区间$[a,b]$的任一分割 T 由依次插入 $n-1$ 个分点,

$$a=x_0<x_1<x_2<\cdots<x_{n-1}<x_n=b$$

而得到.在每个小区间$[x_{i-1},x_i]$上任取一点 ξ_i,就相应地得到函数 f 的属于分割 T 的一个积分和 $\sum\limits_{i=1}^n f(\xi_i)\Delta x_i$.

现在,对函数 F 在每个小区间$[x_{i-1},x_i]$上应用拉格朗日中值定理,知存在点 $\eta_i\in[x_{i-1},x_i]$ 使得

$$F(x_i)-F(x_{i-1})=f(\eta_i)(x_i-x_{i-1})=f(\eta_i)\Delta x_i.$$

由此得到一个积分和

$$\sum_{i=1}^n f(\eta_i)\Delta x_i=\sum_{i=1}^n[F(x_i)-F(x_{i-1})]=F(x_n)-F(x_0)=F(b)-F(a).$$

于是,对任意积分和有

$$\begin{aligned}\left|\sum_{i=1}^n f(\xi_i)\Delta x_i-[F(b)-F(a)]\right|&=\left|\sum_{i=1}^n f(\xi_i)\Delta x_i-\sum_{i=1}^n f(\eta_i)\Delta x_i\right|\\&=\left|\sum_{i=1}^n[f(\xi_i)-f(\eta_i)]\Delta x_i\right|\\&\leqslant\sum_{i=1}^n|f(\xi_i)-f(\eta_i)|\Delta x_i.\end{aligned}$$

由于函数 f 在闭区间$[a,b]$上连续,也一致连续.于是,对任何给定的正数 ε,存在正数 δ,使得对任何 $x,y\in[a,b]$,只要 $|x-y|<\delta$ 就有 $|f(x)-f(y)|<\frac{\varepsilon}{b-a}$.因此,当分割的模 $\|T\|<\delta$ 时,每个小区间的长度 $\Delta x_i<\delta$,进而由 $\xi_i,\eta_i\in[x_{i-1},x_i]$ 知 $|\xi_i-\eta_i|<\delta$,从而 $|f(\xi_i)-f(\eta_i)|<\frac{\varepsilon}{b-a}$.由此,我们得到

$$\left|\sum_{i=1}^{n} f(\xi_i)\Delta x_i-[F(b)-F(a)]\right|\leqslant\sum_{i=1}^{n}\mid f(\xi_i)-f(\eta_i)\mid\Delta x_i<\frac{\varepsilon}{b-a}\sum_{i=1}^{n}\Delta x_i=\varepsilon.$$

按定义,这就证明了函数 f 在闭区间$[a,b]$上可积,并且公式(8.1)成立. □

注 注意一致连续性在定理证明中所起的重要作用.另外,我们将在后面证明连续函数一定有原函数,因此定理8.1中关于原函数 F 的存在性的条件可以去掉,当然这是后话.

例 8.1 另证 由于函数 x 于闭区间$[a,b]$连续,并且有原函数$\frac{1}{2}x^2$,函数 x 于闭区间$[a,b]$可积,并且$\int_a^b x\mathrm{d}x=\frac{1}{2}x^2\Big|_a^b=\frac{1}{2}b^2-\frac{1}{2}a^2$.特别地,$\int_0^1 x\mathrm{d}x=\frac{1}{2}$. □

例 8.2 求$\int_0^{\frac{\pi}{2}}\sin^3 x\cos x\mathrm{d}x$.

解 先确定原函数:由于$\int\sin^3 x\cos x\mathrm{d}x=\int\sin^3 x\mathrm{d}(\sin x)=\frac{1}{4}\sin^4 x+C$,由牛顿-莱布尼兹公式,所求定积分

$$\int_0^{\frac{\pi}{2}}\sin^3 x\cos x\mathrm{d}x=\frac{1}{4}\sin^4 x\Big|_0^{\frac{\pi}{2}}=\frac{1}{4}.$$ □

例 8.3 求$\int_0^1 x\sqrt{1-x^2}\,\mathrm{d}x$.

解 先确定原函数:$\int x\sqrt{1-x^2}\,\mathrm{d}x=-\frac{1}{2}\int\sqrt{1-x^2}\,\mathrm{d}(1-x^2)=-\frac{1}{3}(1-x^2)^{\frac{3}{2}}+C$.因此,

$$\int_0^1 x\sqrt{1-x^2}\,\mathrm{d}x=-\frac{1}{3}(1-x^2)^{\frac{3}{2}}\Big|_0^1=\frac{1}{3}.$$ □

从上述各例可看到,牛顿-莱布尼兹公式将定积分的计算化为不定积分的计算,使得很多函数的定积分的计算变得比较容易.但另一方面,按照定义,定积分又是积分和的极限,因此反过来也可以利用定积分来求一些和式的极限.例如,若函数 f 于闭区间$[a,b]$可积,则

$$\lim_{n\to\infty}\frac{b-a}{n}\sum_{i=1}^{n} f(\xi_i)=\int_a^b f(x)\mathrm{d}x,$$

其中 $\xi_i\in\left[a+\frac{i-1}{n}(b-a),a+\frac{i}{n}(b-a)\right]$,$1\leqslant i\leqslant n$ 是任意的.这是由于上式左端极限号下的表达式是等分分割的积分和.

例 8.4 求极限

$$\lim_{n\to\infty}\left(\frac{1}{n+1}+\frac{1}{n+2}+\cdots+\frac{1}{n+n}\right).$$

解 将和式化成某个函数的积分和:

$$\begin{aligned}&\frac{1}{n+1}+\frac{1}{n+2}+\cdots+\frac{1}{n+n}\\=&\frac{1}{n}\left(\frac{1}{1+\frac{1}{n}}+\frac{1}{1+\frac{2}{n}}+\cdots+\frac{1}{1+\frac{n}{n}}\right)=\frac{1}{n}\sum_{i=1}^{n}\frac{1}{1+\frac{i}{n}}.\end{aligned}$$

这是函数 $f(x)=\frac{1}{1+x}$ 在区间[0,1]上的等分分割的一个积分和,每个小区间上的点 ξ_i 为右端点 $x_i=\frac{i}{n}$. 因此,所求极限

$$\begin{aligned}&\lim_{n\to\infty}\left(\frac{1}{n+1}+\frac{1}{n+2}+\cdots+\frac{1}{n+n}\right)\\=&\int_0^1\frac{1}{1+x}\mathrm{d}x=\ln(1+x)\Big|_0^1=\ln 2.\end{aligned}$$

□

习题 8.2

1. 利用微积分基本公式计算下列积分:

(1) $\int_a^b x^3\mathrm{d}x$,　　(2) $\int_{-1}^1 u^4\mathrm{d}u$,

(3) $\int_0^{\frac{\pi}{2}}\cos\varphi\mathrm{d}\varphi$,　　(4) $\int_{-\frac{1}{2}}^{\frac{1}{2}}\frac{\mathrm{d}x}{\sqrt{1-x^2}}$,

(5) $\int_0^{\frac{\pi}{2}}\sin\theta\cos^3\theta\mathrm{d}\theta$,　　(6) $\int_0^{\frac{\pi}{2}}\cos^2 x\mathrm{d}x$,

(7) $\int_0^{\frac{\pi}{4}}\tan^2 x\mathrm{d}x$,　　(8) $\int_4^9\frac{y-1}{\sqrt{y}}\mathrm{d}y$,

(9) $\int_0^1\frac{x}{(1+x^2)^2}\mathrm{d}x$,　　(10) $\int_{-2}^0\frac{\mathrm{d}x}{2+2x+x^2}$,

(11) $\int_0^{16}\frac{\mathrm{d}t}{\sqrt{t+9}-\sqrt{t}}$,　　(12) $\int_{-1}^1|x|\mathrm{d}x$.

2*. 按定积分定义证明函数 x^2 于闭区间[0,1]可积并且 $\int_0^1 x^2\mathrm{d}x=\frac{1}{3}$.

提示:在每个小区间上取标记点 $\eta_i=\sqrt{\frac{1}{3}(x_{i-1}^2+x_{i-1}x_i+x_i^2)}\in[x_{i-1},x_i]$,可获得一个值为 $\frac{1}{3}$ 的积分和.

3. 利用定积分求下列极限:

(1) $\lim\limits_{n\to\infty}n\left[\frac{1}{(n+1)^2}+\frac{1}{(n+2)^2}+\cdots+\frac{1}{(n+n)^2}\right]$

(2) $\lim\limits_{n\to\infty}n\left(\frac{1}{n^2+1^2}+\frac{1}{n^2+2^2}+\cdots+\frac{1}{n^2+n^2}\right)$

(3) $\lim\limits_{n\to\infty}\frac{1}{n}\left[\sin\frac{\pi}{n}+\sin\frac{2\pi}{n}+\cdots+\sin\frac{(n-1)\pi}{n}\right]$

(4*) $\lim\limits_{n\to\infty}\left(\sin\frac{1}{n+1}+\sin\frac{1}{n+2}+\cdots+\sin\frac{1}{n+n}\right)$

4*. 设函数 f 在闭区间 $[a,b]$ 上可导且导数有界: $|f'(x)|\leqslant M$. 又设函数 F 为函数 f 的一个原函数: $F'=f$,则对区间 $[a,b]$ 的任一分割 T,函数 f 在区间 $[a,b]$ 上的属于分割 T

的任一积分和 $\sum_{i=1}^{n} f(\xi_i)\Delta x_i$ 都满足

$$\left|\sum_{i=1}^{n} f(\xi_i)\Delta x_i - [F(b)-F(a)]\right| \leqslant (b-a)M\|T\|.$$

§8.3 函数可积的条件

定理 8.1 指出,有原函数的连续函数是可积的. 于是,数学中自然有紧接着的问题就要考虑:连续函数是否一定有原函数? 不连续函数是否一定不可积? 为此,就要考虑函数可积的条件.

8.3.1 可积函数的有界性

定理 8.2 若函数 f 在闭区间$[a,b]$上可积,则函数 f 在闭区间$[a,b]$上有界.

证 要证明存在正数 M 使得对任何 $x\in[a,b]$有$|f(x)|\leqslant M$.

由于函数 f 在闭区间$[a,b]$上可积,有数 J 和正数 δ,使得对闭区间$[a,b]$的模小于 δ 的任何分割 T,函数 f 在闭区间$[a,b]$上属于该分割 T 的任一积分和都满足

$$\left|\sum_{i=1}^{n} f(\xi_i)\Delta x_i - J\right| < 1.$$

现在取定一个 n 等分分割 T 满足$\|T\|<\delta$. 这总是可以做到的,只要 $n>\frac{b-a}{\delta}$即可. 由于 $x\in[a,b]$,x 一定位于某小区间上:$x\in[x_{i_0-1},x_{i_0}]$. 现在取小区间上的点 ξ_i 为:当 $i\neq i_0$ 时取 $\xi_i=x_i$;而当 $i=i_0$ 时取 $\xi_i=x$,则由上式知

$$\left|\frac{b-a}{n}\left(\sum_{i=1}^{i_0-1} f(x_i) + f(x) + \sum_{i=i_0+1}^{n} f(x_i)\right) - J\right| < 1.$$

由此可得

$$\left|\sum_{i=1}^{i_0-1} f(x_i) + f(x) + \sum_{i=i_0+1}^{n} f(x_i)\right| \leqslant \frac{n}{b-a}(|J|+1).$$

于是

$$\begin{aligned}|f(x)| &= \left|\left[\sum_{i=1}^{i_0-1} f(x_i) + f(x) + \sum_{i=i_0+1}^{n} f(x_i)\right] - \left[\sum_{i=1}^{i_0-1} f(x_i) + \sum_{i=i_0+1}^{n} f(x_i)\right]\right| \\ &\leqslant \frac{n}{b-a}(|J|+1) + \left|\sum_{i=1}^{i_0-1} f(x_i) + \sum_{i=i_0+1}^{n} f(x_i)\right| \\ &\leqslant \frac{n}{b-a}(|J|+1) + \sum_{i=1}^{n} |f(x_i)|.\end{aligned}$$

这就证明了可积函数的有界性. □

定理 8.2 说明有界是函数可积的必要条件. 然而,有界函数未必是可积的,例如狄利克

雷函数.

例 8.5　证明狄利克雷函数 $D(x)$ 在闭区间 $[0,1]$ 上有界但不可积.

证　函数有界显然. 下证不可积: 假设函数 $D(x)$ 在 $[0,1]$ 上可积, 则按定义, 存在数 J 满足: 对任何 $\varepsilon>0$, 存在 $\delta>0$, 使得对 $[0,1]$ 的任何分割 $T=\{[x_{i-1},x_i]:1\leqslant i\leqslant n\}$, 只要 $\|T\|<\delta$, 函数 $D(x)$ 于闭区间 $[0,1]$ 上的属于分割 T 的任何一个积分和都满足 $\left|\sum_{i=1}^{n}D(\xi_i)\Delta x_i-J\right|<\varepsilon$. 由于有理数与无理数都稠密, 当所有 $\xi_i\in[x_{i-1},x_i]$ 均选取为无理数时, 我们得到 $|0-J|<\varepsilon$, 即 $|J|<\varepsilon$, 由此知 $J=0$; 当所有 $\xi_i\in[x_{i-1},x_i]$ 均选取为有理数时, 我们得到 $\left|\sum_{i=1}^{n}\Delta x_i-J\right|<\varepsilon$, 即 $|1-J|<\varepsilon$, 由此知 $J=1$. 矛盾. □

8.3.2　函数可积的充要条件

当用定义去判断一个给定的函数的可积性时, 从例 8.1 和定理 8.1 的证明可看出, 非常关键的一步是要找到定积分定义中的数 J 并将之表示为某个积分和. 这一步, 一般来讲非常困难, 因此需要寻找根据被积函数本身的特征来判别该函数可积的条件.

现在设函数 f 于闭区间 $[a,b]$ 有界, T: $[x_0,x_1],[x_1,x_2],\cdots,[x_{n-1},x_n]$ 是闭区间 $[a,b]$ 的任一分割, 属于分割 T 任一积分和为 $\sum_{i=1}^{n}f(\xi_i)\Delta x_i$. 由于 $\xi_i\in[x_{i-1},x_i]$ 是任意的, 属于分割 T 所有积分和有上确界 $\sum_{i=1}^{n}M_i\Delta x_i$ 和下确界 $\sum_{i=1}^{n}m_i\Delta x_i$, 这里 $M_i=\sup f([x_{i-1},x_i])$, $m_i=\inf f([x_{i-1},x_i])$. 这两个和式分别叫作函数 f 在闭区间 $[a,b]$ 上的属于分割 T 的**上和**与**下和**, 统称**达布和**, 分别记作

$$S(T)=\sum_{i=1}^{n}M_i\Delta x_i,\qquad s(T)=\sum_{i=1}^{n}m_i\Delta x_i.$$

由于属于分割 T 的任一积分和介于上、下和之间, 并且积分和可充分接近上下和, 只需要考虑当分割的模 $\|T\|\to 0$ 时上、下和是否有极限以及极限是否相等来判断函数是否可积. 通过对上、下和的详尽分析可以证明可积的如下充要条件. 对此, 我们将略去证明, 而只叙述如下.

定理 8.3　函数 f 在闭区间 $[a,b]$ 上可积的充要条件: 对任意给定的正数 ε, 存在 $[a,b]$ 的一个分割 T 使得 $S(T)-s(T)<\varepsilon$. □

函数 f 在小区间 $[x_{i-1},x_i]$ 上的上下确界之差, 通常记为

$$\omega_i=M_i-m_i=\sup f([x_{i-1},x_i])-\inf f([x_{i-1},x_i]),$$

称为函数 f 在 $[x_{i-1},x_i]$ 上的**振幅**. 据此, 定理 8.3 可改写为如下定理.

定理 8.4　函数 f 在闭区间 $[a,b]$ 上可积的充要条件: 对任意给定的正数 ε, 存在 $[a,b]$ 的一个分割 T 使得

$$\sum_{T}\omega\Delta x=\sum_{i=1}^{n}\omega_i\Delta x_i<\varepsilon. \qquad □$$

当 $x\in[x_{i-1},x_i]$ 时 $m_i\leqslant f(x)\leqslant M_i$, 因此函数 $y=f(x)$, $x\in[a,b]$ 的图像被一组小矩形

$$\{[x_{i-1},x_i]\times[m_i,M_i]:1\leqslant i\leqslant n\}$$

覆盖.上述两定理说明,函数可积的充要条件是总可找到一组覆盖函数 $y=f(x),x\in[a,b]$的图像的小矩形,它们的面积之和可任意小.如图 8.7 所示.换句话说,函数 $y=f(x),x\in[a,b]$图像的"面积"为 0.

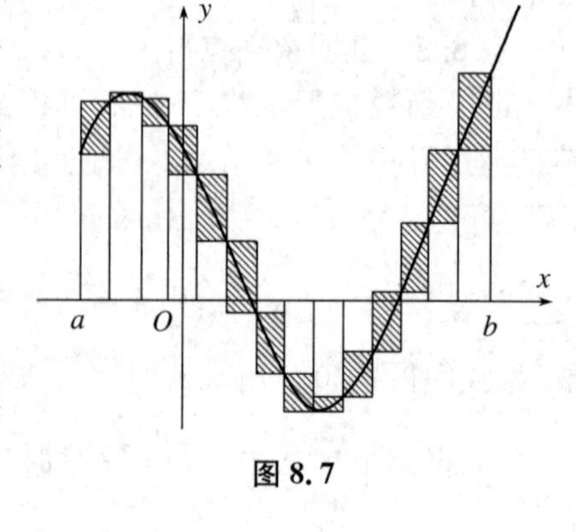

图 8.7

例 8.6 证明:若函数 f 在闭区间$[a,b]$上可积,则在任何闭子区间$[\alpha,\beta]\subset[a,b]$上也可积.

证 由于函数 f 在闭区间$[a,b]$上可积,由定理 8.4,对任意给定的正数 ε,存在$[a,b]$的一个分割 T:

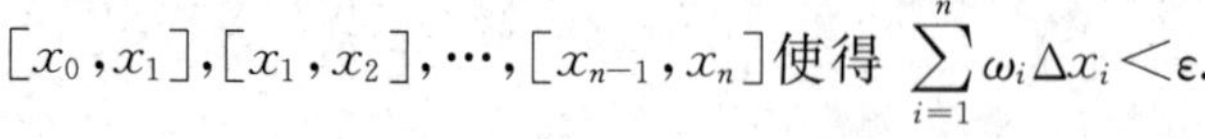
$[x_0,x_1],[x_1,x_2],\cdots,[x_{n-1},x_n]$使得 $\sum\limits_{i=1}^{n}\omega_i\Delta x_i<\varepsilon$.

现在,对闭子区间$[\alpha,\beta]\subset[a,b]$,有 $\alpha\in[x_{n_0-1},x_{n_0}],\beta\in[x_{n_1-1},x_{n_1}]$.显然 $n_0\leqslant n_1$.于是,小区间

$$[\alpha,x_{n_0}],[x_{n_0},x_{n_0+1}],[x_{n_0+1},x_{n_0+2}],\cdots,[x_{n_1-2},x_{n_1-1}],[x_{n_1-1},\beta]$$

就构成了区间$[\alpha,\beta]$的一个分割 $T_{[\alpha,\beta]}$.由于$[\alpha,x_{n0}]\subseteq[x_{n_0-1},x_{n_0}],[x_{n_1-1},\beta]\subseteq[x_{n_1-1},x_{n1}]$,

$$\sum_{T_{[\alpha,\beta]}}\omega\Delta x\leqslant\sum_{i=n_0}^{n_1}\omega_i\Delta x_i\leqslant\sum_{i=1}^{n}\omega_i\Delta x_i<\varepsilon,$$

从而仍然由定理 8.4,函数 f 在闭区间$[\alpha,\beta]$上可积. □

8.3.3 可积函数类

现在,利用定理 8.3 或 8.4,我们证明某些类型的函数一定是可积的.

定理 8.5 若函数 f 在闭区间$[a,b]$上连续,则函数 f 在闭区间$[a,b]$上可积.

证 由于函数 f 在闭区间$[a,b]$上连续,也一致连续.于是,对任意给定的 $\varepsilon>0$,存在 $\delta>0$ 使得对闭区间$[a,b]$中的任意两点 x,y,只要$|x-y|<\delta$ 就有$|f(x)-f(y)|<\varepsilon$.

现在设 T 是$[a,b]$的一个分割满足$\|T\|<\delta$.在分割 T 的每个小区间$[x_{i-1},x_i]$上,由于函数 f 连续而知其振幅

$$\omega_i=M_i-m_i=\max f([x_{i-1},x_i])-\min f([x_{i-1},x_i])=f(\zeta_i)-f(\eta_i).$$

由于$|\zeta_i-\eta_i|\leqslant x_i-x_{i-1}\leqslant\|T\|<\delta,\omega_i=f(\zeta_i)-f(\eta_i)<\varepsilon$,从而有

$$\sum_{i=1}^{n}\omega_i\Delta x_i<\varepsilon\sum_{i=1}^{n}\Delta x_i=(b-a)\varepsilon.$$

由定理 8.4,函数 f 在闭区间$[a,b]$上可积. □

定理 8.6 若函数 f 在闭区间$[a,b]$上有界,只有有限个不连续点,则函数 f 在闭区间$[a,b]$上可积.

证 采用将坏点即不连续点切除的办法来证明.我们只考虑一个不连续点的情形并且假设这个不连续点是左端点 a.有限多个情形是类似的.

设函数 f 在闭区间$[a,b]$上有上界 M 和下界 m:$M>m$.

对任意给定的正数 ε，取 $\tau=\min\left\{\frac{\varepsilon}{2(M-m)},b-a\right\}>0$，则在闭区间$[a,a+\tau]$上函数 f 的振幅 ω^* 与闭区间$[a,a+\tau]$的长度 τ 的乘积满足

$$\omega^*\tau\leqslant(M-m)\cdot\frac{\varepsilon}{2(M-m)}=\frac{\varepsilon}{2}.$$

另一方面，函数 f 在闭区间$[a+\tau,b]$上连续，因此由定理 8.4，存在闭区间$[a+\tau,b]$的一个分割 $T_{[a+\tau,b]}$ 使得 $\sum\limits_{i=1}^{n}\omega_i\Delta x_i<\frac{\varepsilon}{2}$.

现在，将第一步中切出的小闭区间$[a,a+\tau]$加入 $T_{[a+\tau,b]}$，则得到闭区间$[a,b]$的一个分割 $T_{[a,b]}=[a,a+\tau]\cup T_{[a+\tau,b]}$，其所有小区间上振幅与小区间长度乘积的和满足 $\omega^*\tau+\sum\limits_{i=1}^{n}\omega_i\Delta x_i<\varepsilon$. 故由定理 8.4，函数 f 在闭区间$[a,b]$上可积. □

根据定理 8.6，函数 $f(x)=\begin{cases}\sin\frac{1}{x}, & 0<x\leqslant 1\\ 0, & x=0\end{cases}$ 于闭区间$[0,1]$可积. 读者要注意，定理 8.6 证明中将坏点切除的方法也可以用来证明某些有无穷多个不连续点的函数的可积性.

例 8.7　证明函数 $f(x)=\begin{cases}x\left[\frac{1}{x}\right], & 0<x\leqslant 1\\ 0, & x=0\end{cases}$ 于闭区间$[0,1]$可积.

证　函数 f 有界，并且有无穷多个不连续点：$0,1,\frac{1}{2},\frac{1}{3},\cdots,\frac{1}{n},\cdots$. 如图 4.2 所示. 任意给一正数 $\varepsilon<1$. 用小区间$\left[0,\frac{\varepsilon}{2}\right]$将最坏的不连续点 0 切下. 在剩下的区间$\left[\frac{\varepsilon}{2},1\right]$上，函数 f 只有有限多个不连续点 $1,\frac{1}{2},\frac{1}{3},\cdots,\frac{1}{N}$，其中 $N\leqslant\frac{2}{\varepsilon}$. 根据定理 8.6 就知，函数 f 在区间$\left[\frac{\varepsilon}{2},1\right]$上可积. 于是，由可积充要条件，存在区间$\left[\frac{\varepsilon}{2},1\right]$的分割 $T_{\left[\frac{\varepsilon}{2},1\right]}$ 使得 $\sum\limits_{T_{\left[\frac{\varepsilon}{2},1\right]}}\omega_i\Delta x_i<\frac{\varepsilon}{2}$.

现在将小区间$\left[0,\frac{\varepsilon}{2}\right]$合到分割 $T_{\left[\frac{\varepsilon}{2},1\right]}$ 中，则得到闭区间$[0,1]$的一个分割 T. 容易看出，函数 f 在小区间$\left[0,\frac{\varepsilon}{2}\right]$上的振幅 $\omega_0=1$，因此得 $\sum\limits_{T}\omega_i\Delta x_i=\omega_0\cdot\frac{\varepsilon}{2}+\sum\limits_{T_{\left[\frac{\varepsilon}{2},1\right]}}\omega_i\Delta x_i<\varepsilon$. 于是，由可积充要条件知函数 f 在区间$[0,1]$上可积. □

定理 8.7　若函数 f 在闭区间$[a,b]$上单调，则函数 f 在闭区间$[a,b]$上可积.

证　不妨设函数 f 在闭区间$[a,b]$上单调递增，并且 $f(a)<f(b)$. 对闭区间$[a,b]$的任一分割 T：$[x_0,x_1],[x_1,x_2],\cdots,[x_{n-1},x_n]$，函数 f 在每个小区间$[x_{i-1},x_i]$上的振幅为 $\omega_i=f(x_i)-f(x_{i-1})$，从而

$$\sum_{i=1}^{n}\omega_i\Delta x_i\leqslant\sum_{i=1}^{n}[f(x_i)-f(x_{i-1})]\|T\|=\|T\|[f(b)-f(a)].$$

于是对任意给定的正数 ε，取$[a,b]$的分割 T 满足 $\|T\|<\frac{\varepsilon}{f(b)-f(a)}$，就有 $\sum\limits_{i=1}^{n}\omega_i\Delta x_i<$

ε. 由定理 8.4 知,函数可积. □

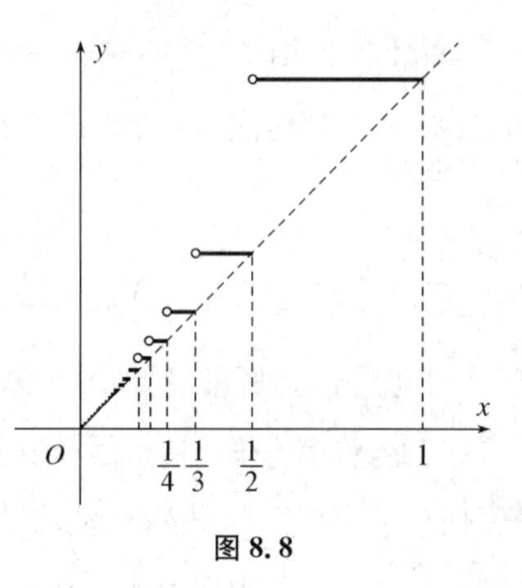

图 8.8

例 8.8 证明函数 $f(x)=\begin{cases}0, & x=0\\ \dfrac{1}{\left[\dfrac{1}{x}\right]}, & 0<x\leqslant 1\end{cases}$ 在闭区间[0,1]上可积. 这里[·]是高斯取整符号.

证 如图 8.8 所示,容易验证函数 f 于[0,1]单调递增,因此由定理 8.7 知该函数于[0,1]可积. □

注 本例也可仿照例 8.7 的方式进行证明. 注意例 8.8 中函数在无穷多个点$\frac{1}{2},\frac{1}{3},\frac{1}{4},\cdots$处都不连续.

习题 8.3

1. 证明:若函数 f 在闭区间$[a,b]$上有界,于$[a,b)$连续,则函数 f 在闭区间$[a,b]$上可积.

2. 证明函数 $f(x)=\begin{cases}\operatorname{sgn}\left(\sin\dfrac{\pi}{x}\right), & 0<x\leqslant 1\\ 0, & x=0\end{cases}$ 在闭区间[0,1]上可积.

§8.4 定积分性质

8.4.1 定积分的运算性质

性质 1 若函数 f 在闭区间$[a,b]$上可积,则对任何常数 k,函数 kf 在$[a,b]$上也可积,并且

$$\int_a^b kf(x)\mathrm{d}x=k\int_a^b f(x)\mathrm{d}x.$$

证 由

$$\lim_{\|T\|\to 0}\sum_{i=1}^n kf(\xi_i)\Delta x_i=k\lim_{\|T\|\to 0}\sum_{i=1}^n f(\xi_i)\Delta x_i=k\int_a^b f(x)\mathrm{d}x$$

即知性质 1 成立. □

性质 2 若函数 f,g 都在闭区间$[a,b]$上可积,则函数 $f+g$ 在$[a,b]$上也可积,并且

$$\int_a^b[f(x)+g(x)]\mathrm{d}x=\int_a^b f(x)\mathrm{d}x+\int_a^b g(x)\mathrm{d}x.$$

证 由

$$\lim_{\|T\|\to 0}\sum_{i=1}^n[f(\xi_i)+g(\xi_i)]\Delta x_i=\lim_{\|T\|\to 0}\sum_{i=1}^n f(\xi_i)\Delta x_i+\lim_{\|T\|\to 0}\sum_{i=1}^n g(\xi_i)\Delta x_i$$

$$=\int_a^b f(x)\mathrm{d}x+\int_a^b g(x)\mathrm{d}x$$

即知性质 2 成立. □

性质 1 和 2 叫作定积分的**线性性质**,可合并为若函数 f,g 都在闭区间$[a,b]$上可积,则对任何常数 k,l,函数 $kf+lg$ 在$[a,b]$上也可积,并且

$$\int_a^b[kf(x)+lg(x)]\mathrm{d}x=k\int_a^b f(x)\mathrm{d}x+l\int_a^b g(x)\mathrm{d}x. \tag{8.2}$$

注　利用上一节中的定理 8.4,可以证明:若函数 f,g 在闭区间$[a,b]$上可积,则乘积 $f\cdot g$ 也可积,但是一般而言,

$$\int_a^b[f(x)\cdot g(x)]\mathrm{d}x\neq\int_a^b f(x)\mathrm{d}x\cdot\int_a^b g(x)\mathrm{d}x.$$

另外,也可证明在进一步的条件(如$|g|$有正下界)之下,商 f/g 也可积.

下述性质描述了定积分**关于积分区间的可加性**.

性质 3　若函数 f 在闭区间$[a,b]$和$[b,c]$上可积,则函数 f 在$[a,c]$上也可积,并且

$$\int_a^c f(x)\mathrm{d}x=\int_a^b f(x)\mathrm{d}x+\int_b^c f(x)\mathrm{d}x. \tag{8.3}$$

证　由于函数 f 在闭区间$[a,b]$和$[b,c]$上可积,按定义,对任何给定的正数 ε,存在正数 δ,使得对$[a,b]$的模小于 δ 任何分割 $T_{[a,b]}$ 和$[b,c]$的模小于 δ 任何分割 $T_{[b,c]}$,函数 f 于闭区间$[a,b]$上的属于分割 $T_{[a,b]}$ 的任何一个积分和 $\sum(f,T_{[a,b]})$ 和闭区间$[b,c]$上的属于分割 $T_{[b,c]}$ 的任何一个积分和 $\sum(f,T_{[b,c]})$ 分别满足

$$\left|\sum(f,T_{[a,b]})-\int_a^b f(x)\mathrm{d}x\right|<\frac{\varepsilon}{3}\quad 和 \quad\left|\sum(f,T_{[b,c]})-\int_b^c f(x)\mathrm{d}x\right|<\frac{\varepsilon}{3}.$$

现在任取闭区间$[a,c]$的分割 T,模满足 $\|T\|<\min\left\{\delta,\dfrac{\varepsilon}{3[|f(b)|+1]}\right\}$,由依次插入 $n-1$ 个内分点,

$$a=x_0<x_1<x_2<\cdots<x_{n-1}<x_n=c$$

而得到. 在每个小区间$[x_{i-1},x_i]$上任取一点 ξ_i,就相应地得到函数 f 于闭区间$[a,c]$上的属于分割 T 的一个积分和 $\sum\limits_{i=1}^n f(\xi_i)\Delta x_i$. 由于 $b\in[a,c]$, 有两种情况:

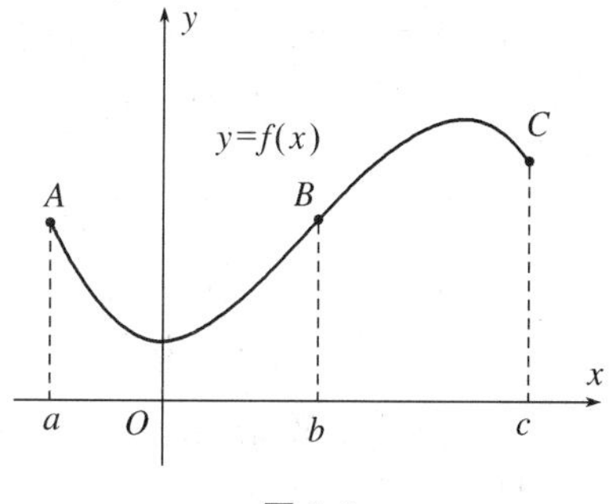

图 8.9

情形 1　b 是分割 T 的某个分点:$b=x_{i_0}$,则 T 的前 i_0 个小区间

$$[x_0,x_1],[x_1,x_2],\cdots,[x_{i_0-1},x_{i_0}]$$

形成了区间$[a,b]$的一个分割 $T_{[a,b]}$;同时后面的 $n-i_0$ 个小区间

$$[x_{i_0},x_{i_0+1}],\cdots,[x_{n-1},x_n]$$

形成了区间$[b,c]$的一个分割 $T_{[b,c]}$. 于是,

$$\sum_{i=1}^{n}f(\xi_i)\Delta x_i=\sum_{i=1}^{i_0}f(\xi_i)\Delta x_i+\sum_{i=i_0+1}^{n}f(\xi_i)\Delta x_i.$$

上式右端两个和式分别表示函数 f 于闭区间$[a,b]$上的属于分割 $T_{[a,b]}$ 的一个积分和 $\sum(f,T_{[a,b]})$ 和闭区间$[b,c]$上的属于分割 $T_{[b,c]}$ 的一个积分和 $\sum(f,T_{[b,c]})$，故由 $\|T_{[a,b]}\|\leqslant\|T\|<\delta$ 和 $\|T_{[b,c]}\|\leqslant\|T\|<\delta$ 有

$$\begin{aligned}&\left|\sum_{i=1}^{n}f(\xi_i)\Delta x_i-\left[\int_a^b f(x)\mathrm{d}x+\int_b^c f(x)\mathrm{d}x\right]\right|\\&\leqslant\left|\sum_{i=1}^{i_0}f(\xi_i)\Delta x_i-\int_a^b f(x)\mathrm{d}x\right|+\left|\sum_{i=i_0+1}^{n}f(\xi_i)\Delta x_i-\int_b^c f(x)\mathrm{d}x\right|\\&<\frac{\varepsilon}{3}+\frac{\varepsilon}{3}<\varepsilon.\end{aligned}$$

情形 2　b 不是分割 T 的分点,则必落在某小区间之内:$x_{i_0}<b<x_{i_0+1}$. 现在将 b 插入就可得到区间$[a,b]$的一个分割

$$T_{[a,b]}:[x_0,x_1],[x_1,x_2],\cdots,[x_{i_0-1},x_{i_0}],[x_{i_0},b]$$

和区间$[b,c]$的一个分割

$$T_{[b,c]}:[b,x_{i_0+1}],[x_{i_0+1},x_{i_0+2}],\cdots,[x_{n-1},x_n].$$

此时积分和

$$\begin{aligned}&\sum_{i=1}^{n}f(\xi_i)\Delta x_i\\=&\left[\sum_{i=1}^{i_0}f(\xi_i)\Delta x_i+f(b)(b-x_{i_0})\right]+\left[f(b)(x_{i_0+1}-b)+\sum_{i=i_0+1}^{n}f(\xi_i)\Delta x_i\right]-f(b)\Delta x_{i_0}.\end{aligned}$$

上式右端两个方括号内的量分别表示函数 f 于闭区间$[a,b]$上的属于分割 $T_{[a,b]}$ 的一个积分和 $\sum(f,T_{[a,b]})$ 和闭区间$[b,c]$上的属于分割 $T_{[b,c]}$ 的一个积分和$\Sigma(f,T_{[b,c]})$,故由 $\|T_{[a,b]}\|\leqslant\|T\|<\delta$ 和 $\|T_{[b,c]}\|\leqslant\|T\|<\delta$ 有

$$\left|\sum_{i=1}^{n}f(\xi_i)\Delta x_i-\left[\int_a^b f(x)\mathrm{d}x+\int_b^c f(x)\mathrm{d}x\right]\right|\leqslant\frac{\varepsilon}{3}+\frac{\varepsilon}{3}+|f(b)|\cdot\|T\|<\varepsilon.$$

于是,按照定义,函数 f 在$[a,c]$上也可积,并且满足式(8.3). □

用与积分区间的可加性证明相类似的方法,还可证明如下性质.

性质 4　设函数 f,g 都在闭区间$[a,b]$上有定义并且只在一点 $x_0\in[a,b]$不同:当 $x\neq x_0$ 时 $f(x)=g(x)$,则当函数 g 在区间$[a,b]$上可积时,函数 f 在区间$[a,b]$上也可积,而且

$$\int_a^b f(x)\mathrm{d}x=\int_a^b g(x)\mathrm{d}x.$$ □

由性质 4,改变一个可积函数的有限个点处的函数值,所得函数依然可积而且积分值不变. 由性质 3 和 4 即得如下性质,可用于分段函数的积分计算.

性质 5　如果函数 f 在区间$[a,b]$上可积、函数 g 在区间$[b,c]$上可积,则函数

$$F(x)=\begin{cases}f(x), & x\in[a,b]\\ g(x), & x\in(b,c]\end{cases},G(x)=\begin{cases}f(x), & x\in[a,b)\\ g(x), & x\in[b,c]\end{cases} \text{和 } H(x)=\begin{cases}f(x), & x\in[a,b)\\ \tau & x=b\\ g(x), & x\in(b,c]\end{cases}$$

在区间$[a,c]$上都可积,并且

$$\int_a^c F(x)\mathrm{d}x=\int_a^c G(x)\mathrm{d}x=\int_a^c H(x)\mathrm{d}x=\int_a^b f(x)\mathrm{d}x+\int_b^c g(x)\mathrm{d}x. \qquad \square$$

例 8.8 计算积分$\int_{-1}^2 f(x)\mathrm{d}x$,其中$f(x)=\begin{cases}2x, & x>0,\\ \mathrm{e}^x, & x\leqslant 0.\end{cases}$

解 由性质 5 得

$$\begin{aligned}\int_{-1}^2 f(x)\mathrm{d}x&=\int_{-1}^0 \mathrm{e}^x\mathrm{d}x+\int_0^2 2x\mathrm{d}x\\&=\mathrm{e}^x\Big|_{-1}^0+x^2\Big|_0^2=(1-\mathrm{e}^{-1})+(4-0)=5-\mathrm{e}^{-1}.\end{aligned} \qquad \square$$

8.4.2　定积分的比较性质

性质 6 设函数 f 在闭区间$[a,b]$上非负、可积,则$\int_a^b f(x)\mathrm{d}x\geqslant 0$.

证 由于函数 f 在闭区间$[a,b]$上非负:$f(x)\geqslant 0$,属于任何分割 T 的任何积分和均非负,从而

$$\int_a^b f(x)\mathrm{d}x=\lim_{\|T\|\to 0}\sum_{i=1}^n f(\xi_i)\Delta x_i\geqslant 0. \qquad \square$$

性质 7 设函数 f,g 在闭区间$[a,b]$上都可积. 若对任何 $x\in[a,b]$有 $f(x)\geqslant g(x)$,则

$$\int_a^b f(x)\mathrm{d}x\geqslant\int_a^b g(x)\mathrm{d}x.$$

证 由于 $F(x)=f(x)-g(x)\geqslant 0$,根据线性性质和性质 6 即得. $\square$

性质 8 设函数 f 在闭区间$[a,b]$上可积,则$|f|$在闭区间$[a,b]$上也可积,并且

$$\left|\int_a^b f(x)\mathrm{d}x\right|\leqslant\int_a^b |f(x)|\mathrm{d}x.$$

证 注意到对任何 x,y,总有$||f(x)|-|f(y)||\leqslant|f(x)-f(y)|$,因此在任何一个小区间上,函数 f 绝对值$|f|$的振幅总是不超过函数 f 的振幅:$\omega^{|f|}\leqslant\omega^f$. 因此,对$[a,b]$的任何分割 T 有

$$\sum_T\omega^{|f|}\Delta x\leqslant\sum_T\omega^f\Delta x.$$

由此即知当函数 f 在闭区间$[a,b]$上可积时,$|f|$在$[a,b]$上也可积. 随即由性质 7 和不等式$-|f(x)|\leqslant f(x)\leqslant|f(x)|$可得$-\int_a^b|f(x)|\mathrm{d}x\leqslant\int_a^b f(x)\mathrm{d}x\leqslant\int_a^b|f(x)|\mathrm{d}x$. 此即所要证明之不等式. $\square$

注 当$|f|$在闭区间$[a,b]$上可积时,一般不能得到函数 f 在闭区间$[a,b]$上可积. 例如函数

$$f(x)=2D(x)-1=\begin{cases}1, & x\text{ 为有理数}\\ -1, & x\text{ 为无理数}\end{cases}.$$

例 8.9 设函数 f 在闭区间 $[a,b]$ 上连续、非负，不恒等于 0，则 $\int_a^b f(x)\mathrm{d}x>0$.

证 由于函数 f 不恒等于 0，存在某点 $x_0\in[a,b]$ 使得 $f(x_0)\neq 0$，从而由函数的非负知 $f(x_0)>0$. 不妨设 $x_0\in(a,b)$. 由于函数 f 在点 x_0 处连续，由局部保号性知存在 x_0 的一个邻域 $(x_0-\delta,x_0+\delta)\subset[a,b]$ 使得当 $x\in(x_0-\delta,x_0+\delta)$ 时有 $f(x)\geqslant\frac{1}{2}f(x_0)$. 于是由积分可加性和比较性质得

$$\begin{aligned}\int_a^b f(x)\mathrm{d}x&=\int_a^{x_0-\delta}f(x)\mathrm{d}x+\int_{x_0-\delta}^{x_0+\delta}f(x)\mathrm{d}x+\int_{x_0+\delta}^{b}f(x)\mathrm{d}x\\&\geqslant 0+\frac{1}{2}f(x_0)\cdot 2\delta+0>0.\end{aligned}$$

□

根据例 8.9，我们可以得到有用的推论：函数 f,g 在闭区间 $[a,b]$ 上连续但不恒等. 若对任何 $x\in[a,b]$ 有 $f(x)\geqslant g(x)$，则

$$\int_a^b f(x)\mathrm{d}x>\int_a^b g(x)\mathrm{d}x.$$

读者可以与性质 7 相比较. 根据这个推论，我们可以得到如下这样的严格不等式：

$$0<\int_0^1\sin(x^2)\mathrm{d}x<1.$$

8.4.3 连续函数定积分的中值定理

定理 8.8(积分中值定理) 若函数 f 在闭区间 $[a,b]$ 上连续，则存在点 $\xi\in[a,b]$ 使得

$$\int_a^b f(x)\mathrm{d}x=f(\xi)(b-a). \tag{8.4}$$

证 由于函数 f 在闭区间 $[a,b]$ 上连续，函数 f 在闭区间 $[a,b]$ 上可积，并且有最大值 M 和最小值 m：$f([a,b])=[m,M]$. 于是由定积分的比较性质有

$$m(b-a)\leqslant\int_a^b f(x)\mathrm{d}x\leqslant M(b-a),$$

即有

$$\frac{1}{b-a}\int_a^b f(x)\mathrm{d}x\in[m,M]=f([a,b]).$$

于是存在点 $\xi\in[a,b]$ 使得式(8.4)成立. □

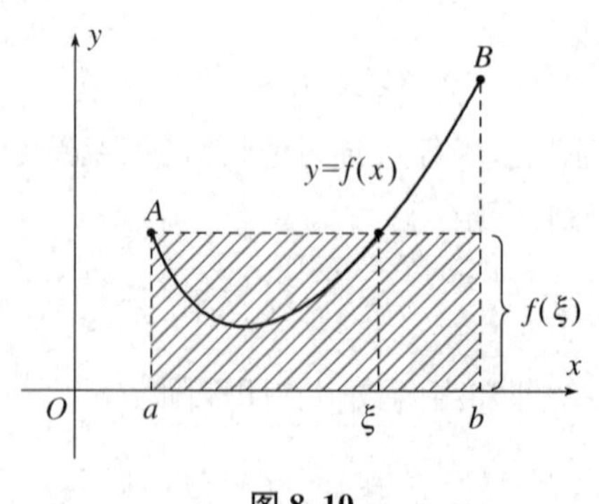

图 8.10

注 点 ξ 一定可以在开区间 (a,b) 内找到. 另外，式(8.4)有清晰的几何意义：当函数 f 在闭区间 $[a,b]$ 上非负时，左边积分表示曲边梯形的面积，右边则表示一个与曲边梯形同宽但高为 $f(\xi)$ 的矩形面积. 式(8.4)表示，对连续函数 f，可以找到 $\xi\in[a,b]$ 使得两者相等. 因此，称 $f(\xi)$ 为曲边梯形的平均高度，称

$$\frac{1}{b-a}\int_a^b f(x)\,\mathrm{d}x$$

为函数 f 在闭区间$[a,b]$上的**平均值**,是通常有限个数的算术平均值的推广.

例 8.10　求函数$|x|$在闭区间$[-1,1]$上的平均值.

解　所求平均值为

$$\frac{1}{1-(-1)}\int_{-1}^1 |x|\,\mathrm{d}x=\frac{1}{2}\left(\int_{-1}^0 -x\mathrm{d}x+\int_0^1 x\mathrm{d}x\right)=\frac{1}{2}.$$

如图 8.11 所示. □

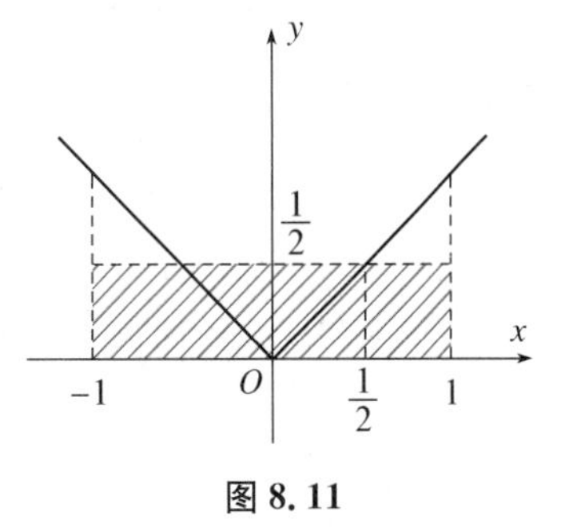

图 8.11

定理 8.9(积分第一中值定理)　若函数 f 在闭区间$[a,b]$上连续,函数 g 在闭区间$[a,b]$上非负(或非正)、可积,则存在点 $\xi\in[a,b]$使得

$$\int_a^b f(x)g(x)\mathrm{d}x=f(\xi)\int_a^b g(x)\mathrm{d}x. \qquad (8.5)$$

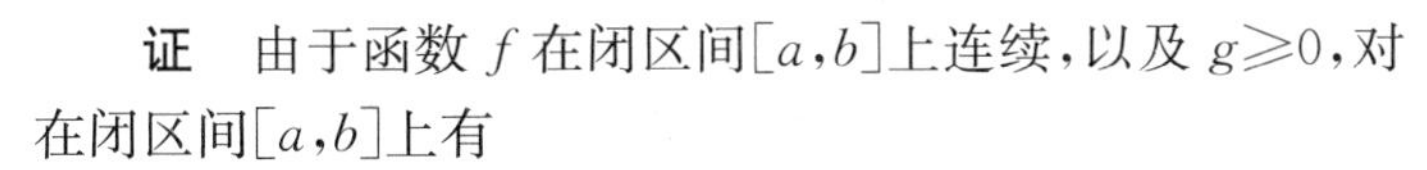

证　由于函数 f 在闭区间$[a,b]$上连续,以及 $g\geqslant 0$,对在闭区间$[a,b]$上有

$$mg(x)\leqslant f(x)g(x)\leqslant Mg(x),$$

其中,M 和 m 如定理 8.8 证明中所述. 于是根据定积分的比较性质有

$$m\int_a^b g(x)\mathrm{d}x\leqslant\int_a^b f(x)g(x)\mathrm{d}x\leqslant M\int_a^b g(x)\mathrm{d}x.$$

因 $g\geqslant 0$, 故必有$\int_a^b g(x)\mathrm{d}x\geqslant 0$. 若$\int_a^b g(x)\mathrm{d}x=0$,则由上式$\int_a^b f(x)g(x)\mathrm{d}x=0$, 从而式(8.5)对任何 $\xi\in[a,b]$都成立. 现在设$\int_a^b g(x)\mathrm{d}x>0$,则

$$\frac{\int_a^b f(x)g(x)\mathrm{d}x}{\int_a^b g(x)\mathrm{d}x}\in[m,M]=f([a,b]).$$

由此即知存在点 $\xi\in[a,b]$使得式(8.5)成立. □

例 8.11　设函数 f 在区间$[0,1]$上连续,证明

$$\lim_{n\to\infty}n\int_0^1 x^n f(x)\mathrm{d}x=f(1).$$

分析　在区间$[0,1]$上,当 $x\neq 1$ 时,被积函数 $nx^n f(x)\to 0$,因此点 $x=1$ 是一特殊点. 解答时对这种特殊点要单独处理:考虑该点的适当小邻域.

证　由于 $n\int_0^1 x^n\mathrm{d}x=\frac{n}{n+1}\to 1$, 所要证明的极限等式等价于

$$\lim_{n\to\infty}n\int_0^1 x^n[f(x)-f(1)]\mathrm{d}x=0.$$

于是,我们可不妨设 $f(1)=0$. 否则,考虑函数 $F(x)=f(x)-f(1)$.

设 $0<\delta<1$,则

$$n\int_0^1 x^n f(x)\mathrm{d}x = n\int_0^{1-\delta} x^n f(x)\mathrm{d}x + n\int_{1-\delta}^1 x^n f(x)\mathrm{d}x.$$

对第一个积分,由于函数 f 在区间$[0,1]$上连续而有界:$|f(x)|\leqslant M$,

$$\left|n\int_0^{1-\delta} x^n f(x)\mathrm{d}x\right| \leqslant n\int_0^{1-\delta} x^n M\mathrm{d}x = \frac{nM}{n+1}(1-\delta)^{n+1} \leqslant M(1-\delta)^n.$$

对第二个积分,由于函数 f 在区间$[0,1]$上连续,由积分第一中值定理知,存在 $\xi\in[1-\delta,1]$使得

$$\left|n\int_{1-\delta}^1 x^n f(x)\mathrm{d}x\right| = \left|nf(\xi)\int_{1-\delta}^1 x^n \mathrm{d}x\right| = \left|\frac{n}{n+1}[1-(1-\delta)^{n+1}]f(\xi)\right| \leqslant |f(\xi)|.$$

现在,适当选取 δ 使得当 $n\to\infty$ 时,$\delta\to 0$ 并且$(1-\delta)^n\to 0$. 取 $\delta=1-\frac{1}{\sqrt[n]{n}}$即满足要求. 此时,由 $\delta\to 0$ 可知 $\xi\in[1-\delta,1]$满足 $\xi\to 1$. 于是由函数 f 在区间$[0,1]$上连续而有 $f(\xi)\to f(1)=0$. 于是得

$$n\int_0^{1-\delta} x^n f(x)\mathrm{d}x \to 0, n\int_{1-\delta}^1 x^n f(x)\mathrm{d}x \to 0.$$

从而得 $n\int_0^1 x^n f(x)\mathrm{d}x \to 0$. □

注 上述证明中右端极限值 $f(1)$可以假设为 0,这种规范化方法也是常用的.

习题 8.4

1. 证明性质 4.

2. 求 $\int_0^3 f(x)\mathrm{d}x$,其中 $f(x)=\begin{cases}x^2+1, & 0\leqslant x<2\\ x-1, & 2\leqslant x\leqslant 3\end{cases}$.

3. 求函数 $f(x)=\begin{cases}x^2, & 0\leqslant x<1\\ 1, & 1\leqslant x\leqslant 2\end{cases}$在区间$[0,2]$上的平均值.

4. 设函数 f 于闭区间$[a,b]$单调递增,证明

$$f(a)(b-a)\leqslant\int_a^b f(x)\mathrm{d}x\leqslant f(b)(b-a).$$

5. 证明:(1) $\frac{1}{2}<\int_{\frac{\pi}{4}}^{\frac{\pi}{2}}\frac{\sin x}{x}\mathrm{d}x<\frac{\sqrt{2}}{2}$, (2) $\frac{1}{3\sqrt{2}}<\int_0^1\frac{x^2}{\sqrt{1+x}}\mathrm{d}x<\frac{1}{3}$.

6. 设函数 f 于闭区间$[a,b]$连续,并且$\int_a^b f(x)\mathrm{d}x=0$,证明存在 $x_0\in(a,b)$ 使得 $f(x_0)=0$.

7. 证明:若函数 f 在闭区间$[a,b]$上连续,则存在点 $\xi\in(a,b)$使得

$$\int_a^b f(x)\mathrm{d}x = f(\xi)(b-a).$$

8. 设函数 f 在区间[0,1]上连续，证明：$\lim\limits_{n\to\infty}\int_0^1 f(x^n)\mathrm{d}x = f(0)$.

§8.5　微积分学基本定理

现在设函数 f 在闭区间$[a,b]$上可积，则根据可积函数充要条件（定理 8.4）推论，对任何 $x\in(a,b]$，函数 f 在闭区间$[a,x]$上也可积，从而确定了一个定义在区间$(a,b]$上的函数

$$\Phi(x) = \int_a^x f(t)\mathrm{d}t, x\in(a,b]. \tag{8.6}$$

这个函数称为**变上限积分**. 类似地，可定义**变下限积分**

$$\Psi(x) = \int_x^b f(t)\mathrm{d}t, x\in[a,b). \tag{8.7}$$

为了方便，我们定义 $\Phi(a)=0$，$\Psi(b)=0$. 于是 Φ 和 Ψ 都在闭区间$[a,b]$上有定义，并且两者的和是一个常数：

$$\Phi(x)+\Psi(x) = \int_a^b f(t)\mathrm{d}t.$$

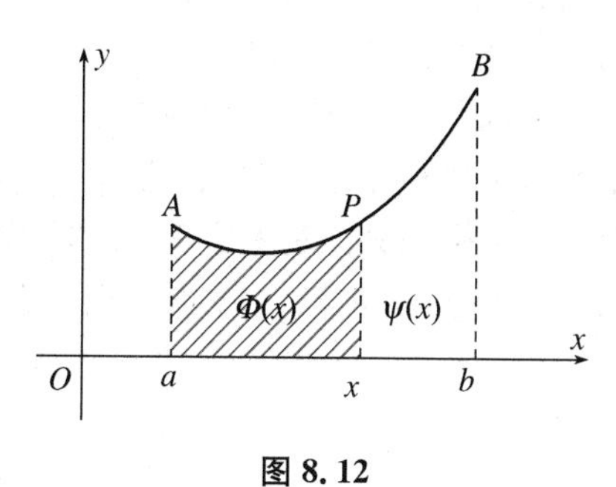

图 8.12

因此，我们可以只讨论变上限积分的性质，变下限积分的性质可随之而得.

首先，我们考察变上限积分函数 Φ 在闭区间$[a,b]$上的连续性. 在任意一点 $x_0\in[a,b]$处，当 $x>x_0$ 时有

$$|\Phi(x)-\Phi(x_0)| = \left|\int_a^x f(t)\mathrm{d}t - \int_a^{x_0} f(t)\mathrm{d}t\right| = \left|\int_{x_0}^x f(t)\mathrm{d}t\right| \leqslant \int_{x_0}^x |f(t)|\mathrm{d}t.$$

由于函数 f 在闭区间$[a,b]$上有界：$|f(t)|\leqslant M$，由上式我们可得$|\Phi(x)-\Phi(x_0)|\leqslant M(x-x_0)$. 同法可证，当 $x<x_0$ 时，$|\Phi(x)-\Phi(x_0)|\leqslant M(x_0-x)$. 于是对任何 $x\in[a,b]$都有

$$|\Phi(x)-\Phi(x_0)|\leqslant M|x-x_0|.$$

由此即知函数 Φ 在闭区间$[a,b]$上连续.

例 8.12　求符号函数 $\mathrm{sgn}(x)$在闭区间$[-1,1]$上的变上限积分函数：

$$\Phi(x) = \int_{-1}^x \mathrm{sgn}(t)\mathrm{d}t, x\in[-1,1].$$

解　当 $x\in[-1,0]$时，有 $\Phi(x)=\int_{-1}^x(-1)\mathrm{d}t = -(x+1)$. 当 $x\in(0,1]$时，有

$$\Phi(x) = \int_{-1}^0(-1)\mathrm{d}t + \int_0^x 1\mathrm{d}t = -1+x. \text{ 于是，}\Phi(x) = |x|-1, x\in[-1,1].$$ □

例 8.12 表明变上限积分表示的函数不一定可导. 为使其可导，被积函数需要更好的性质：连续！

定理 8.10　若函数 f 在闭区间$[a,b]$上连续，则由式(8.6)定义的变上限积分函数 Φ 在

$[a,b]$上可导,并且$\Phi'=f$.

证 在任意一点$x_0\in[a,b)$处,当$x>x_0$时有

$$\Phi(x)-\Phi(x_0)=\int_a^x f(t)\mathrm{d}t-\int_a^{x_0} f(t)\mathrm{d}t=\int_{x_0}^x f(t)\mathrm{d}t.$$

根据积分中值定理,存在$\xi\in[x_0,x]$使得$\Phi(x)-\Phi(x_0)=f(\xi)(x-x_0)$. 于是

$$\lim_{x\to x_0^+}\frac{\Phi(x)-\Phi(x_0)}{x-x_0}=\lim_{x\to x_0^+}f(\xi)=f(x_0).$$

这就证明了函数Φ在任意一点$x_0\in[a,b)$处右可导,并且$\Phi'_+(x_0)=f(x_0)$. 同法可证函数Φ在任意一点$x_0\in(a,b]$处左可导,并且$\Phi'_-(x_0)=f(x_0)$. 于是,按定义,函数Φ在任意一点$x_0\in[a,b]$处可导,并且$\Phi'(x_0)=f(x_0)$. □

定理8.10说明变上限积分函数Φ是函数f在区间$[a,b]$上的一个原函数,解决了连续函数原函数存在性问题(定理7.1),同时将定积分与导数紧密地联系在一起,因此极为重要而被称为**微积分学基本定理**. 据此,我们可以去除定理8.1中假设原函数存在的条件而得到如下的牛顿-莱布尼兹公式的新证明.

定理 8.11 设函数f在闭区间$[a,b]$上连续,则对函数f在闭区间$[a,b]$上的任一原函数F有

$$\int_a^b f(x)\mathrm{d}x=F(b)-F(a).$$

证 由定理8.10,变上限积分函数Φ是函数f在区间$[a,b]$上的一个原函数:$\Phi'=f$. 于是有$\Phi'=F'$,从而存在常数C使得对任何$x\in[a,b]$,$\Phi(x)=F(x)+C$. 由$\Phi(a)=0$得$C=-F(a)$. 于是,对任何$x\in[a,b]$,$\Phi(x)=F(x)-F(a)$. 特别地,$\Phi(b)=F(b)-F(a)$. 这就是所要证明的基本积分公式或牛顿-莱布尼兹公式. □

为了变上、下限积分的进一步应用方便,现在对定积分$\int_a^b f(x)\mathrm{d}x$的上、下限做个约定. 在最初的定义中,下限a总是小于上限b的. 现在**规定**:

当$a>b$时,$\int_a^b f(x)\mathrm{d}x=-\int_b^a f(x)\mathrm{d}x$;

当$a=b$时,$\int_a^a f(x)\mathrm{d}x=0$.

在此规定后,无论$a<b$,$a=b$还是$a>b$,定积分$\int_a^b f(x)\mathrm{d}x$就都有意义了. 特别地,积分区间可加性等式

$$\int_a^c f(x)\mathrm{d}x=\int_a^b f(x)\mathrm{d}x+\int_b^c f(x)\mathrm{d}x$$

当所涉三个积分中两个存在时对任何a,b,c都成立. 此时第三个积分一定存在.

例 8.13 求函数$\Phi(x)=\int_0^x \frac{2t-1}{t^2+1}\mathrm{d}t$在区间$[-1,1]$上的最大值与最小值.

解 由于函数$\frac{2t-1}{t^2+1}$在$[-1,1]$上连续,函数Φ在$[-1,1]$上可导,从而必有最大、最小

值. 由于 $\Phi'(x)=\dfrac{2x-1}{x^2+1}$，函数 Φ 有唯一稳定点 $\dfrac{1}{2}$，并且当 $x<\dfrac{1}{2}$ 时 $\Phi'(x)<0$ 及当 $x>\dfrac{1}{2}$ 时 $\Phi'(x)>0$，该稳定点为最小值点. 再由

$$\int\frac{2t-1}{t^2+1}\mathrm{d}t=\int\frac{2t\mathrm{d}t}{t^2+1}-\int\frac{\mathrm{d}t}{t^2+1}=\ln(t^2+1)-\arctan t+C$$

知 $\Phi(x)=\displaystyle\int_0^x\frac{2t-1}{t^2+1}\mathrm{d}t=\ln(x^2+1)-\arctan x$. 从而所求最小值为

$$\Phi\left(\frac{1}{2}\right)=\ln\frac{5}{4}-\arctan\frac{1}{2}.$$

由于 $\Phi(-1)=\ln 2-\arctan(-1)=\ln 2+\dfrac{\pi}{4}$，$\Phi(1)=\ln 2-\arctan 1=\ln 2-\dfrac{\pi}{4}$，所求最大值为

$\max\{\Phi(-1),\Phi(1)\}=\ln 2+\dfrac{\pi}{4}$. □

例 8.14　解不等式 $\displaystyle\int_1^x\frac{\sin t}{t}\mathrm{d}t>\ln x$.

解　所解不等式等价于 $f(x)=\displaystyle\int_1^x\frac{\sin t}{t}\mathrm{d}t-\ln x>0$. 由于

$$f'(x)=\frac{\sin x}{x}-\frac{1}{x}=\frac{\sin x-1}{x}\leqslant 0,$$

并且导数在 $(0,+\infty)$ 的任何子区间上不恒为 0，函数 f 在 $(0,+\infty)$ 内严格单调递减. 由于 $f(1)=0$，所解不等式的解集为区间 $(0,1)$. □

例 8.15　求极限 $\displaystyle\lim_{x\to 0}\frac{\int_0^x\tan t\mathrm{d}t}{x^2}$.

解　利用洛必达法则，

$$\lim_{x\to 0}\frac{\int_0^x\tan t\mathrm{d}t}{x^2}=\lim_{x\to 0}\frac{\tan x}{2x}=\lim_{x\to 0}\frac{\frac{1}{\cos^2 x}}{2}=\frac{1}{2}.$$ □

习题 8.5

1. 计算下列函数的导数：

(1) $\dfrac{\mathrm{d}}{\mathrm{d}x}\displaystyle\int_0^x t\sqrt{1+t^2}\,\mathrm{d}t$，　　(2) $\dfrac{\mathrm{d}}{\mathrm{d}x}\displaystyle\int_x^2 \mathrm{e}^{-u^2}\mathrm{d}u$，

(3) $\dfrac{\mathrm{d}}{\mathrm{d}x}\displaystyle\int_0^{x^2}\sqrt{1+t^2}\,\mathrm{d}t$，　　(4) $\dfrac{\mathrm{d}}{\mathrm{d}x}\displaystyle\int_{x^2}^{x^3}\frac{\mathrm{d}t}{\sqrt{1+t^4}}$，

(5) $\dfrac{\mathrm{d}}{\mathrm{d}x}\displaystyle\int_a^b\sqrt{1+t^2}\,\mathrm{d}t$.

2. 设函数 f 在闭区间 $[a,b]$ 上连续，证明：函数 $F(x)=\displaystyle\int_a^x f(t)(x-t)\mathrm{d}t$ 在闭区间 $[a,b]$

上二阶可导，并且 $F''(x)=f(x)$.

3. 求下列极限：

(1) $\lim\limits_{x\to 0}\dfrac{\int_0^x \tan u\mathrm{d}u}{x^2}$， (2) $\lim\limits_{x\to+\infty}\dfrac{\int_0^x(\arctan t)^2\mathrm{d}t}{\sqrt{x^2+1}}$.

4. 设函数 f 在区间$[0,+\infty)$上连续并且 $\lim\limits_{x\to+\infty}f(x)=A$，证明

$$\lim_{x\to+\infty}\frac{1}{x}\int_0^x f(t)\mathrm{d}t=A.$$

又问：若函数连续的条件更换为函数在任何有限区间上可积，结论是否依然成立？

5. 设函数 f 在区间$[a,b]$上可导，函数 g 在区间$[a,b]$上连续并且满足$|f'(x)|\leqslant g(x)$. 证明

$$|f(b)-f(a)|\leqslant\int_a^b g(x)\mathrm{d}x.$$

6. 设函数 f 在区间$(-\infty,+\infty)$上连续使得函数

$$g(x)=f(x)\int_0^x f(t)\mathrm{d}t$$

单调递减. 证明函数 $f\equiv 0$.

§8.6 定积分的计算

到目前为止，定积分的计算都依赖于牛顿-莱布尼兹公式，也就是先要计算出一个原函数. 但有些情况下，原函数较难求得或者根本求不出，因此相应的定积分计算就无法进行. 本小节将给出计算定积分的两个公式或方法，可用来处理部分上述情况.

定理 8.12(定积分换元积分法) 设函数 f 在闭区间$[a,b]$上连续，函数 φ 在$[\alpha,\beta]$上连续可导并且 $\varphi(\alpha)=a,\varphi(\beta)=b,\varphi([\alpha,\beta])\subseteq[a,b]$，则有换元公式：

$$\int_a^b f(x)\mathrm{d}x=\int_\alpha^\beta f(\varphi(t))\varphi'(t)\mathrm{d}t. \tag{8.8}$$

证 由于函数 f 在闭区间$[a,b]$上连续，其有原函数 F，并且由牛顿-莱布尼兹公式有 $\int_a^b f(x)\mathrm{d}x=F(b)-F(a)$. 现在考虑公式(8.8)右端积分. 由于复合函数 $F\circ\varphi$ 在$[\alpha,\beta]$可导，并且$(F\circ\varphi)'(t)=F'(\varphi(t))\varphi'(t)$. 于是，函数 $f(\varphi(t))\varphi'(t)$在$[\alpha,\beta]$上有原函数 $F\circ\varphi$. 注意到条件还保证函数 $f(\varphi(t))\varphi'(t)$ 在$[\alpha,\beta]$上连续，因此由牛顿-莱布尼兹公式有 $\int_\alpha^\beta f(\varphi(t))\varphi'(t)\mathrm{d}t=F\circ\varphi(\beta)-F\circ\varphi(\alpha)=F(b)-F(a)$. 于是公式(8.8)成立. □

注 在变换时，可以允许 $\alpha>\beta$. 此时变换公式(8.8)依然成立.

例 8.16 计算 $\int_0^1\sqrt{1-x^2}\mathrm{d}x$.

解 作变换：$x=\sin t,t\in\left[0,\dfrac{\pi}{2}\right]$，则可验证其满足定理 8.12 的要求. 因此，

$$\int_0^1 \sqrt{1-x^2}\,\mathrm{d}x = \int_0^{\frac{\pi}{2}} \cos t \cos t \mathrm{d}t$$

$$= \int_0^{\frac{\pi}{2}} \frac{1+\cos(2t)}{2}\mathrm{d}t = \frac{t+\frac{1}{2}\sin(2t)}{2}\Bigg|_0^{\frac{\pi}{2}} = \frac{\pi}{4}. \qquad \square$$

例 8.17　计算 $\int_0^{\frac{\pi}{2}} \cos^3 x \sin x \mathrm{d}x$.

解　$\int_0^{\frac{\pi}{2}} \cos^3 x \sin x \mathrm{d}x = -\int_0^{\frac{\pi}{2}} \cos^3 x \mathrm{d}(\cos x) = -\int_1^0 u^3 \mathrm{d}u = \frac{1}{4}.$ □

注　在此例的解答过程中，做了变换 $\cos x = u$ 或 $x = \arccos u, u \in [0,1]$. 注意，此时，对应定理 8.12 中的 $\alpha = 1 > \beta = 0$.

例 8.18　计算 $\int_0^{\pi} \frac{x\sin x}{1+\cos^2 x}\mathrm{d}x$.

解　先作变换 $x = \pi - t, t \in [0,\pi]$，则变换显然满足定理 8.12 之条件，于是有

$$\int_0^{\pi} \frac{x\sin x}{1+\cos^2 x}\mathrm{d}x = -\int_{\pi}^{0} \frac{(\pi-t)\sin t}{1+\cos^2 t}\mathrm{d}t$$

$$= \int_0^{\pi} \frac{(\pi-x)\sin x}{1+\cos^2 x}\mathrm{d}x = \int_0^{\pi} \frac{\pi\sin x}{1+\cos^2 x}\mathrm{d}x - \int_0^{\pi} \frac{x\sin x}{1+\cos^2 x}\mathrm{d}x.$$

从而得

$$\int_0^{\pi} \frac{x\sin x}{1+\cos^2 x}\mathrm{d}x = \frac{\pi}{2}\int_0^{\pi} \frac{\sin x}{1+\cos^2 x}\mathrm{d}x = -\frac{\pi}{2}\arctan(\cos x)\Big|_0^{\pi} = \frac{\pi^2}{4}. \qquad \square$$

例 8.19*　计算 $\int_0^1 \frac{\ln(1+x)}{1+x^2}\mathrm{d}x$.

解　先作变换 $x = \tan t, t \in \left[0, \frac{\pi}{4}\right]$，则变换满足定理 8.12 条件，从而有

$$\int_0^1 \frac{\ln(1+x)}{1+x^2}\mathrm{d}x = \int_0^{\frac{\pi}{4}} \ln(1+\tan t)\mathrm{d}t = \int_0^{\frac{\pi}{4}} \ln\frac{\cos t + \sin t}{\cos t}\mathrm{d}t$$

$$= \int_0^{\frac{\pi}{4}} \ln\frac{\sqrt{2}\cos\left(\frac{\pi}{4}-t\right)}{\cos t}\mathrm{d}t$$

$$= \int_0^{\frac{\pi}{4}} \ln\sqrt{2}\,\mathrm{d}t + \int_0^{\frac{\pi}{4}} \ln\cos\left(\frac{\pi}{4}-t\right)\mathrm{d}t - \int_0^{\frac{\pi}{4}} \ln\cos t \mathrm{d}t.$$

对第二个积分 $\int_0^{\frac{\pi}{4}} \ln\cos\left(\frac{\pi}{4}-t\right)\mathrm{d}t$，作变换 $\tau = \frac{\pi}{4} - t$，则有

$$\int_0^{\frac{\pi}{4}} \ln\cos\left(\frac{\pi}{4}-t\right)\mathrm{d}t = -\int_{\frac{\pi}{4}}^{0} \ln\cos\tau \mathrm{d}\tau = \int_0^{\frac{\pi}{4}} \ln\cos\tau \mathrm{d}\tau.$$

于是，第二个积分与第三个积分互相抵消，从而所求积分

$$\int_0^1 \frac{\ln(1+x)}{1+x^2}\mathrm{d}x = \int_0^{\frac{\pi}{4}} \ln\sqrt{2}\,\mathrm{d}t = \frac{\pi}{8}\ln 2. \qquad \square$$

注 在应用换元积分法时,一定要注意条件是否满足,否则会出现问题. 例如:若对积分 $\int_{-1}^{1}\frac{\mathrm{d}x}{1+x^2}$ 作换元 $x=\frac{1}{t}$,则有

$$\int_{-1}^{1}\frac{\mathrm{d}x}{1+x^2}=\int_{-1}^{1}\frac{-\frac{1}{t^2}\mathrm{d}t}{1+\frac{1}{t^2}}=-\int_{-1}^{1}\frac{\mathrm{d}t}{t^2+1}=-\int_{-1}^{1}\frac{\mathrm{d}x}{1+x^2}.$$

因此得 $\int_{-1}^{1}\frac{\mathrm{d}x}{1+x^2}=0$. 这显然是错误的. 事实上,$\int_{-1}^{1}\frac{\mathrm{d}x}{1+x^2}=\arctan x\Big|_{-1}^{1}=\frac{\pi}{2}$. 想一想,错误的原因是什么?

定理 8.13(定积分分部积分法) 若函数 f,g 在闭区间$[a,b]$上连续可导,则

$$\int_a^b f(x)g'(x)\mathrm{d}x=f(x)g(x)\Big|_a^b-\int_a^b f'(x)g(x)\mathrm{d}x. \tag{8.9}$$

证 由于$[f(x)g(x)]'=f'(x)g(x)+f(x)g'(x)$,并且由条件右边表达式连续,由微积分基本公式有

$$\int_a^b[f'(x)g(x)+f(x)g'(x)]\mathrm{d}x=f(x)g(x)\Big|_a^b.$$

另一方面,根据积分的线性性质有

$$\int_a^b[f'(x)g(x)+f(x)g'(x)]\mathrm{d}x=\int_a^b f'(x)g(x)\mathrm{d}x+\int_a^b f(x)g'(x)\mathrm{d}x.$$

于是,

$$\int_a^b f'(x)g(x)\mathrm{d}x+\int_a^b f(x)g'(x)\mathrm{d}x=f(x)g(x)\Big|_a^b.$$

由此移项即得分部积分公式(8.9). □

注 在具体解题时,为方便起见,常将分部积分公式写成如下形式:

$$\int_a^b f(x)\mathrm{d}g(x)=f(x)g(x)\Big|_a^b-\int_a^b g(x)\mathrm{d}f(x).$$

例 8.20 求 $\int_0^{\sqrt{3}}x\arctan x\mathrm{d}x$.

解
$$\begin{aligned}\int_0^{\sqrt{3}}x\arctan x\mathrm{d}x&=\frac{1}{2}\int_0^{\sqrt{3}}\arctan x\mathrm{d}(x^2)\\&=\frac{1}{2}x^2\arctan x\Big|_0^{\sqrt{3}}-\frac{1}{2}\int_0^{\sqrt{3}}x^2\mathrm{d}(\arctan x)\\&=\frac{\pi}{2}-\frac{1}{2}\int_0^{\sqrt{3}}\frac{x^2}{1+x^2}\mathrm{d}x\\&=\frac{\pi}{2}-\frac{1}{2}\left[(x-\arctan x)\Big|_0^{\sqrt{3}}\right]\\&=\frac{2}{3}\pi-\frac{\sqrt{3}}{2}.\end{aligned}$$
□

例 8.21　计算积分 $I_n=\int_0^{\frac{\pi}{2}}\sin^n x\,dx, n=1,2,\cdots$.

解　易知 $I_1=\int_0^{\frac{\pi}{2}}\sin x\,dx=1$. 当 $n\geqslant 2$ 时，用分部积分法有

$$\begin{aligned}I_n&=\int_0^{\frac{\pi}{2}}\sin^n x\,dx=-\int_0^{\frac{\pi}{2}}\sin^{n-1}x\,d(\cos x)\\&=-\sin^{n-1}x\cos x\Big|_0^{\frac{\pi}{2}}+\int_0^{\frac{\pi}{2}}\cos x\,d(\sin^{n-1}x)\\&=(n-1)\int_0^{\frac{\pi}{2}}\sin^{n-2}x\cos^2 x\,dx\\&=(n-1)\int_0^{\frac{\pi}{2}}\sin^{n-2}x\,dx-(n-1)\int_0^{\frac{\pi}{2}}\sin^n x\,dx.\end{aligned}$$

于是，我们得到一个递推关系式：

$$I_n=\frac{n-1}{n}I_{n-2}.$$

注意到 $I_0=\frac{\pi}{2}, I_1=1$，反复应用递推关系式就可得

$$I_n=\int_0^{\frac{\pi}{2}}\sin^n x\,dx=\begin{cases}\frac{n-1}{n}\cdot\frac{n-3}{n-2}\cdot\frac{n-5}{n-4}\cdot\cdots\cdot\frac{3}{4}\cdot\frac{1}{2}\cdot\frac{\pi}{2}, n\text{ 为偶数}\\ \frac{n-1}{n}\cdot\frac{n-3}{n-2}\cdot\frac{n-5}{n-4}\cdot\cdots\cdot\frac{4}{5}\cdot\frac{2}{3}\cdot 1,\ n\text{ 为奇数}\end{cases}.$$ □

例 8.22*　证明圆周率 π 是无理数.

证　对函数

$$f(x)=\frac{x^n(1-x)^n}{n!}$$

应用本节习题 6(2). 显然，$f(x)$是 $2n$ 次多项式. 易见该多项式在点 0 处和点 1 处的任意阶导数 $f^{(k)}(0), f^{(k)}(1)$都是整数. 于是由本节习题 6(2)知

$$\int_0^1 f(x)\sin\pi x\,dx=\frac{a_0}{\pi}+\frac{a_1}{\pi^3}+\cdots+\frac{a_n}{\pi^{2n+1}},$$

其中 $a_0, a_1, \cdots, a_n$ 都是整数.

现在假设数 $\pi>0$ 是有理数，即 $\pi=\frac{p}{q}$，这里 p, q 为正整数. 于是由上式知

$$p^{2n+1}\int_0^1 f(x)\sin\pi x\,dx=a_0p^{2n}q+a_1p^{2n-2}q^3+\cdots+a_nq^{2n+1}$$

为整数. 但是在区间$(0,1)$上 $0<f(x)\sin\pi x\leqslant\frac{1}{n!}$，因此

$$0<p^{2n+1}\int_0^1 f(x)\sin\pi x\,dx\leqslant\frac{p^{2n+1}}{n!}.$$

最后注意到$\frac{p^{2n+1}}{n!}\to 0(n\to\infty)$，我们便得到矛盾. □

习题 8.6

1. 计算下列定积分：

(1) $\int_0^3 \frac{x}{1+\sqrt{1+x}}\mathrm{d}x$，　　(2) $\int_0^1 \sqrt{4-x^2}\,\mathrm{d}x$，

(3) $\int_0^a \frac{\mathrm{d}x}{(x^2+a^2)^{\frac{3}{2}}}$，$(a>0)$，　　(4) $\int_1^{\mathrm{e}^3} \frac{\mathrm{d}x}{x\sqrt{1+\ln x}}$，

(5) $\int_0^1 \frac{\sqrt{\mathrm{e}^x}}{\sqrt{\mathrm{e}^x+\mathrm{e}^{-x}}}\mathrm{d}x$，　　(6) $\int_0^{\frac{\pi}{2}} \cos^5 t\mathrm{d}t$，

(7) $\int_{-1}^1 x\sqrt{(1-x^2)^5}\,\mathrm{d}x$，　　(8) $\int_0^{\frac{\pi}{4}} \cos^7 2x\mathrm{d}x$，

(9) $\int_0^{\frac{\pi}{2}} \sin^4 x\cdot\cos^4 x\mathrm{d}x$，　　(10) $\int_1^{\mathrm{e}} x\ln x\mathrm{d}x$，

(11) $\int_0^1 x\arctan x\mathrm{d}x$，　　(12) $\int_{-\frac{\pi}{2}}^{\frac{\pi}{2}} t^2\cos t\mathrm{d}t$，

(13) $\int_0^3 \frac{f'(x)}{1+f^2(x)}\mathrm{d}x$，其中函数 f 在 $[0,3]$ 上连续可导且 $f(0)=f(3)$.

2. 设函数 f 在 $[-a,a]$ 上可积. 证明：

(1) 若 f 为奇函数，则 $\int_{-a}^a f(x)\mathrm{d}x=0$；

(2) 若 f 为偶函数，则 $\int_{-a}^a f(x)\mathrm{d}x=2\int_0^a f(x)\mathrm{d}x$.

3. 设 $f(x)=x^3-\frac{3}{2}x^2+x+\frac{1}{4}$，求 $\int_0^1 \underbrace{f\circ f\circ\cdots\circ f}_{2\,022\text{个}f}(x)\mathrm{d}x$.

4. 设函数 f 在闭区间 $[a,b]$ 上连续，函数 φ 在闭区间 $[\beta,\alpha]$ 上连续可导并且 $\varphi(\alpha)=a$，$\varphi(\beta)=b$，$\varphi([\beta,\alpha])\subseteq[a,b]$，证明有换元公式：

$$\int_a^b f(x)\mathrm{d}x=\int_\alpha^\beta f(\varphi(t))\varphi'(t)\mathrm{d}t.$$

5. 设函数 f 在 $[0,1]$ 上连续. 证明：

(1) $\int_0^{\frac{\pi}{2}} f(\sin x)\mathrm{d}x=\int_0^{\frac{\pi}{2}} f(\cos x)\mathrm{d}x$；

(2) $\int_0^{\pi} xf(\sin x)\mathrm{d}x=\frac{\pi}{2}\int_0^{\pi} f(\sin x)\mathrm{d}x$，并由此计算积分 $\int_0^{\pi} \frac{x\sin x}{1+\cos^2 x}\mathrm{d}x$.

6. 设函数 f 在 $[0,1]$ 上具有直到 $2n+2$ 阶的连续导数，证明：

(1) $\int_0^1 f(x)\sin\pi x\mathrm{d}x=\frac{f(0)+f(1)}{\pi}-\frac{1}{\pi^2}\int_0^1 f''(x)\sin\pi x\mathrm{d}x$；

(2) $\int_0^1 f(x)\sin\pi x\mathrm{d}x$

$$= \frac{f(0)+f(1)}{\pi} - \frac{f''(0)+f''(1)}{\pi^3} + \cdots + (-1)^n \frac{f^{(2n)}(0)+f^{(2n)}(1)}{\pi^{2n+1}} + \frac{(-1)^{n+1}}{\pi^{2n+2}}\int_0^1 f^{(2n+2)}(x)\sin\pi x\mathrm{d}x.$$

7. 设函数 f 在$[0,+\infty)$上连续. 证明当 $x>0$ 时有

$$\int_0^x\left[\int_0^t f(u)\mathrm{d}u\right]\mathrm{d}t = \int_0^x (x-t)f(t)\mathrm{d}t.$$

8. 计算积分：

$$I_{n,m} = \int_0^1 (1-x)^n x^m \mathrm{d}x, \quad n,m = 1,2,\cdots.$$

§8.7　定积分的应用——微元法

从本章开始的两个例子就可以知道，定积分在数学、物理等学科中有着广泛的应用. 事实上，定积分可用于计算不均匀分布的整体量. 这种量可以是曲边梯形面积这样的几何量，也可以是变速直线运动路程这样的物理量. 由于分布的不均匀，直接计算这些整体量一般难于办到，需要先进行局部化——分成若干小块，然后计算各小块之量的近似值，再求得各小块量之和而得到整体量之近似值. 直观上，小块分割得越细小，最后的近似值应该越精确. 这个过程就是用定积分来解决实际问题的基本思想：**分割—近似求和—取极限**. 这样的整体量用数学的语言来说，它要满足以下几点：

(1) 这个量分布在某个区间$[a,b]$上；

(2) 这种量具有区间可加性，即若将区间$[a,b]$分成若干小区间$[x_0,x_1]$，$[x_1,x_2]$，…，$[x_{n-1},x_n]$，则这个量与各小区间上的局部量之和相等；

(3) 小区间$[x_{i-1},x_i]$上的局部量可有好近似值 $f(\xi_i)\Delta x_i$，这里函数 f 是由实际问题所确定的已知函数. 由此获得整体量的近似值$\sum f(\xi_i)\Delta x_i$.

这里第(3)点是关键的，必须正确地选择函数 f 从而获得各小区间上量的好近似值 $f(\xi_i)\Delta x_i$. 但由于整体量与各小区间之局部量都是未知的，近似程度的好坏通常在实际问题中很难断定，这当然与函数 f 有关.

在实际计算中，通常将上述步骤简化而采用所谓的**微元法**：对任意 $x\in[a,b]$，考虑小区间$[x,x+\Delta x]=[x,x+\mathrm{d}x]$上的局部量，若可选择函数 f 而获得该局部量的好近似值为 $f(x)\Delta x=f(x)\mathrm{d}x$，即局部量与近似值 $f(x)\Delta x$ 的差为 Δx 的高阶无穷小量，则将此近似值看作是在点 x 处的局部量，由此累加得到总量的值为

$$\sum_{a\leqslant x\leqslant b} f(x)\mathrm{d}x = \int_a^b f(x)\mathrm{d}x.$$

现在，我们用微元法来给出定积分在几何、物理以及其他方面的一些应用.

8.7.1 定积分的几何应用

(1) 平面图形面积

首先,根据定积分的几何意义,曲边梯形:由连续曲线 $y=f(x)(\geqslant 0)$ 和直线 $x=a,x=b$ 及 x 轴围成的图形面积为定积分:

$$S=\int_a^b f(x)\mathrm{d}x.$$

如果曲线 $y=f(x)$ 并不总是在 x 轴上方,则其和直线 $x=a,x=b$ 及 x 轴围成的图形面积为

$$S=\int_a^b |f(x)|\mathrm{d}x.$$

此时,用微元的说法,在点 x 处的面积局部量为 $f(x)\mathrm{d}x$ 或 $|f(x)|\mathrm{d}x$:高为 $|f(x)|$,宽为 $\mathrm{d}x$ 的窄矩形面积.一般地,如果图形由两条连续曲线 $y=f(x)$, $y=g(x)$ 和直线 $x=a,x=b$ 围成,如图 8.13 所示,则此图形的面积为

$$S=\int_a^b |f(x)-g(x)|\mathrm{d}x.$$

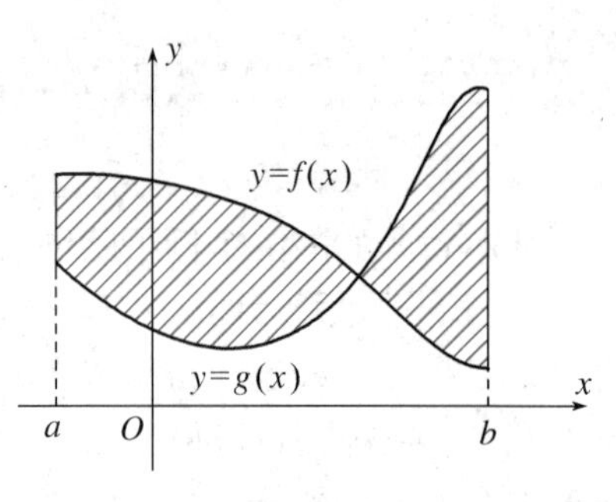

图 8.13

例 8.23 求椭圆 $\frac{x^2}{a^2}+\frac{y^2}{b^2}=1$ 所围的面积.

解 根据对称性,只需要求第一象限部分面积,再 4 倍即可.第一象限部分由曲线 $y=\frac{b}{a}\sqrt{a^2-x^2}$ 和直线 $x=0,x=a$ 及 x 轴围成,因此所求面积为

$$S=4\int_0^a \frac{b}{a}\sqrt{a^2-x^2}\,\mathrm{d}x=\pi ab.$$ □

例 8.24 求由抛物线 $y=6-x^2$ 和直线 $y=x$ 围成的图形的面积.

解 先确定两曲线交点的横坐标:解方程组 $\begin{cases}y=6-x^2\\y=x\end{cases}$ 得两交点横坐标分别为 $x_1=-3,x_2=2$.于是所求面积为

$$S=\int_{-3}^2(6-x^2-x)\mathrm{d}x=20\frac{5}{6}.$$ □

注 有时,当然按照图形的特点,若图形是由左右两条曲线和上下两条直线 $y=c$ 和 $y=d$ 围成,则用 y 作为积分变量可以使计算过程简单一些.参看下例.

例 8.25 求由双曲线 $xy=1$ 和直线 $y=x$ 及 $y=2$ 围成的图形的面积.

解 显然,双曲线 $xy=1$ 和直线 $y=x$ 交于点(1,1).所围图形如图 8.15 所示,其面积,如果按照上下两条曲线的做法,就要分成两块来计算:

$$S=\int_{\frac{1}{2}}^1\left(2-\frac{1}{x}\right)\mathrm{d}x+\int_1^2(2-x)\mathrm{d}x=\frac{3}{2}-\ln 2.$$

然而,若将图形看作是左右两条曲线,则不需要分割成两块.直接计算可得

$$S=\int_1^2\left(y-\frac{1}{y}\right)\mathrm{d}y=\frac{3}{2}-\ln 2.$$ □

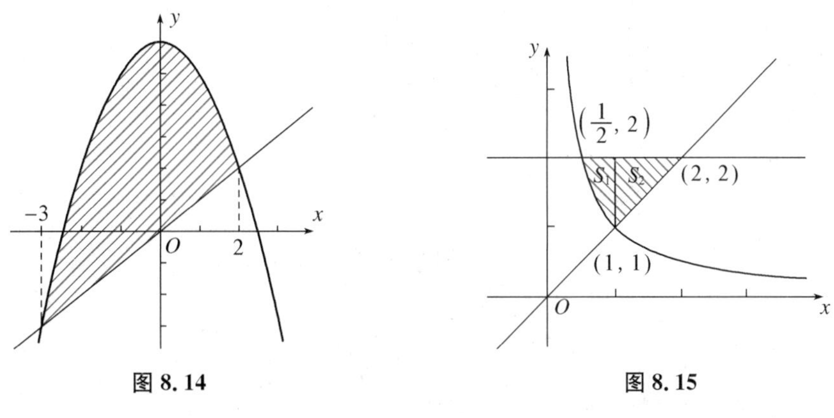

图 8.14　　　　图 8.15

现在,我们来看极坐标系下平面图形的面积.设曲边扇形,如图 8.16 所示,由曲线 $r=r(\theta)$ 和两条射线 $\theta=\alpha$ 及 $\theta=\beta$ 围成,这里 $r(\theta)$ 在闭区间 $[\alpha,\beta]$ 上连续,并且 $\beta-\alpha\leqslant 2\pi$.将扇形分割,在 θ 处的面积局部量是半径 $r(\theta)$,圆心角 $\Delta\theta=\mathrm{d}\theta$ 的小扇形面积 $\frac{1}{2}r^2(\theta)\mathrm{d}\theta$.于是,曲边扇形面积为

$$S=\sum_{\alpha\leqslant\theta\leqslant\beta}\frac{1}{2}r^2(\theta)\mathrm{d}\theta=\frac{1}{2}\int_\alpha^\beta r^2(\theta)\mathrm{d}\theta.$$

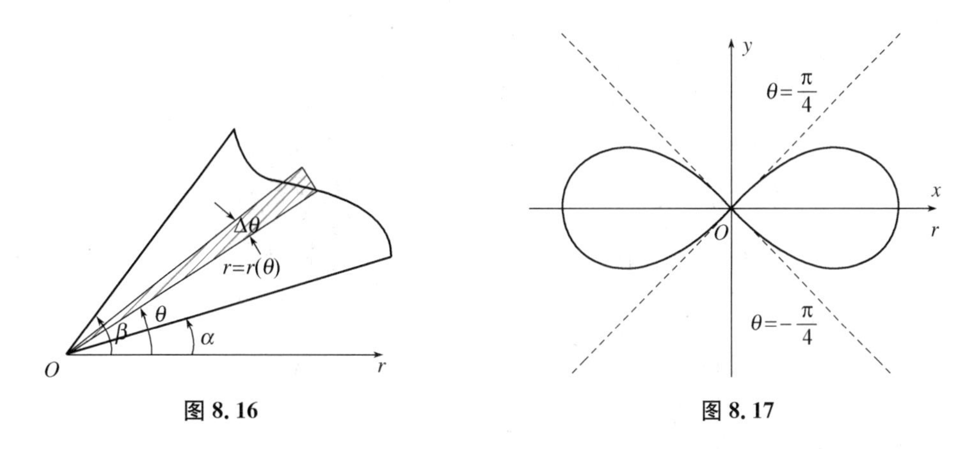

图 8.16　　　　图 8.17

例 8.26　求双纽线 $r^2=a^2\cos 2\theta$ 所围图形面积.

解　如图 8.17 所示,图形关于 x 轴与 y 轴都对称,因此只要计算第一象限部分,再 4 倍即可.在第一象限,$\theta\in\left[0,\frac{\pi}{4}\right]$.于是所求面积为 $S=4\cdot\frac{1}{2}\int_0^{\frac{\pi}{4}}a^2\cos 2\theta\mathrm{d}\theta=a^2$. □

(2) 平行截面面积已知的立体体积

设有一个立体,是由一个封闭曲面和两个平行平面围成.建立坐标系,让这两个平面垂直于 x 轴,分别为 $x=a$ 和 $x=b$.如图 8.18 所示.

现在用垂直于 x 轴的平面 $x=x$ 去截,假设所得截面面积为 $S(x)$.于是,在 $x\in[a,b]$ 处的体积局部量是底面积是 $S(x)$ 厚度为 $\Delta x=\mathrm{d}x$ 的薄正柱体体积:$S(x)\mathrm{d}x$.于是,立体的体

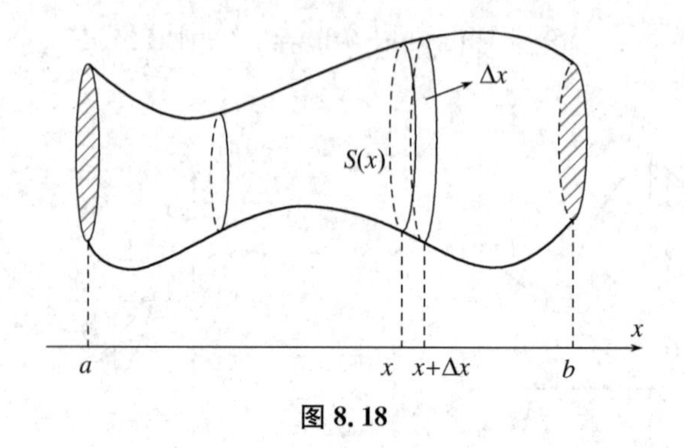

图 8.18

积也就为

$$V=\int_a^b S(x)\mathrm{d}x.$$

例 8.27 求由两个圆柱面 $x^2+y^2=1$ 和 $x^2+z^2=1$ 所围立体的体积.

解 在第一卦限部分,垂直于 x 轴的平面 $x=x$ 截立体所得截面为一正方形,边长为 $\sqrt{1-x^2}$,从而截面面积 $S(x)=1-x^2$. 于是,所求立体体积为

$$V=8\int_0^1(1-x^2)\mathrm{d}x=\frac{16}{3}.$$ □

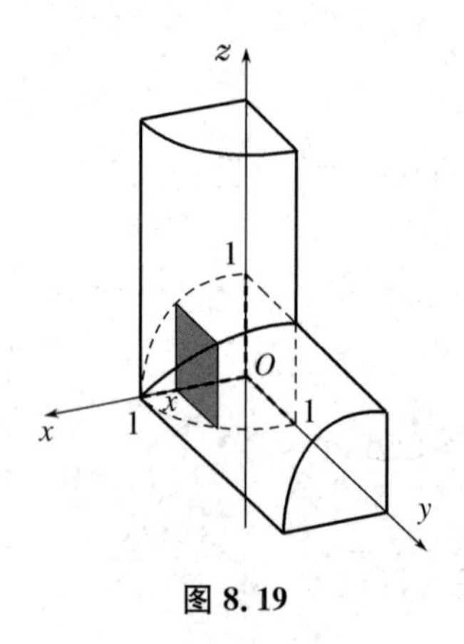

图 8.19

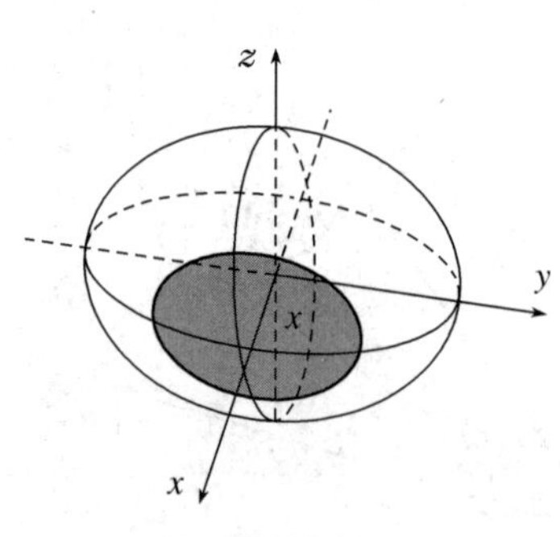

图 8.20

例 8.28 求椭球体$\frac{x^2}{a^2}+\frac{y^2}{b^2}+\frac{z^2}{c^2}\leqslant 1$ 的体积.

解 用垂直于 x 轴的平面 $x=x$ 截立体所得截面为一椭圆:

$$\frac{y^2}{b^2\left(1-\frac{x^2}{a^2}\right)}+\frac{z^2}{c^2\left(1-\frac{x^2}{a^2}\right)}\leqslant 1,$$

因此截面面积为

$$S(x)=\pi b\sqrt{1-\frac{x^2}{a^2}}\cdot c\sqrt{1-\frac{x^2}{a^2}}=\pi bc\left(1-\frac{x^2}{a^2}\right).$$

于是,所求椭球体体积为

$$V=\int_{-a}^{a}\pi bc\left(1-\frac{x^2}{a^2}\right)\mathrm{d}x=\frac{4}{3}\pi abc.$$ □

根据例 8.28 的结论，半径为 r 的球体积为 $\frac{4}{3}\pi r^3$.

例 8.29　求由曲线 $y=f(x)\geqslant 0$ 和三条直线 $x=a$，$x=b$ 及 x 轴围成的曲边梯形绕 x 轴旋转一周所得旋转体的体积.

解　如图 8.21 所示，用平面 $x=x$ 去截，所得截面是半径为 $f(x)$ 的圆盘，因此截面面积为 $S(x)=\pi f^2(x)$. 于是，旋转体体积为

$$V=\pi\int_a^b f^2(x)\mathrm{d}x.$$ □

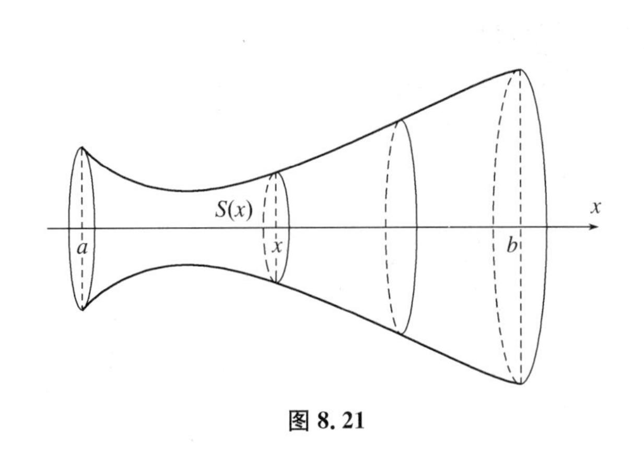

图 8.21

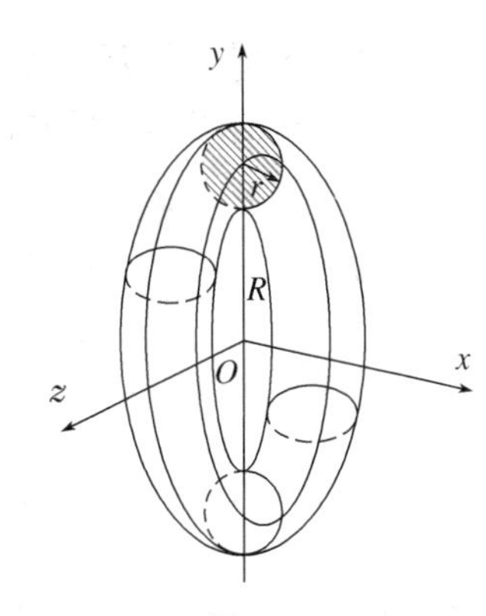

图 8.22

例 8.30　求由圆 $x^2+(y-R)^2=r^2$，这里 $0<r<R$，绕 x 轴旋转一周所得旋转曲面所围立体的体积.

解　所得旋转曲面呈现泳圈状，如图 8.22 所示. 为求其所围体积，将圆 $x^2+(y-R)^2=r^2$ 分成上半圆：$y=f_2(x)=R+\sqrt{r^2-x^2}$ 和下半圆：$y=f_1(x)=R-\sqrt{r^2-x^2}$，这里 $-r\leqslant x\leqslant r$. 于是所求体积为

$$\begin{aligned}V&=\pi\int_{-r}^{r}f_2^2(x)\mathrm{d}x-\pi\int_{-r}^{r}f_1^2(x)\mathrm{d}x=\pi\int_{-r}^{r}[f_2^2(x)-f_1^2(x)]\mathrm{d}x\\&=4\pi R\int_{-r}^{r}\sqrt{r^2-x^2}\,\mathrm{d}x=2\pi^2r^2R.\end{aligned}$$ □

由于 $2\pi^2r^2R=\pi r^2\cdot 2\pi R$，泳圈体积＝泳圈截面积・泳圈中心圆长度，而中心圆长度＝内外圈长度的平均值.

(3) 旋转体的侧面积

我们现在来考虑光滑曲边梯形（由光滑曲线 $y=f(x)\geqslant 0$ 和三条直线 $x=a$，$x=b$ 及 x 轴围成）绕 x 轴旋转一周所得旋转体的侧面积. 此时，在 $x\in[a,b]$ 处的侧面积局部量是薄圆台的侧面积：该薄圆台的上底半径为 $f(x)$，下底半径为 $f(x+\Delta x)$，高为 Δx，其腰长为

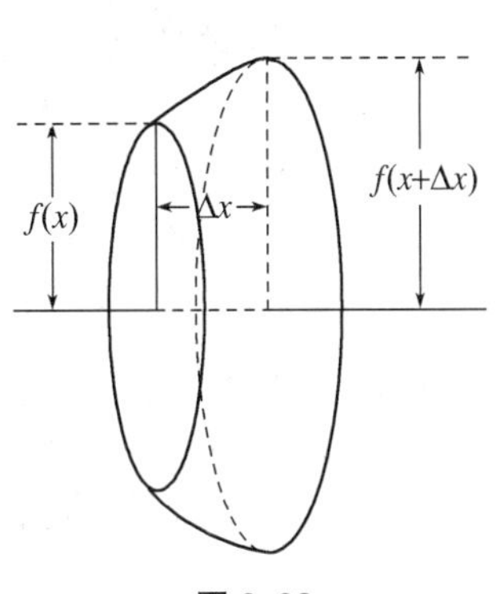

图 8.23

$$\sqrt{(\Delta x)^2+[f(x+\Delta x)-f(x)]^2}=\sqrt{1+\left[\frac{f(x+\Delta x)-f(x)}{\Delta x}\right]^2}\Delta x\doteq\sqrt{1+[f'(x)]^2}\Delta x.$$

于是,由公式

$$\text{圆台的侧面积}=\pi\cdot(\text{上底半径}+\text{下底半径})\cdot\text{腰},$$

图 8.23 所示薄圆台的侧面积约为

$$\pi\cdot[f(x)+f(x+\Delta x)]\sqrt{(\Delta x)^2+[f(x+\Delta x)-f(x)]^2}\doteq 2\pi f(x)\sqrt{1+[f'(x)]^2}\Delta x.$$

于是,旋转体的侧面积为

$$S=2\pi\int_a^b f(x)\sqrt{1+[f'(x)]^2}\,\mathrm{d}x.$$

例 8.31 求球半径为 r,高为 h 的球冠的表面积.

解 如图 8.24 所示,所求表面积可以看成是圆弧段 $y=\sqrt{r^2-x^2}$,$r-h\leqslant x\leqslant r$ 绕 x 轴旋转所得旋转体的侧面积,因此按上述公式有

$$S=2\pi\int_{r-h}^{r}\sqrt{r^2-x^2}\sqrt{1+\left(\frac{-x}{\sqrt{r^2-x^2}}\right)^2}\,\mathrm{d}x$$
$$=2\pi r\int_{r-h}^{r}\mathrm{d}x=2\pi rh.$$

□

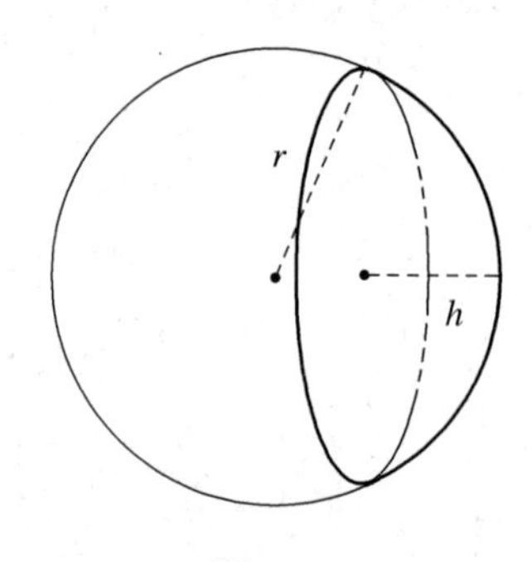

图 8.24

根据例 8.31,半径为 r 的球面积为 $4\pi r^2$.

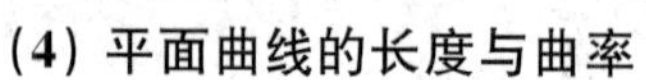

(4) 平面曲线的长度与曲率

设有光滑平面曲线段 Γ: $y=f(x)$, $x\in[a,b]$. 如图 8.25 所示. 我们要求出该曲线段的长度. 用微元法考虑. 在 $x\in[a,b]$处的曲线长度的局部量是对应区间$[x,x+\Delta x]$的小弧段长度,其近似值可用相应线段长度

$$\sqrt{(\Delta x)^2+[f(x+\Delta x)-f(x)]^2}=\sqrt{1+\left[\frac{f(x+\Delta x)-f(x)}{\Delta x}\right]^2}\Delta x\doteq\sqrt{1+[f'(x)]^2}\Delta x$$

来代替,因此光滑平面曲线段 Γ: $y=f(x)$, $x\in[a,b]$的弧长为

$$s=\int_a^b\sqrt{1+[f'(x)]^2}\,\mathrm{d}x.$$

当曲线用参数方程

$$\begin{cases}x=x(t)\\y=y(t)\end{cases},t\in[\alpha,\beta]$$

表示时,弧长公式为

$$s=\int_\alpha^\beta\sqrt{[x'(t)]^2+[y'(t)]^2}\,\mathrm{d}t.$$

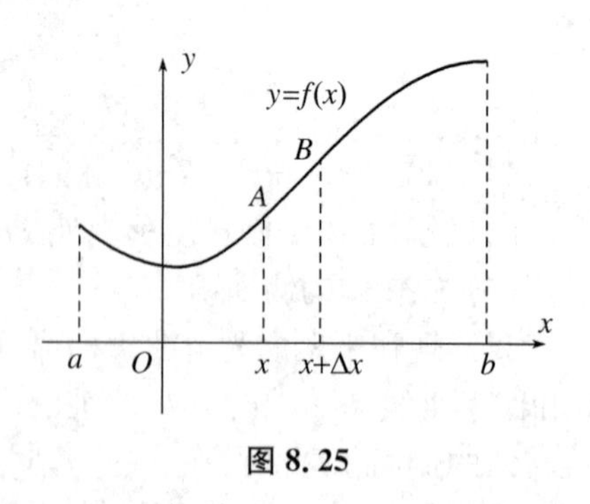

图 8.25

例 8.32 证明:半径为 r,圆心角为 θ 的圆弧长为 θr. 特别地,半径为 r 的圆周长为 $2\pi r$.

证　圆弧方程为$\begin{cases}x=r\cos t\\ y=r\sin t\end{cases}$，$t\in[0,\theta]$，因此所求圆弧长度为

$$s=\int_0^\theta\sqrt{(-r\sin t)^2+(r\cos t)^2}\,\mathrm{d}t=r\theta.\qquad\square$$

现在从另外一个角度来看例 8.32 所得结论：在半径为 r 的圆弧上点 P_0 和 P_1 之间的弧长为 s，而 θ 则是在点 P_0 和 P_1 处的切线间夹角，或者说是当切点从 P_0 转到 P_1 处时切线的倾斜角的增量. 两者的比值$\frac{\theta}{s}=\frac{1}{r}$是一个定值.

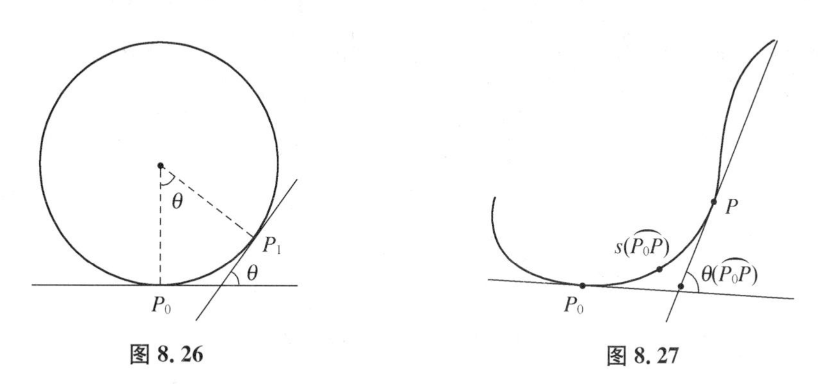

图 8.26　　图 8.27

现在，把刚才的圆弧换成一般光滑曲线 Γ. 设点 P_0 和 P 是曲线 Γ 上两点，弧段$\overset{\frown}{P_0P}$的长度为 $s(\overset{\frown}{P_0P})$，当切点从 P_0 转到 P 处时切线的倾斜角的增量为$\theta(\overset{\frown}{P_0P})$，则将比值

$$\left|\frac{\theta(\overset{\frown}{P_0P})}{s(\overset{\frown}{P_0P})}\right|$$

称为弧段$\overset{\frown}{P_0P}$的**平均曲率**. 如果当 P 沿曲线 Γ 趋于 P_0 时，弧段$\overset{\frown}{P_0P}$的平均曲率有极限，则称该极限为曲线 Γ 在点 P_0 处的**曲率**，记为

$$\kappa(P_0)=\lim_{P\to P_0}\left|\frac{\theta(\overset{\frown}{P_0P})}{s(\overset{\frown}{P_0P})}\right|.$$

设光滑曲线 Γ 的方程为 $y=f(x)$，其上点 P_0 和 P 的横坐标为 x_0 和 x，则由弧长公式，

$$s(\overset{\frown}{P_0P})=\int_{x_0}^x\sqrt{1+[f'(t)]^2}\,\mathrm{d}t,$$

而切点从 P_0 转到 P 处时切线的倾斜角的增量为

$$\theta(\overset{\frown}{P_0P})=\arctan f'(x)-\arctan f'(x_0),$$

因此，若 $f(x)$在 x_0 处二阶可导，则曲率

$$\kappa(P_0)=\lim_{x\to x_0}\left|\frac{\arctan f'(x)-\arctan f'(x_0)}{\int_{x_0}^x\sqrt{1+[f'(t)]^2}\,\mathrm{d}t}\right|=\frac{|f''(x_0)|}{\{1+[f'(x_0)]^2\}^{\frac{3}{2}}}.$$

我们看到,曲率$\kappa(P_0)$恰好是点P_0处密切圆半径的倒数,也因此将曲率的倒数$\frac{1}{\kappa(P_0)}$,即密切圆半径叫作**曲率半径**,将密切圆叫作**曲率圆**.

例 8.33 证明:对任何给定正数ε,曲线$y=\begin{cases}|x|, & |x|>\varepsilon \\ |x|+(\varepsilon-|x|)^3, & |x|\leqslant\varepsilon\end{cases}$的曲率连续变化.

证 当$|x|>\varepsilon$时,$y'=\operatorname{sgn}x$,$y''=0$,因此曲率为0.当$0\leqslant x\leqslant\varepsilon$时,$y=x+(\varepsilon-x)^3$,因此$y'=1-3(\varepsilon-x)^2$,$y''=6(\varepsilon-x)$,从而曲率为

$$\kappa=\frac{6(\varepsilon-x)}{[2-6(\varepsilon-x)^2+9(\varepsilon-x)^4]^{\frac{3}{2}}}.$$

类似地,当$-\varepsilon\leqslant x\leqslant 0$时$y=-x+(\varepsilon+x)^3$,因此$y'=-1+3(\varepsilon+x)^2$,$y''=6(\varepsilon+x)$,从而曲率为

$$\kappa=\frac{6(\varepsilon+x)}{[2-6(\varepsilon+x)^2+9(\varepsilon+x)^4]^{\frac{3}{2}}}.$$

综上所述,曲率为

$$\kappa=\begin{cases}0, & |x|>\varepsilon \\ \dfrac{6(\varepsilon-|x|)}{[2-6(\varepsilon-|x|)^2+9(\varepsilon-|x|)^4]^{\frac{3}{2}}}, & |x|\leqslant\varepsilon\end{cases}.$$

容易验证,曲率κ关于x连续. □

8.7.2 定积分在物理方面的应用

定积分在物理及其他方面的应用有很多,这里仅对物理举一例以说明.

例 8.34(变力做功) 自地面垂直向上发射质量为m的火箭,求将火箭发射到离地高度为h所作的功.

解 取坐标系如图 8.28 所示.设地球质量为M,半径为R.在离地高度为$r\in[0,h]$时,根据万有引力定律,火箭需要克服的地球引力为

$$F(r)=G\frac{Mm}{(R+r)^2},$$

其中G为引力常数:$G=\frac{R^2g}{M}$,g为重力加速度.于是,将火箭发射到离地高度为h时所做的功为

$$W=\int_0^h F(r)\mathrm{d}r=\int_0^h G\frac{Mm}{(R+r)^2}\mathrm{d}r=GMm\left(\frac{1}{R}-\frac{1}{R+h}\right).$$ □

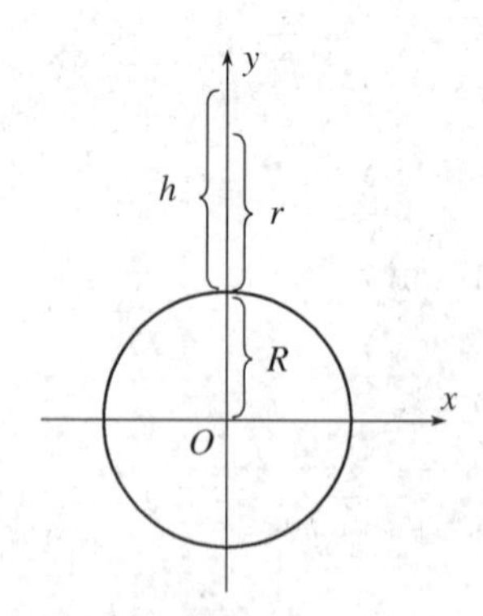

图 8.28

习题 8.7

1. 求下列曲线所围图形的面积：

(1) $y=x^2, x=y^2$；　　　　(2) $y=x^3, y=(x-2)^2, y=0$.

2. 抛物线 $y=\frac{1}{2}x^2$ 将圆 $x^2+y^2\leqslant 8$ 分成两部分，试求这两部分的面积.

3. 圆 $r\leqslant 1$ 被心形线 $r=1+\cos\theta$ 分成两部分，试求这两部分的面积.

4. 设有半径为 a 的圆柱体，被通过其底的直径而且与底面夹角为 α 的平面所截，得一圆柱楔，如图 8.29 所示. 求这个圆柱楔的体积.

5. 求旋转体体积：

(1) 抛物线段 $y=x^2, 0\leqslant x\leqslant 2$ 绕 x 轴和 y 轴旋转所得；

(2) 抛物线段 $y=x^2, 0\leqslant x\leqslant 2$ 绕直线 $y=-1$ 旋转所得.

6. 求抛物线段 $y=x^2, 0\leqslant x\leqslant 2$ 的长度.

7. 求心形线 $r=a(1+\cos\theta)(a>0)$ 的全长.

8. 求旋转曲面面积：

(1) $y=\tan x, 0\leqslant x\leqslant\frac{\pi}{4}$ 绕 x 轴旋转所得；

(2) 圆 $x^2+(y-a)^2=r^2$，这里 $a>r>0$，绕 x 轴旋转所得.

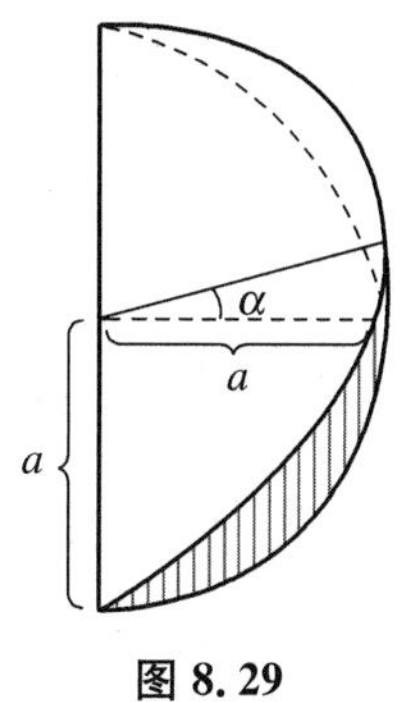

图 8.29

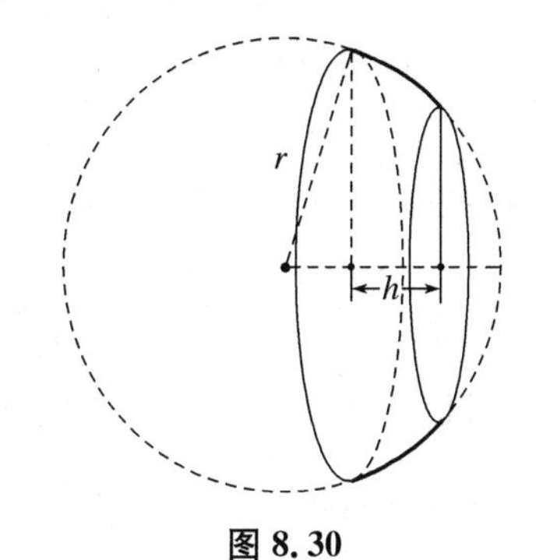

图 8.30

9. 证明：半径为 r，高为 h 的球形台(如图 8.30 所示)的侧面积为 $2\pi rh$.

第九章　反常积分

定积分$\int_a^b f(x)\mathrm{d}x$有两个基本的限制：积分区间的有限性和被积函数的有界性. 但在很多实际问题中，需要考虑无限区间上的积分或者无界函数的积分，本章讨论的就是这种所谓的反常积分.

§9.1　反常积分定义

在上一章定积分的物理应用的例 8.34 中，我们计算了将质量为 m 的火箭发射到离地高度为 h 时所做的功为

$$W_h=\int_0^h G\frac{Mm}{(R+r)^2}\mathrm{d}r=GMm\left(\frac{1}{R}-\frac{1}{R+h}\right).$$

现在，若要进一步地让火箭脱离地球引力进入太空，则所做的功为高度 $h\to+\infty$时 W_h 的极限：

$$W_\infty=\lim_{h\to+\infty}\int_0^h G\frac{Mm}{(R+r)^2}\mathrm{d}r=GMm\lim_{h\to+\infty}\left(\frac{1}{R}-\frac{1}{R+h}\right)=\frac{GMm}{R}=mgR.$$

这种形状的极限在形式上很自然地可写成

$$\int_0^{+\infty}G\frac{Mm}{(R+r)^2}\mathrm{d}r=\lim_{h\to+\infty}\int_0^h G\frac{Mm}{(R+r)^2}\mathrm{d}r=mgR.$$

于是，按照能量守恒定律，要让火箭脱离地球引力进入太空，火箭发射时的初速度 v_0 要满足$\frac{1}{2}mv_0^2\geqslant W_\infty=mgR$，即 $v_0\geqslant\sqrt{2gR}$. 此即所谓的**第二宇宙速度**. 将重力加速度值 $g=9.81\ \mathrm{m/s^2}$ 和地球半径值 $R=6.371\times10^6\ \mathrm{m}$ 代入，可得第二宇宙速度$\sqrt{2gR}\approx11.2\ \mathrm{km/s}$.

现在再看一个图形面积的例子. 函数 $y=\frac{1}{\sqrt{x}}$在 $x=0$ 处没有定义，因此我们不能用定积分求出曲线 $y=\frac{1}{\sqrt{x}}$与 y 轴$(x=0)$和直线 $x=1$ 及 x 轴所围图形面积.

现将 y 轴换作一条与之平行的直线 $x=\eta(>0)$，则所围图形的面积可用定积分表示为

$$S_\eta=\int_\eta^1\frac{1}{\sqrt{x}}\mathrm{d}x=2-2\sqrt{\eta}.$$

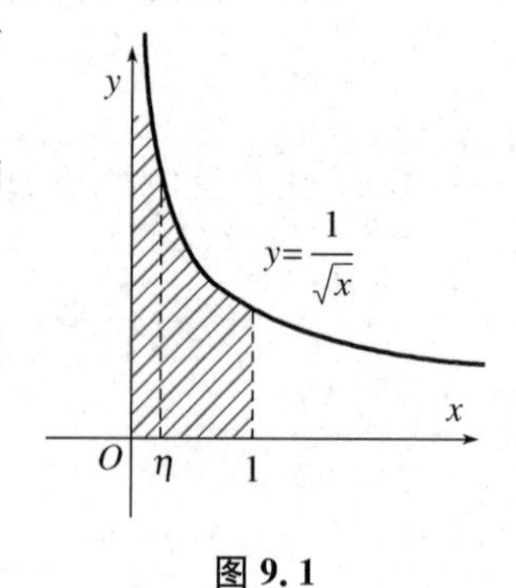

图 9.1

再让直线 $x=\eta$ 任意靠近 y 轴，即令 $\eta\to 0^+$，则 S_η 有极限 2，故可认为上述所围图形的面积为 2. 这种极限从形式上可自然地记为

$$\int_0^1 \frac{1}{\sqrt{x}}\mathrm{d}x = \lim_{\eta\to 0^+}\int_\eta^1 \frac{1}{\sqrt{x}}\mathrm{d}x = 2.$$

这里，我们看到，被积函数 $\frac{1}{\sqrt{x}}$ 在点 $x=0$ 处没有定义而且还无界.

从上面的这两个例子可看出，讨论无限区间上的积分和无界函数的积分都是很有必要的.

定义 9.1　设函数 f 在某无限区间 $[a,+\infty)$ 有定义，并且在任何有限区间 $[a,u]$ 上可积. 如果当 $u\to+\infty$ 时变上限积分 $\int_a^u f(x)\mathrm{d}x$ 有极限

$$J = \lim_{u\to+\infty}\int_a^u f(x)\mathrm{d}x,$$

则称函数 f 在区间 $[a,+\infty)$ 上**可积**，极限 J 称为函数 f 在区间 $[a,+\infty)$ 上的**反常积分**，记作

$$J = \int_a^{+\infty} f(x)\mathrm{d}x,$$

也称反常积分 $\int_a^{+\infty} f(x)\mathrm{d}x$ **收敛**于 J. 如果上述极限不存在，则称反常积分 $\int_a^{+\infty} f(x)\mathrm{d}x$ **发散**. 这里要注意，发散时，$\int_a^{+\infty} f(x)\mathrm{d}x$ 只是一个记号，不表示数值. □

类似地，可通过极限

$$J = \lim_{v\to-\infty}\int_v^b f(x)\mathrm{d}x$$

来定义函数 f 在区间 $(-\infty,b]$ 上的可积性和反常积分 $\int_{-\infty}^b f(x)\mathrm{d}x$ 的收敛与发散.

对函数 f 在区间 $(-\infty,+\infty)$ 上的可积性，当函数 f 在任何有限区间 $[v,u]$ 上可积时可用前面两种反常积分来定义：

$$\int_{-\infty}^{+\infty} f(x)\mathrm{d}x = \int_{-\infty}^{c} f(x)\mathrm{d}x + \int_{c}^{+\infty} f(x)\mathrm{d}x,$$

其中 c 为任一实数. 当且仅当右边两个积分都收敛时，称反常积分 $\int_{-\infty}^{+\infty} f(x)\mathrm{d}x$ 收敛；否则，称反常积分 $\int_{-\infty}^{+\infty} f(x)\mathrm{d}x$ 发散.

注意，在有限区间上可积的条件下，反常积分 $\int_{-\infty}^{+\infty} f(x)\mathrm{d}x$ 的收敛或发散以及收敛时的积分值都与数 c 的选取无关. 因此，常取 $c=0$.

三种无限区间上的反常积分也都有几何意义：若被积函数 f 非负，则三种积分依次分别是与 x 轴之间所夹图形无限向右 $(x\geqslant a)$、向左 $(x\leqslant b)$ 或向两端伸展时的面积.

讨论反常积分时，按定义，我们依次要考虑两个问题：① 是否收敛？② 若收敛，其值为

多少?

例 9.1 设 p 为一实数,讨论反常积分 $\int_1^{+\infty}\frac{1}{x^p}\mathrm{d}x$ 的敛散性.

解 被积函数连续,故在任何有限区间 $[1,u]$ 上可积,并且

$$\int_1^u \frac{1}{x^p}\mathrm{d}x=\begin{cases}\dfrac{1}{1-p}(u^{1-p}-1), & p\neq 1\\ \ln u, & p=1\end{cases}.$$

由此可知,当 $p>1$ 时,$\lim\limits_{u\to+\infty}\int_1^u \frac{1}{x^p}\mathrm{d}x=\frac{1}{p-1}$ 存在,而当 $p\leqslant 1$ 时 $\lim\limits_{u\to+\infty}\int_1^u \frac{1}{x^p}\mathrm{d}x$ 不存在. 于是,当 $p>1$ 时,$\int_1^{+\infty}\frac{1}{x^p}\mathrm{d}x$ 收敛,并且收敛于 $\frac{1}{p-1}$:

$$\int_1^{+\infty}\frac{1}{x^p}\mathrm{d}x=\frac{1}{p-1}.$$

当 $p\leqslant 1$ 时,$\int_1^{+\infty}\frac{1}{x^p}\mathrm{d}x$ 发散. □

例 9.2 讨论反常积分 $\int_{-\infty}^{+\infty}\frac{1}{1+x^2}\mathrm{d}x$ 的敛散性.

解 由于被积函数 $\frac{1}{1+x^2}$ 于 $(-\infty,+\infty)$ 上连续,可分别讨论 $\int_{-\infty}^{0}\frac{1}{1+x^2}\mathrm{d}x$ 和 $\int_0^{+\infty}\frac{1}{1+x^2}\mathrm{d}x$ 的收敛性. 由于

$$\int_v^0 \frac{1}{1+x^2}\mathrm{d}x=-\arctan v\to\frac{\pi}{2}\quad(v\to-\infty),$$

$$\int_0^u \frac{1}{1+x^2}\mathrm{d}x=\arctan u\to\frac{\pi}{2}\quad(u\to+\infty),$$

故 $\int_{-\infty}^{0}\frac{1}{1+x^2}\mathrm{d}x$ 和 $\int_0^{+\infty}\frac{1}{1+x^2}\mathrm{d}x$ 都收敛,并且都收敛于 $\frac{\pi}{2}$,从而反常积分 $\int_{-\infty}^{+\infty}\frac{1}{1+x^2}\mathrm{d}x$ 收敛于 π:

$$\int_{-\infty}^{+\infty}\frac{1}{1+x^2}\mathrm{d}x=\pi.$$

例 9.3 讨论反常积分 $\int_0^{+\infty}\sin x\mathrm{d}x$ 的敛散性.

解 由于被积函数连续,只要考察积分 $\int_0^u \sin x\mathrm{d}x$ 当 $u\to+\infty$ 时是否有极限. 由于

$$\int_0^u \sin x\mathrm{d}x=1-\cos u$$

当 $u\to+\infty$ 时没有极限,故所论反常积分发散. □

现在我们来定义前面例子中出现的无界函数的反常积分.

定义 9.2 设函数 f 在某有限区间 $(a,b]$ 上有定义,在 a 的任何右空心邻域无界,在任何闭子区间 $[u,b]\subset(a,b]$ 上可积. 如果当 $u\to a^+$ 时,变下限积分 $\int_u^b f(x)\mathrm{d}x$ 有极限

$$J=\lim_{u\to a^+}\int_u^b f(x)\mathrm{d}x,$$

则称函数 f 在区间 $(a,b]$ 上**可积**，极限 J 称为函数 f 在区间 $(a,b]$ 上的**反常积分**，记作

$$J=\int_a^b f(x)\mathrm{d}x,$$

也称反常积分 $\int_a^b f(x)\mathrm{d}x$ **收敛**于 J. 如果上述极限不存在，则称反常积分 $\int_a^b f(x)\mathrm{d}x$ **发散**. 此时，$\int_a^b f(x)\mathrm{d}x$ 只是一个记号，不表示数值.

定义 9.2 中，被积函数在 a 的任何右空心邻域无界，因此点 a 叫作被积函数 f 的**瑕点**，相应的反常积分也常称为**瑕积分**. □

类似地，可定义以点 b 为瑕点的瑕积分：设函数 f 在某有限区间 $[a,b)$ 上有定义，在 b 的任何左空心邻域无界，在任何闭子区间 $[a,v]\subset[a,b)$ 上可积. 如果存在

$$J=\lim_{v\to b^-}\int_a^v f(x)\mathrm{d}x,$$

则称函数 f 在区间 $[a,b)$ 上可积，极限 J 称为函数 f 在区间 $[a,b)$ 上的反常积分，记作

$$J=\int_a^b f(x)\mathrm{d}x,$$

也称反常积分 $\int_a^b f(x)\mathrm{d}x$ 收敛于 J. 如果上述极限不存在，则称反常积分 $\int_a^b f(x)\mathrm{d}x$ 发散.

如果点 a 和 b 都为瑕点，并且函数 f 在任意闭区间 $[u,v]\subset(a,b)$ 上可积，则利用

$$\int_a^b f(x)\mathrm{d}x=\int_a^c f(x)\mathrm{d}x+\int_c^b f(x)\mathrm{d}x$$

来定义收敛或发散，这里 $c\in(a,b)$ 为任一点：当且仅当右端两个瑕积分收敛时，称双瑕点瑕积分 $\int_a^b f(x)\mathrm{d}x$ 收敛；否则称为发散.

注　由于瑕积分的记号与正常定积分的记号完全一致，在处理积分 $\int_a^b f(x)\mathrm{d}x$ 时，首先要判断是否为瑕积分. 若是，则用瑕积分方法来处理；若不是，则按正常定积分来处理.

例 9.4　问积分 $\int_0^1 \ln x\mathrm{d}x$ 是否为瑕积分？说明理由. 若是瑕积分，进一步讨论其敛散性.

解　函数 $\ln x$ 在区间 $(0,1]$ 上连续，在 0 的任何右空心邻域无界，因此所论积分为瑕积分. 当 $0<u<1$ 时有

$$\int_u^1 \ln x\mathrm{d}x=-1-u\ln u+u\to-1\quad(u\to 0^+),$$

因此瑕积分 $\int_0^1 \ln x\mathrm{d}x$ 收敛于 -1，即 $\int_0^1 \ln x\mathrm{d}x=-1$. □

例 9.5　讨论瑕积分：

$$\int_0^1\frac{\mathrm{d}x}{\sqrt{1-x^2}},\quad\int_{-1}^0\frac{\mathrm{d}x}{\sqrt{1-x^2}},\quad\int_{-1}^1\frac{\mathrm{d}x}{\sqrt{1-x^2}}$$

的敛散性.

解 三个瑕积分分别有瑕点 1,−1 和±1. 由于

$$\int_0^v \frac{\mathrm{d}x}{\sqrt{1-x^2}} = \arcsin v \to \frac{\pi}{2} \quad (v \to 1^-),$$

$$\int_u^0 \frac{\mathrm{d}x}{\sqrt{1-x^2}} = -\arcsin u \to \frac{\pi}{2} \quad (u \to (-1)^+),$$

故第一和第二个瑕积分都是收敛的,都收敛于$\frac{\pi}{2}$:

$$\int_0^1 \frac{\mathrm{d}x}{\sqrt{1-x^2}} = \frac{\pi}{2},\ \int_{-1}^0 \frac{\mathrm{d}x}{\sqrt{1-x^2}} = \frac{\pi}{2}.$$

由此可知,第三个瑕积分也收敛,并且收敛于 π:

$$\int_{-1}^1 \frac{\mathrm{d}x}{\sqrt{1-x^2}} = \pi.$$

□

例 9.6 设 $p\neq 0$ 为一实数,讨论积分$\int_0^1 \frac{1}{x^p}\mathrm{d}x$ 是否为瑕积分以及若为瑕积分时的敛散性.

解 当 $p<0$ 时,被积函数$\frac{1}{x^p}=x^{-p}$是一正幂函数,因而在$[0,1]$上连续. 这里 0 为可去间断点,可看成连续的. 即当 $p<0$ 时所论积分是正常的定积分.

当 $p>0$ 时,函数$\frac{1}{x^p}$在$(0,1]$上连续,在 0 处无界,即 0 为瑕点. 由于当 $0<u<1$ 时,有

$$\int_u^1 \frac{1}{x^p}\mathrm{d}x = \begin{cases} \frac{1}{1-p}(1-u^{1-p}), & p\neq 1 \\ -\ln u, & p=1 \end{cases},$$

故仅当 $0<p<1$ 时,$\int_u^1 \frac{1}{x^p}\mathrm{d}x$ 在 $u\to 0^+$ 时,有极限$\frac{1}{1-p}$,即$\int_0^1 \frac{1}{x^p}\mathrm{d}x$ 收敛于$\frac{1}{1-p}$:

$$\int_0^1 \frac{1}{x^p}\mathrm{d}x = \frac{1}{1-p}.$$

而当 $p\geqslant 1$ 时,瑕积分$\int_0^1 \frac{1}{x^p}\mathrm{d}x$ 发散. □

由于两种反常积分都是通过函数的极限定义的,而函数的不同形式极限之间可以互相转换,两种反常积分之间也是可以互相转换的. 例如,通过变换可将无穷区间上反常积分转化为瑕积分:

$$\int_a^{+\infty} f(x)\mathrm{d}x = \int_0^{\frac{1}{a}} \frac{1}{t^2} f\left(\frac{1}{t}\right)\mathrm{d}t \quad (a>0).$$

以上给出的是函数在无限区间上的反常积分或有限区间上无界函数的瑕积分. 我们可以将前者的$+\infty$和$-\infty$也当作瑕点看待. 这样,在讨论无限区间上无界函数的积分时,可以将积分分拆成若干个,使得每个积分只有一个瑕点:每个积分都收敛,则原积分收敛;否则原积分发散.

例 9.7　设 p 为一正整数，讨论反常积分 $\int_{-\infty}^{+\infty}\frac{1}{x^p}\mathrm{d}x$ 的敛散性.

解　这是一个无限区间上的无界函数积分，有三个瑕点：$-\infty, 0, +\infty$，因此要分成四个积分：

$$\int_{-\infty}^{+\infty}\frac{1}{x^p}\mathrm{d}x=\int_{-\infty}^{-1}\frac{1}{x^p}\mathrm{d}x+\int_{-1}^{0}\frac{1}{x^p}\mathrm{d}x+\int_{0}^{1}\frac{1}{x^p}\mathrm{d}x+\int_{1}^{+\infty}\frac{1}{x^p}\mathrm{d}x.$$

再讨论各积分的敛散性：积分 $\int_{-\infty}^{-1}\frac{1}{x^p}\mathrm{d}x$ 和 $\int_{1}^{+\infty}\frac{1}{x^p}\mathrm{d}x$，当 $p>1$ 时收敛，$p=1$ 时发散；而 $\int_{-1}^{0}\frac{1}{x^p}\mathrm{d}x$ 和 $\int_{0}^{1}\frac{1}{x^p}\mathrm{d}x$ 则都发散. 因此所论积分 $\int_{-\infty}^{+\infty}\frac{1}{x^p}\mathrm{d}x$ 发散. □

习题 9.1

1. 讨论无穷区间上积分的敛散性. 若收敛，求出其值.

(1) $\int_{1}^{+\infty}\frac{\mathrm{d}x}{x^4}$，　　(2) $\int_{0}^{+\infty}\mathrm{e}^{-2x}\mathrm{d}x$，

(3) $\int_{-\infty}^{+\infty}\frac{\mathrm{d}x}{9+x^2}$，　　(4) $\int_{\frac{\pi}{2}}^{+\infty}\frac{1}{x^2}\sin\frac{1}{x}\mathrm{d}x$，

(5) $\int_{0}^{+\infty}\frac{1}{1+x^3}\mathrm{d}x$，　　(6) $\int_{0}^{+\infty}x^5\mathrm{e}^{-x}\mathrm{d}x$.

2. 讨论瑕积分的敛散性. 若收敛，求出其值.

(1) $\int_{0}^{1}\frac{x}{\sqrt{1-x^2}}\mathrm{d}x$，　　(2) $\int_{1}^{2}\frac{x}{\sqrt{x-1}}\mathrm{d}x$，

(3) $\int_{0}^{1}\frac{1}{(2-x)\sqrt{1-x}}\mathrm{d}x$，　　(4) $\int_{1}^{\mathrm{e}}\frac{\mathrm{d}x}{x\sqrt{1-(\ln x)^2}}$，

(5) $\int_{-1}^{8}\frac{\mathrm{d}x}{\sqrt[3]{x}}$.

§9.2　无限区间上反常积分的性质与收敛判别

我们将只对形如 $\int_{a}^{+\infty}f(x)\mathrm{d}x$ 的反常积分展开讨论，所得结论容易类推到另外两种无限区间上的反常积分 $\int_{-\infty}^{b}f(x)\mathrm{d}x$ 或 $\int_{-\infty}^{+\infty}f(x)\mathrm{d}x$. 在本小节中，除非特别说明，总是假设反常积分的被积函数在区间 $[a,+\infty)$ 的任何有限闭子区间 $[a,u]$ 上可积.

9.2.1　基本性质

按照定义，$\int_{a}^{+\infty}f(x)\mathrm{d}x$ 收敛与否就是变上限积分 $\Phi(u)=\int_{a}^{u}f(x)\mathrm{d}x$ 当 $u\to+\infty$ 时的极

限存在与否,因此根据函数极限的性质,我们立即可有如下反常积分的基本性质.

(1) 若反常积分 $\int_a^{+\infty} f(x)\mathrm{d}x$ 和 $\int_a^{+\infty} g(x)\mathrm{d}x$ 都收敛,则对任何常数 α,β,反常积分 $\int_a^{+\infty}[\alpha f(x)+\beta g(x)]\mathrm{d}x$ 也收敛,而且

$$\int_a^{+\infty}[\alpha f(x)+\beta g(x)]\mathrm{d}x=\alpha\int_a^{+\infty} f(x)\mathrm{d}x+\beta\int_a^{+\infty} g(x)\mathrm{d}x.$$

性质(1)相当于关于被积函数的**线性运算法则**.

根据性质(1),当两反常积分 $\int_a^{+\infty} f(x)\mathrm{d}x$ 和 $\int_a^{+\infty} g(x)\mathrm{d}x$ 一个收敛一个发散时,反常积分 $\int_a^{+\infty}[\alpha f(x)+\beta g(x)]\mathrm{d}x(\alpha\beta\neq 0)$ 必定发散.但要注意,当两个反常积分都发散时,被积函数线性组合的反常积分是有可能收敛的.

性质(1)可以用来处理两个或多个函数线性组合的反常积分的敛散性.例如,根据例 9.1 和 9.2,反常积分 $\int_1^{+\infty}\left(\frac{1}{x^2}+\frac{1}{x^2+1}\right)\mathrm{d}x$ 收敛;由例 9.1 和 9.3,反常积分 $\int_1^{+\infty}\left(\frac{1}{x^2}+\sin x\right)\mathrm{d}x$ 发散.

(2) 对任何 $a^*>a$,反常积分 $\int_a^{+\infty} f(x)\mathrm{d}x$ 和 $\int_{a^*}^{+\infty} f(x)\mathrm{d}x$ 敛散性相同.当两者都收敛时有

$$\int_a^{+\infty} f(x)\mathrm{d}x=\int_a^{a^*} f(x)\mathrm{d}x+\int_{a^*}^{+\infty} f(x)\mathrm{d}x.$$

性质(2)是关于**积分区间的可加性**.根据性质(2),考察反常积分 $\int_a^{+\infty} f(x)\mathrm{d}x$ 敛散性时,我们可以将积分范围限制在 $+\infty$ 的某个邻域上,仅考虑反常积分 $\int_M^{+\infty} f(x)\mathrm{d}x$ 的敛散性.

(3) 若反常积分 $\int_a^{+\infty} f(x)\mathrm{d}x$ 和 $\int_a^{+\infty} g(x)\mathrm{d}x$ 都收敛并且在区间 $[a,+\infty)$ 上 $f(x)\leqslant g(x)$,则

$$\int_a^{+\infty} f(x)\mathrm{d}x\leqslant\int_a^{+\infty} g(x)\mathrm{d}x.$$

性质(3)是反常积分的**保不等式性**,可估计收敛反常积分 $\int_a^{+\infty} f(x)\mathrm{d}x$ 的值.

9.2.2 收敛判别法

到目前为止,我们在讨论反常积分的收敛性时,都是按照定义,先求出变上限积分,然后取极限.然而,由于很多函数的原函数很难或无法求出,通过求变上限积分取极限的原始方法来讨论收敛性往往很难进行.故需要建立根据被积函数本身来判别收敛性的方法.由于反常积分的收敛性由变限积分函数的极限存在性来定义,而判别函数极限存在与否有两种常用办法:一是单调有界定理(定理 3.3);二是柯西准则(定理 3.4),故我们将根据这两个办法

来考察反常积分收敛性的判别准则.

首先将单调有界定理(定理 3.3)应用于反常积分,则有如下定理.

定理 9.1　若变上限积分 $\Phi(u)=\int_a^u f(x)\mathrm{d}x$ 于某 $U(+\infty)$ 单调有界,则反常积分 $\int_a^{+\infty} f(x)\mathrm{d}x$ 收敛.　□

由于对非负函数 f,变上限积分 $\Phi(u)=\int_a^u f(x)\mathrm{d}x$ 总是单调递增的,反常积分 $\int_a^{+\infty} f(x)\mathrm{d}x$ 收敛当且仅当 $\Phi(u)=\int_a^u f(x)\mathrm{d}x$ 于某 $U(+\infty)$ 有上界. 据此,可得如下比较原则.

定理 9.2(比较原则)　设区间$[a,+\infty)$上两函数 f,g 于某 $U(+\infty)$ 非负并且满足 $f(x)\leqslant g(x)$,则当 $\int_a^{+\infty} g(x)\mathrm{d}x$ 收敛时,$\int_a^{+\infty} f(x)\mathrm{d}x$ 也收敛;当$\int_a^{+\infty} f(x)\mathrm{d}x$ 发散时,$\int_a^{+\infty} g(x)\mathrm{d}x$ 也发散.

证　不妨设于整个$[a,+\infty)$上两函数 f,g 非负并且满足 $f(x)\leqslant g(x)$. 否则,在某个区间$[M_0,+\infty)$上考虑各个积分. 于是当$\int_a^{+\infty} g(x)\mathrm{d}x$ 收敛时有

$$\Phi(u)=\int_a^u f(x)\mathrm{d}x\leqslant\int_a^u g(x)\mathrm{d}x\leqslant\int_a^{+\infty} g(x)\mathrm{d}x,$$

即 $\Phi(u)$有界,于是反常积分$\int_a^{+\infty} f(x)\mathrm{d}x$ 也收敛.　□

例 9.8　讨论反常积分$\int_0^{+\infty} \mathrm{e}^{-x^2}\mathrm{d}x$ 的收敛性.

解　由于当 $x\geqslant 1$ 时有 $\mathrm{e}^{-x^2}\leqslant \mathrm{e}^{-x}$,并且$\int_1^{+\infty} \mathrm{e}^{-x}\mathrm{d}x$ 可由定义直接得知是收敛的,收敛于 e^{-1},由比较原则知反常积分$\int_0^{+\infty} \mathrm{e}^{-x^2}\mathrm{d}x$ 收敛.　□

例 9.9　设实数 $p>1$,证明反常积分$\int_1^{+\infty} \frac{|\sin x|}{x^p}\mathrm{d}x$ 和$\int_1^{+\infty} \frac{|\cos x|}{x^p}\mathrm{d}x$ 收敛.

证　由于$\frac{|\sin x|}{x^p}\leqslant\frac{1}{x^p}$,$\frac{|\cos x|}{x^p}\leqslant\frac{1}{x^p}$,并且积分$\int_1^{+\infty} \frac{1}{x^p}\mathrm{d}x$ 收敛,由比较原则知两反常积分$\int_1^{+\infty} \frac{|\sin x|}{x^p}\mathrm{d}x$ 和$\int_1^{+\infty} \frac{|\cos x|}{x^p}\mathrm{d}x$ 都收敛.　□

根据比较原则,我们只需要在 $U(+\infty)$上比较两个被积函数,这就为我们利用极限给出了提示. 事实上,我们有如下比较原则的极限形式:

定理 9.3(比较原则)　设$[a,+\infty)$上两函数 f,g 于某 $U(+\infty)$ 非负并且满足 $\lim\limits_{x\to+\infty}\frac{f(x)}{g(x)}=c$,则

(1) 当 $0<c<+\infty$ 时,$\int_a^{+\infty} f(x)\mathrm{d}x$ 与$\int_a^{+\infty} g(x)\mathrm{d}x$ 敛散性相同;

(2) 当 $c=0$ 时,若$\int_a^{+\infty} g(x)\mathrm{d}x$ 收敛,则$\int_a^{+\infty} f(x)\mathrm{d}x$ 也收敛;

(3) 当 $c=+\infty$ 时,若$\int_a^{+\infty} g(x)\mathrm{d}x$ 发散,则$\int_a^{+\infty} f(x)\mathrm{d}x$ 也发散. □

注 当比较函数 $g(x)=\frac{1}{x^p}$时,对应的比较判别法也称为**柯西判别法**.

例 9.10 讨论积分 $\int_1^{+\infty} \frac{2x-5}{\sqrt{x^3+x+1}}\mathrm{d}x$ 的敛散性.

解 由于当 $x>5$ 时有

$$\frac{2x-5}{\sqrt{x^3+x+1}}>\frac{x}{\sqrt{3x^3}}=\frac{1}{\sqrt{3}}\cdot\frac{1}{\sqrt{x}}>0,$$

并且积分$\int_1^{+\infty} \frac{1}{\sqrt{3}}\cdot\frac{1}{\sqrt{x}}\mathrm{d}x$ 发散,由比较原则即定理 9.2 知所论积分发散. □

另解 被积函数当 $x>5$ 时非负,并且

$$\lim_{x\to+\infty}\frac{\dfrac{2x-5}{\sqrt{x^3+x+1}}}{\dfrac{1}{\sqrt{x}}}=2,$$

因此,所论积分与积分 $\int_1^{+\infty} \frac{1}{\sqrt{x}}\mathrm{d}x$ 敛散性相同. 因后者发散,故所论积分也发散. □

现在将柯西准则用于反常积分的收敛性判别,就得到如下判别反常积分收敛与否的定理,亦称为柯西准则.

定理 9.4(柯西准则) 反常积分 $\int_a^{+\infty} f(x)\mathrm{d}x$ 收敛的充要条件:对任意给定的正数 ε,存在正数 $X>a$,使得当 $u>v>X$ 时有

$$|\Phi(u)-\Phi(v)|=\left|\int_v^u f(x)\mathrm{d}x\right|<\varepsilon.$$ □

推论 9.5 若反常积分$\int_a^{+\infty} |f(x)|\mathrm{d}x$ 收敛,则反常积分$\int_a^{+\infty} f(x)\mathrm{d}x$ 收敛,并且

$$\left|\int_a^{+\infty} f(x)\mathrm{d}x\right|\leqslant\int_a^{+\infty} |f(x)|\mathrm{d}x.$$

证 由于 $\left|\int_v^u f(x)\mathrm{d}x\right|\leqslant\int_v^u |f(x)|\mathrm{d}x$,由定理 9.4 立知,当$\int_a^{+\infty} |f(x)|\mathrm{d}x$ 收敛时,$\int_a^{+\infty} f(x)\mathrm{d}x$ 收敛. 至于不等式,可有反常积分的保不等式性获得. □

当反常积分$\int_a^{+\infty} |f(x)|\mathrm{d}x$ 收敛时,称反常积分$\int_a^{+\infty} f(x)\mathrm{d}x$ **绝对收敛**. 例如,由例 9.9 知,当实数 $p>1$ 时,反常积分$\int_1^{+\infty} \frac{\sin x}{x^p}\mathrm{d}x$ 和$\int_1^{+\infty} \frac{\cos x}{x^p}\mathrm{d}x$ 绝对收敛.

推论 9.5 说:

绝对收敛⇒收敛.

因此,当实数 $p>1$ 时,反常积分$\int_1^{+\infty} \frac{\sin x}{x^p}\mathrm{d}x$ 和$\int_1^{+\infty} \frac{\cos x}{x^p}\mathrm{d}x$ 都收敛. 然而,推论 9.5 的逆一般

不成立. 这种收敛但不绝对收敛的反常积分称为是**条件收敛**的.

例 9.11　设实数 $0<p\leqslant 1$,证明反常积分 $\int_1^{+\infty}\frac{\sin x}{x^p}\mathrm{d}x$ 和 $\int_1^{+\infty}\frac{\cos x}{x^p}\mathrm{d}x$ 条件收敛.

证　先证这两个反常积分是收敛的. 由于

$$\int_1^u\frac{\sin x}{x^p}\mathrm{d}x=-\int_1^u\frac{\mathrm{d}(\cos x)}{x^p}=\cos 1-\frac{\cos u}{u^p}-p\int_1^u\frac{\cos x}{x^{p+1}}\mathrm{d}x,$$

由例 9.9,上式右端当 $u\to+\infty$ 时有极限 $\cos 1-p\int_1^{+\infty}\frac{\cos x}{x^{p+1}}\mathrm{d}x$. 根据定义,反常积分 $\int_1^{+\infty}\frac{\sin x}{x^p}\mathrm{d}x$ 收敛:$\int_1^{+\infty}\frac{\sin x}{x^p}\mathrm{d}x=\cos 1-p\int_1^{+\infty}\frac{\cos x}{x^{p+1}}\mathrm{d}x$. 同样可知,反常积分 $\int_1^{+\infty}\frac{\cos x}{x^p}\mathrm{d}x$ 也收敛.

再证明反常积分 $\int_1^{+\infty}\left|\frac{\sin x}{x^p}\right|\mathrm{d}x$ 发散. 事实上,由于

$$\left|\frac{\sin x}{x^p}\right|\geqslant\frac{\sin^2 x}{x^p}=\frac{1-\cos 2x}{2x^p}=\frac{1}{2x^p}-\frac{\cos 2x}{2x^p},$$

以及由 $\int_1^{+\infty}\frac{1}{2x^p}\mathrm{d}x$ 发散和 $\int_1^{+\infty}\frac{\cos 2x}{2x^p}\mathrm{d}x$ 收敛所致的积分 $\int_1^{+\infty}\left(\frac{1}{2x^p}-\frac{\cos 2x}{2x^p}\right)\mathrm{d}x$ 发散,根据比较原则就知 $\int_1^{+\infty}\left|\frac{\sin x}{x^p}\right|\mathrm{d}x$ 发散. 综上所述,反常积分 $\int_1^{+\infty}\frac{\sin x}{x^p}\mathrm{d}x$ 条件收敛. □

例 9.12*　设实数 $p\leqslant 0$,证明反常积分 $\int_1^{+\infty}\frac{\sin x}{x^p}\mathrm{d}x$ 和 $\int_1^{+\infty}\frac{\cos x}{x^p}\mathrm{d}x$ 发散.

证　情形 $p=0$ 已经在例 9.3 中讨论过. 现设 $p<0$,记 $q=-p>0$. 我们要证明 $\int_1^{+\infty}x^q\sin x\mathrm{d}x$ 和 $\int_1^{+\infty}x^q\cos x\mathrm{d}x$ 发散. 假设 $\int_1^{+\infty}x^q\sin x\mathrm{d}x$ 收敛,则由柯西准则,对任何正数 ε,存在正数 $X>1$,使得当 $u>v>X$ 时有 $\left|\int_v^u x^q\sin x\mathrm{d}x\right|<\varepsilon$. 因此当正整数 n 充分大时有

$$\varepsilon>\left|\int_{2n\pi+\frac{\pi}{4}}^{2n\pi+\frac{\pi}{2}}x^q\sin x\mathrm{d}x\right|\geqslant\frac{\sqrt{2}}{2}\int_{2n\pi+\frac{\pi}{4}}^{2n\pi+\frac{\pi}{2}}x^q\mathrm{d}x\geqslant\frac{\sqrt{2}\pi}{8}\left(2n\pi+\frac{\pi}{4}\right)^q\to\infty\quad(n\to\infty).$$

这不可能. 因此反常积分 $\int_1^{+\infty}x^q\sin x\mathrm{d}x$ 发散. 同理,$\int_1^{+\infty}x^q\cos x\mathrm{d}x$ 也发散. □

例 9.13　设实数 $p>0$,讨论反常积分 $\int_1^{+\infty}\sin(x^p)\mathrm{d}x$ 的敛散性.

解　由于

$$\int_1^u\sin(x^p)\mathrm{d}x=\frac{1}{p}\int_1^{u^p}\frac{\sin t}{t^q}\mathrm{d}t,\quad q=\frac{p-1}{p},$$

所论反常积分与 $\int_1^{+\infty}\frac{\sin t}{t^q}\mathrm{d}t$ 的敛散性相同. 注意总有 $q<1$,故按照上述诸例可知,当 $0<q<1$,即 $p>1$ 所论反常积分条件收敛;当 $q\leqslant 0$,即 $p\leqslant 1$ 所论反常积分发散. □

习题 9.2

1. 讨论下列无穷区间上积分的敛散性：

(1) $\int_0^{+\infty}\frac{\mathrm{d}x}{\sqrt[4]{x^3+1}}$，　(2) $\int_0^{+\infty}\frac{x}{\mathrm{e}^x-1}\mathrm{d}x$，　(3) $\int_1^{+\infty}\frac{\mathrm{d}x}{x\cdot\sqrt[4]{x^3+1}}$，

(4) $\int_0^{+\infty}\frac{\sin x}{x^2+1}\mathrm{d}x$，　(5) $\int_1^{+\infty}x\ln x\cos x\mathrm{d}x$，　(6) $\int_0^{+\infty}\cos(x^p)\mathrm{d}x$　$(p>0)$.

2. 证明定理 9.3，即比较原则的极限形式.

3. 设函数 f,g 在任何有限区间$[a,u]$上可积. 证明：若积分$\int_a^{+\infty}f^2(x)\mathrm{d}x$与$\int_a^{+\infty}g^2(x)\mathrm{d}x$都收敛，则积分$\int_a^{+\infty}|f(x)g(x)|\mathrm{d}x$和$\int_a^{+\infty}[f(x)+g(x)]^2\mathrm{d}x$也都收敛.

4. 设函数 f,g,h 在任何有限区间$[a,u]$上可积并且满足 $f(x)\leqslant g(x)\leqslant h(x)$. 证明：

(1) 若积分$\int_a^{+\infty}f(x)\mathrm{d}x$与$\int_a^{+\infty}h(x)\mathrm{d}x$都收敛，则积分$\int_a^{+\infty}g(x)\mathrm{d}x$也收敛；

提示：不妨设 $f(x)\equiv 0$，否则考虑 $0\leqslant g(x)-f(x)\leqslant h(x)-f(x)$.

(2) 若积分$\int_a^{+\infty}f(x)\mathrm{d}x$与$\int_a^{+\infty}h(x)\mathrm{d}x$收敛于同一数 A，则积分$\int_a^{+\infty}g(x)\mathrm{d}x$也收敛于数 A.

(3) 举例说明在(1)中，三个积分可以收敛于不同的数.

§9.3　瑕积分的性质与收敛判别

我们将只对以 a 为瑕点的瑕积分$\int_a^b f(x)\mathrm{d}x$展开讨论，所得结论容易类推到以 b 为瑕点的瑕积分$\int_a^b f(x)\mathrm{d}x$上. 在本小节中，除非特别指明，总是假设被积函数在区间$(a,b]$的任何闭子区间$[u,b]\subset(a,b]$上可积. 另外，为突出 a 为瑕点，将瑕积分$\int_a^b f(x)\mathrm{d}x$写成$\int_{a^+}^b f(x)\mathrm{d}x$.

9.3.1　基本性质

按照定义，瑕积分$\int_{a^+}^b f(x)\mathrm{d}x$收敛与否就是变下限积分$\Phi(u)=\int_u^b f(x)\mathrm{d}x$当$u\to a^+$时的极限存在与否，因此根据函数极限的性质，我们可有如下瑕积分的基本性质. 这些基本性质具有与§9.2 中无穷区间上反常积分基本性质相同的作用.

(1) 若瑕积分$\int_{a^+}^b f(x)\mathrm{d}x$和$\int_{a^+}^b g(x)\mathrm{d}x$都收敛，则对任何常数 α,β，瑕积分$\int_{a^+}^b[\alpha f(x)+$

$\beta g(x)]\mathrm{d}x$ 也收敛，而且，

$$\int_{a^+}^{b}[\alpha f(x)+\beta g(x)]\mathrm{d}x=\alpha\int_{a^+}^{b}f(x)\mathrm{d}x+\beta\int_{a^+}^{b}g(x)\mathrm{d}x.$$

性质(1)是瑕积分关于被积函数的**线性运算法则**.

(2) 对任何 $c\in(a,b)$，瑕积分 $\int_{a^+}^{c}f(x)\mathrm{d}x$ 和 $\int_{a^+}^{b}f(x)\mathrm{d}x$ 敛散性相同. 当两者都收敛时有

$$\int_{a^+}^{b}f(x)\mathrm{d}x=\int_{a^+}^{c}f(x)\mathrm{d}x+\int_{c}^{b}f(x)\mathrm{d}x.$$

性质(2)是瑕积分关于**积分区间的可加性**.

(3) 若瑕积分 $\int_{a^+}^{b}f(x)\mathrm{d}x$ 和 $\int_{a^+}^{b}g(x)\mathrm{d}x$ 都收敛并且在 $(a,b]$ 上 $f(x)\leqslant g(x)$，则

$$\int_{a^+}^{b}f(x)\mathrm{d}x\leqslant\int_{a^+}^{b}g(x)\mathrm{d}x.$$

性质(3)是瑕积分的**保不等式性**.

9.3.2　收敛判别法

对瑕积分，也按照函数极限存在与否的两种常用办法：一是单调有界定理(定理 3.3)；二是柯西准则(定理 3.5)，可得到相应的判别法.

将单调有界定理(定理 3.3)应用于瑕积分，则有

定理 9.6　若变下限积分 $\Phi(u)=\int_{u}^{b}f(x)\mathrm{d}x$ 于某 $U_+^\circ(a)$ 单调有界，则瑕积分 $\int_{a^+}^{b}f(x)\mathrm{d}x$ 收敛. □

由此，对非负函数 f，由于变下限积分 $\Phi(u)=\int_{u}^{b}f(x)\mathrm{d}x$ 单调递减，瑕积分 $\int_{a^+}^{b}f(x)\mathrm{d}x$ 收敛当且仅当变下限积分 $\Phi(u)=\int_{u}^{b}f(x)\mathrm{d}x$ 于某 $U_+^\circ(a)$ 有上界. 据此，可得如下比较原则.

定理 9.7(比较原则)　设区间 $(a,b]$ 上两函数 f,g 于某 $U_+^\circ(a)$ 非负并且满足 $f(x)\leqslant g(x)$，则当 $\int_{a^+}^{b}g(x)\mathrm{d}x$ 收敛时，$\int_{a^+}^{b}f(x)\mathrm{d}x$ 也收敛；当 $\int_{a^+}^{b}f(x)\mathrm{d}x$ 发散时，$\int_{a^+}^{b}g(x)\mathrm{d}x$ 也发散. □

定理 9.8(比较原则)　设区间 $(a,b]$ 上两函数 f,g 于某 $U_+^\circ(a)$ 非负并且满足

$$\lim_{x\to a^+}\frac{f(x)}{g(x)}=c,$$

则　(1) 当 $0<c<+\infty$ 时，$\int_{a^+}^{b}f(x)\mathrm{d}x$ 与 $\int_{a^+}^{b}g(x)\mathrm{d}x$ 敛散性相同；

(2) 当 $c=0$ 时，若 $\int_{a^+}^{b}g(x)\mathrm{d}x$ 收敛，则 $\int_{a^+}^{b}f(x)\mathrm{d}x$ 也收敛；

(3) 当 $c=+\infty$ 时，若 $\int_{a^+}^{b}g(x)\mathrm{d}x$ 发散，则 $\int_{a^+}^{b}f(x)\mathrm{d}x$ 也发散. □

注　当比较函数 $g(x)=\dfrac{1}{(x-a)^p}$ 时，对应的比较判别法也称为**柯西判别法**.

例 9.14 设实数 $p>0$,讨论积分 $\int_1^2 \frac{\mathrm{d}x}{(\ln x)^p}$ 的敛散性.

解 首先,从积分可看出 $x=1$ 是瑕点.由于

$$\lim_{x\to 1^+}(x-1)^p\cdot\frac{1}{(\ln x)^p}=\lim_{x\to 1^+}\left(\frac{x-1}{\ln x}\right)^p=1,$$

所论积分与积分 $\int_1^2 \frac{\mathrm{d}x}{(x-1)^p}$ 敛散性相同,从而当 $0<p<1$ 时收敛;当 $p\geqslant 1$ 时发散. □

例 9.15 证明积分 $\int_0^{\frac{\pi}{2}}\ln(\cos x)\mathrm{d}x$ 收敛.

证 例中积分为瑕积分:$\frac{\pi}{2}$ 为瑕点.同时,在区间 $\left[0,\frac{\pi}{2}\right)$ 上被积函数 $\ln(\cos x)\leqslant 0$.因此,先考虑积分 $\int_0^{\frac{\pi}{2}}-\ln(\cos x)\mathrm{d}x$.由于

$$\lim_{x\to\frac{\pi}{2}^-}\sqrt{\frac{\pi}{2}-x}\cdot[-\ln(\cos x)]=0,$$

并且积分 $\int_0^{\frac{\pi}{2}}\frac{1}{\sqrt{\frac{\pi}{2}-x}}\mathrm{d}x$ 收敛,根据比较判别法,积分 $\int_0^{\frac{\pi}{2}}-\ln(\cos x)\mathrm{d}x$ 收敛从而积分 $\int_0^{\frac{\pi}{2}}\ln(\cos x)\mathrm{d}x$ 也收敛. □

例 9.16 对给定的数 p,q,讨论积分 $B(p,q)=\int_0^1 x^{p-1}(1-x)^{q-1}\mathrm{d}x$ 何时有意义.

解 当 $p-1\geqslant 0,q-1\geqslant 0$,即 $p\geqslant 1,q\geqslant 1$ 时,被积函数在闭区间[0,1]上连续,因而积分是定积分.当 $p<1$ 或 $q<1$ 时,积分为瑕积分.

(1) 若 $p<1,q\geqslant 1$,则积分有瑕点 0.由于

$$\lim_{x\to 0^+}x^{1-p}\cdot x^{p-1}(1-x)^{q-1}=1,$$

并且积分 $\int_0^1\frac{1}{x^{1-p}}\mathrm{d}x$ 当 $1-p<1$ 即 $p>0$ 时收敛;当 $p\leqslant 0$ 时发散,故所论积分在 $0<p<1$ 时收敛;当 $p\leqslant 0$ 时发散.

(2) 若 $p\geqslant 1,q<1$,则积分有瑕点 1.由于

$$\lim_{x\to 1^-}(1-x)^{1-q}\cdot x^{p-1}(1-x)^{q-1}=1,$$

并且积分 $\int_0^1\frac{1}{(1-x)^{1-q}}\mathrm{d}x$ 当 $1-q<1$ 即 $q>0$ 时收敛;当 $q\leqslant 0$ 时发散,故所论积分在 $0<q<1$ 时收敛;当 $q\leqslant 0$ 时发散.

(3) 若 $p<1,q<1$,则积分有两瑕点 0,1.此时,将积分拆成两个:

$$\int_0^1 x^{p-1}(1-x)^{q-1}\mathrm{d}x=\int_0^{\frac{1}{2}}x^{p-1}(1-x)^{q-1}\mathrm{d}x+\int_{\frac{1}{2}}^1 x^{p-1}(1-x)^{q-1}\mathrm{d}x.$$

前一个以 0 为瑕点,后一个以 1 为瑕点.再同(1)与(2)一样做比较可知,所论积分在 $0<p,q$

<1 时收敛;在其他情形发散.

综上所述,所论积分 $B(p,q)=\int_0^1 x^{p-1}(1-x)^{q-1}\mathrm{d}x$ 当 $p>0,q>0$ 时有意义.事实上,这确定了一个重要的非初等二元函数,在概率论等方面有许多的应用. □

例 9.17　设 α 为实数,讨论反常积分 $\Gamma(\alpha)=\int_0^{+\infty} x^{\alpha-1}\mathrm{e}^{-x}\mathrm{d}x$ 的敛散性.

解　当 $\alpha\geqslant 1$ 时,积分是一个无穷区间上非负函数的反常积分,没有瑕点.由于

$$\lim_{x\to+\infty} x^2\cdot x^{\alpha-1}\mathrm{e}^{-x}=0,$$

并且积分 $\int_1^{+\infty}\frac{1}{x^2}\mathrm{d}x$ 收敛,故 $\int_1^{+\infty} x^{\alpha-1}\mathrm{e}^{-x}\mathrm{d}x$ 也收敛,从而 $\int_0^{+\infty} x^{\alpha-1}\mathrm{e}^{-x}\mathrm{d}x$ 也收敛.

当 $\alpha<1$ 时,积分不仅是无穷区间上非负函数的反常积分,还是瑕积分,有瑕点 0,因此拆成两项:

$$\int_0^{+\infty} x^{\alpha-1}\mathrm{e}^{-x}\mathrm{d}x=\int_0^1 x^{\alpha-1}\mathrm{e}^{-x}\mathrm{d}x+\int_1^{+\infty} x^{\alpha-1}\mathrm{e}^{-x}\mathrm{d}x.$$

对第二个积分,同上讨论可知收敛.也可由 $x^{\alpha-1}\mathrm{e}^{-x}\leqslant\mathrm{e}^{-x}$ 及 $\int_1^{+\infty}\mathrm{e}^{-x}\mathrm{d}x$ 收敛而得到.对第一个积分,由于

$$\lim_{x\to 0^+} x^{1-\alpha}\cdot x^{\alpha-1}\mathrm{e}^{-x}=1,$$

及积分 $\int_0^1\frac{1}{x^{1-\alpha}}\mathrm{d}x$ 当 $1-\alpha<1$ 即 $\alpha>0$ 时收敛;$\alpha\leqslant 0$ 时发散,第一个积分当 $\alpha>0$ 时收敛,$\alpha\leqslant 0$ 时发散.

综上所述,积分 $\Gamma(\alpha)=\int_0^{+\infty} x^{\alpha-1}\mathrm{e}^{-x}\mathrm{d}x$ 当 $\alpha>0$ 时收敛.事实上,由此确定的函数有着非常广泛的应用. □

再将函数极限的柯西准则应用于瑕积分,就得如下定理亦称为柯西准则.

定理 9.9(柯西准则)　瑕积分 $\int_{a^+}^b f(x)\mathrm{d}x$ 收敛的充要条件:对任意给定的正数 ε,存在正数 $\delta(<b-a)$,使得当 $a<u<v<a+\delta$ 时有

$$|\Phi(u)-\Phi(v)|=\left|\int_u^v f(x)\mathrm{d}x\right|<\varepsilon.$$ □

推论 9.10　若瑕积分 $\int_{a^+}^b |f(x)|\mathrm{d}x$ 收敛,则瑕积分 $\int_{a^+}^b f(x)\mathrm{d}x$ 收敛,并且

$$\left|\int_{a^+}^b f(x)\mathrm{d}x\right|\leqslant\int_{a^+}^b |f(x)|\mathrm{d}x.$$

证　由定理 9.9 和不等式 $\left|\int_v^u f(x)\mathrm{d}x\right|\leqslant\int_v^u |f(x)|\mathrm{d}x$ 立知瑕积分 $\int_{a^+}^b f(x)\mathrm{d}x$ 收敛.至于不等式,可有上述瑕积分的保不等式性获得. □

以后,当瑕积分 $\int_{a^+}^b |f(x)|\mathrm{d}x$ 收敛时,称瑕积分 $\int_{a^+}^b f(x)\mathrm{d}x$ **绝对收敛**.推论 9.10 说:

绝对收敛⇒收敛.

然而,推论 9.10 的逆一般不成立.这种收敛但不绝对收敛的瑕积分称为是**条件收敛**的.

例 9.18 讨论如下瑕积分的敛散性:

$$\int_0^1 \frac{1}{x^p}\sin\frac{1}{x}\mathrm{d}x \quad (p>0).$$

解 由于$\left|\frac{1}{x^p}\sin\frac{1}{x}\right|\leqslant\frac{1}{x^p}$,并且瑕积分$\int_0^1\frac{1}{x^p}\mathrm{d}x$当$p<1$时收敛,当$p<1$时所论积分绝对收敛.类似地,可知当$p<1$时瑕积分$\int_0^1\frac{1}{x^p}\cos\frac{1}{x}\mathrm{d}x$也绝对收敛.

现在设$1\leqslant p<2$.首先,对$0<u<1$有

$$\int_u^1\frac{1}{x^p}\sin\frac{1}{x}\mathrm{d}x=\int_u^1\frac{1}{x^{p-2}}\mathrm{d}\left(\cos\frac{1}{x}\right)=\cos 1-\frac{1}{u^{p-2}}\cos\frac{1}{u}+(p-2)\int_u^1\frac{1}{x^{p-1}}\cos\frac{1}{x}\mathrm{d}x.$$

由于$1\leqslant p<2$,故$\frac{1}{u^{p-2}}\cos\frac{1}{u}\to 0(u\to 0)$并且$\int_0^1\frac{1}{x^{p-1}}\cos\frac{1}{x}\mathrm{d}x$收敛,所论积分收敛.但由于

$$\left|\frac{1}{x^p}\sin\frac{1}{x}\right|\geqslant\frac{1}{x^p}\sin^2\frac{1}{x}=\frac{1}{2}\left(\frac{1}{x^p}-\frac{1}{x^p}\cos\frac{2}{x}\right)\geqslant 0$$

并且由$\int_0^1\frac{1}{x^p}\mathrm{d}x$发散和$\int_0^1\frac{1}{x^p}\cos\frac{2}{x}\mathrm{d}x$收敛知$\int_0^1\left(\frac{1}{x^p}-\frac{1}{x^p}\cos\frac{2}{x}\right)\mathrm{d}x$发散,瑕积分$\int_0^1\left|\frac{1}{x^p}\sin\frac{1}{x}\right|\mathrm{d}x$发散.故当$1\leqslant p<2$时所论瑕积分条件收敛.

再考虑$p\geqslant 2$的情形.此时,所论瑕积分发散.事实上,如果收敛,则对任意给定的正数ε,存在正数$\delta(<1)$,使得当$0<u<v<\delta$时有

$$\left|\int_u^v\frac{1}{x^p}\sin\frac{1}{x}\mathrm{d}x\right|<\varepsilon,$$

因此当正整数n充分大时有

$$\begin{aligned}\varepsilon>\left|\int_{\frac{1}{2n\pi+\frac{\pi}{2}}}^{\frac{1}{2n\pi+\frac{\pi}{4}}}\frac{1}{x^p}\sin\frac{1}{x}\mathrm{d}x\right|&\geqslant\frac{\sqrt{2}}{2}\int_{\frac{1}{2n\pi+\frac{\pi}{2}}}^{\frac{1}{2n\pi+\frac{\pi}{4}}}\frac{\mathrm{d}x}{x^p}\\&\geqslant\frac{\sqrt{2}}{2(p-1)}\left[\left(2n\pi+\frac{\pi}{2}\right)^{p-1}-\left(2n\pi+\frac{\pi}{4}\right)^{p-1}\right].\end{aligned}$$

上式右端当$p=2$时为正常数;当$p>2$时趋于$+\infty$,因此得矛盾.

综上所述,所论瑕积分当$p<1$时绝对收敛,当$1\leqslant p<2$时条件收敛,当$p\geqslant 2$时发散.

□

在本章的末尾,我们指出,关于一般的反常积分,无论无穷区间上的还是有限区间上的,都还有两个常用的收敛性判别法:阿贝尔(Abel)判别法和狄利克雷判别法.读者若有兴趣,可见参考书.

最后,就反常积分的敛散性判别,我们简单做一总结.一般而言,可按照如下步骤依次进行.以单瑕点(含$+\infty$或$-\infty$)为例:

(1) 可否拆成几个敛散性已知的反常积分之和?

(2) 被积函数是否非负或不变号?

(2.1) 若是,则考虑比较判别法(通常与负幂函数比较).

(2.2) 若否,则考虑是否绝对收敛? 用比较判别法.

(3) 若不是或不能判别绝对收敛,再考虑是否(条件)收敛:可通过分部积分法转换为绝对收敛积分,或者用其他的判别法则或更一般的柯西准则.

另外一点需要注意,反常积分的收敛性判别与如何求出收敛反常积分的值没有很大的关系.

习题 9.3

1. 讨论下列瑕积分的敛散性:

(1) $\int_0^1 x\ln x\mathrm{d}x$,　　(2) $\int_1^2 \frac{\mathrm{d}x}{\sqrt{(x+1)(x-1)^3}}$,

(3) $\int_0^1 \frac{\mathrm{d}x}{\sqrt[3]{1-3x}-1}$,　　(4) $\int_0^1 \frac{\cos x}{\sin x}\mathrm{d}x$,

(5) $\int_{-2}^2 \frac{x}{\sqrt[3]{x^2-1}}\mathrm{d}x$.

2. 讨论下列积分的敛散性:

(1) $\int_0^{+\infty} \frac{\ln x}{1+x^2}\mathrm{d}x$,　　(2) $\int_0^{+\infty} \frac{x^s}{1+x}\mathrm{d}x$.

3. 证明比较原则定理 9.9.

4. 证明:若 $\int_{a^+}^b f^2(x)\mathrm{d}x$ 收敛,则 $\int_{a^+}^b f(x)\mathrm{d}x$ 绝对收敛. 但反之未必.

索 引

A

阿基米德性质 1
阿基米德螺线 72
凹函数 14,86

B

闭区间 2
闭区间套定理 32
比较原则 163,167
变化率 63
变上限、下限积分 139
标记点 122
不定式极限 90
不定积分 102
部分分式分解 111

C

稠密性 1
初等函数 8,55,101
常值函数 8,83
垂直渐近线 95
初值条件 102

D

δ邻域 36
达布上和、下和 129
单调(递增、递减)函数 10,84
单调(递增、递减)数列 13
单调有界定理 25,28
单侧导数 63
单侧极限的单调有界准则 45
单侧连续 52
导数 61
导函数 63
导数介值性定理 69
导数零点存在性定理 69,83
导数极限定理 70,83
等价无穷小量 49
第一类间断点 53
第二类间断点 53
第二宇宙速度 156
狄利克雷函数 5
调和数列 31
定积分 122
定积分换元积分法 142
定积分分部积分法 144
对数函数 8
对数求导法 69

E

二阶单侧可导 73
二阶导数 73,74
二阶导函数 74
二阶可导 73
二阶可微 78
二阶微分 78
二阶左、右导数 73
二阶左、右可导 73

F

反常积分 156
反常积分的收敛与发散 156
反函数 7,11
反三角函数 8,11
费马定理 80

非正常极限　49
分部积分公式　106
分段函数　5
分割　122
分项积分法　105
符号函数　4
复合函数　7

G

高阶无穷小量　48
高斯取整函数　5
割线　61
光滑曲线　70,71
光滑函数　70
拐点　89

H

海因归结原则　47
函数　3
函数单侧极限　36
函数存在域　4
函数极限　34,36
函数平均值　137
函数图像　4
函数相等　3
函数因变量　3
函数自变量　3
函数值　3
函数值域　3
弧长　152
换元法　41
换元积分法　107

J

基本初等函数　8
奇函数　15
积分变量　102,123
积分常数　102
积分(第一)中值定理　136,137
积分和　122
积分区间　123
积分区间可加性　133
积分曲线　102
积分上限、下限　123
极(大、小)值点　80
极(大、小)值　80
绝对值函数　4
绝对收敛　164,169
介值性定理　58
渐近线　95

K

开区间　2
柯西判别法　164,167
柯西收敛准则　30
柯西准则　46
柯西中值定理　90
可导　61
可去间断点　53
可微　77

L

拉格朗日中值定理　82
拉格朗日公式　82
莱布尼兹公式　75
黎曼函数　5
黎曼积分和　122
黎曼积分　122
连续　51
连续函数　52
连续可导　70
链式法则　68
零点存在性定理　58
临界点　81
罗尔中值定理　82
洛必达法则　91,92

M

幂函数　8
密切圆　97
模　122

N

n 阶导数　74
n 阶微分　79
内函数　7
牛顿-莱布尼兹公式　125

O

欧拉变换　117
偶函数　15

P

平行积分曲线族　102

Q

区间　2
切线　61
确界　28
确界定理　28
曲边梯形　120
曲率　98,153
曲率半径　153
曲率圆　153

S

三角形不等式　5
三角函数　8
三阶可导　74
三阶导数　74
三阶微分　79
上确界　28
上凸函数　14,86
数列　6
数列通项　6
数列极限　19
数列收敛　19
数列发散　19
数列子列　29
数轴　2
水平渐近线　35

T

凸函数　14,86
跳跃间断点　53
条件收敛　165,170

W

外函数　7
魏尔斯特拉斯致密性定理　30
微分　77
微分公式　77
微积分基本公式　125
微积分学基本定理　140
微商　63,78
微元法　147
稳定点　81
无(上、下)界函数　9
无(上、下)界数集　27
无穷大量　50
无穷小量　48
无限区间　2

X

瑕积分　159
瑕积分收敛、发散　159
下确界　28
下凸函数　14,86
像　3
斜渐近线　95
弦弧之比极限　41

Y

一阶微分的形式不变性　78

一致连续 59
一致连续性定理 60
因变量改变量、增量 62
映射 3
原像 3
原函数 101
有界性定理 56
有(上、下)界函数 9
有(上、下)界数集 27
有限区间 2
右可导 63
右导数 63

Z

自变量改变量、增量 62
振幅 129
詹森不等式 15
指数函数 8
周期 16
周期函数 16
最简分式 111
最值存在性定理 57
左导数 63
左可导 63
左、右极限 36
左、右连续 52
左、右、空心 δ 邻域 36

参考文献

1. 华东师范大学数学系. 数学分析(上、下)[M]. 第四版. 北京:高等教育出版社,2010.

2. 华东师范大学数学系. 数学分析简明教程(上、下)[M]. 北京:高等教育出版社,2014.

3. 邓东皋,尹小玲. 数学分析简明教程(上、下)[M]. 第二版. 北京:高等教育出版社,2006.

4. 朱匀华,周健伟,胡建勋. 数学分析的思想方法[M]. 广东:中山大学出版社,1998.

5. 刘玉琏,傅沛仁,等. 数学分析讲义(上、下)[M]. 第五版. 北京:高等教育出版社,2009.

6. 吉米多维奇. 数学分析习题集[M]. 李荣涑,李植,译. 北京:高等教育出版社,2010.

7. A. A. 布朗克. 微积分和数学分析习题集[M]. 周民强,王莲芬,译. 北京:科学出版社,1986.